OECD-Studie zur Agrarpolitik: Schweiz 2015

Dieses Dokument und die darin enthaltenen Karten berühren weder den völkerrechtlichen Status von Territorien noch die Souveränität über Territorien, den Verlauf internationaler Grenzen und Grenzlinien sowie den Namen von Territorien, Städten oder Gebieten.

Bitte zitieren Sie diese Publikation wie folgt:
OECD (2015), *OECD-Studie zur Agrarpolitik: Schweiz 2015*, OECD Publishing, Paris.
http://dx.doi.org/10.1787/9789264244856-de

ISBN 978-92-64-24483-2 (Print)
ISBN 978-92-64-24485-6 (PDF)

Die statistischen Daten für Israel wurden von den zuständigen israelischen Stellen bereitgestellt, die für sie verantwortlich zeichnen. Die Verwendung dieser Daten durch die OECD erfolgt unbeschadet des Status der Golanhöhen, von Ost-Jerusalem und der israelischen Siedlungen im Westjordanland gemäß internationalem Recht.

Originaltitel:
Übersetzung durch den Deutschen Übersetzungsdienst der OECD.

Foto(s): Deckblatt © Grigory Fedyukovich/iStock/Thinkstock; © svedoliver/iStock/Thinkstock; © Shaiith/ Shutterstock.

Korrigenda zu OECD-Veröffentlichungen sind verfügbar unter: *www.oecd.org/about/publishing/corrigenda.htm.*

Vorwort

In der Schweizer Bundesverfassung sind die vier Kernziele der nationalen Agrarpolitik formuliert: Nahrungsmittelsicherheit (es soll ein entscheidender Beitrag zur Sicherung der Nahrungsmittelversorgung in der Bevölkerung geleistet werden); Nachhaltigkeit der landwirtschaftlichen Erzeugung (es sollen Bewirtschaftungsformen gewählt werden, mit denen die Böden fruchtbar und das Trinkwasser sauber bleiben); die Landschaftspflege gilt als wesentliche Aufgabe der Landwirtschaft; und die Landwirtschaft soll zum Erhalt lebendiger der ländlicher Räume beitragen. Zur Umsetzung dieser Ziele hat die Schweiz ein komplexes agrarpolitisches Maßnahmensystem entwickelt, das mithilfe von Grenzmaßnahmen und Direktzahlungen an Landwirte zu einem vergleichsweise hohen Stützungsniveau für den Agrarsektor führt. Seit Mitte der 1990er Jahre hat die Schweiz ihre Agrarpolitik schrittweise umgestaltet, wobei Markteingriffe reduziert und die Rolle der Direktzahlungen gestärkt wurden.

Die letzte Evaluierung der Schweizer Agrarpolitik durch das OECD-Sekretariat erfolgte Ende der 1980er Jahre (OECD, 1988). In den 1990er Jahren und zu Beginn der 2000er Jahre wurde die Agrarpolitik in der Schweiz immer wieder überarbeitet. Eingriffe in den Binnenmarkt wurden schrittweise ausgesetzt, alle staatlichen Preis- und Absatzgarantien abgeschafft und die Grenzmaßnahmen reduziert. Im Zuge der Reformen stieg der Umfang der Direktzahlungen an, und das Direktzahlungssystem wurde weiter verfeinert. Insgesamt stellen diese politischen Reformen eine stufenweise, aber signifikante Veränderung der Politik seit Mitte der 1990er Jahre dar.

In der vorliegenden Studie werden diese politischen Reformen sowie ihre Auswirkungen auf Niveau und Struktur der landwirtschaftlichen Stützung vorgestellt. Die politischen Reformen werden beurteilt, und es werden Empfehlungen für den weiteren Reformprozess ausgesprochen. Bei der Evaluierung der Wirtschafts- und Umweltleistung der Politik stützt sich die Studie auf die PSE-/CSE-/GSSE-Daten sowie auf eine erweiterte Fassung des Politikevaluierungsmodells (*Policy Evaluation Model*, PEM). Die Agrarpolitik in der Schweiz fördert eine hinsichtlich Betriebsgröße und agroökologischen Bedingungen heterogene Bauernschaft, und die Evaluierung versucht, dieser Heterogenität Rechnung zu tragen. Darüber hinaus beleuchtet der Bericht die einzelnen Schritte und den Entscheidungsprozess der politischen Reform in der Schweiz sowie die Wettbewerbsfähigkeit der Nahrungsmittelbranchen.

Die Studie gliedert sich in fünf Kapitel: *Kapitel 1* enthält die Evaluierung und Empfehlungen; *Kapitel 2* ist eine Zusammenfassung der landwirtschaftlichen Situation in der Schweiz und der kontextuellen Informationen zum Umfeld von Landwirtschaftssektor und Agrarpolitik; *Kapitel 3* beschreibt die seit Mitte der Neunzigerjahre eingeführten agrarpolitischen Reformen und analysiert die Entwicklung hinsichtlich Umfang und Struktur der Stützung für die Landwirtschaft; *Kapitel 4* beurteilt die Auswirkungen der agrarpolitischen Reformen auf die Wirtschafts- und Umweltleistung der Landwirtschaft; und *Kapitel 5* bewertet die Stärken und Schwächen der Schweizer Agrar- und Nahrungsmittelbranchen sowie deren Wettbewerbsfähigkeit auf dem Binnenmarkt und den EU-Märkten.

Danksagung

Dieser Bericht wurde vom Direktorat für Handel und Landwirtschaft der OECD mit aktiver Beteiligung der Schweizer Behörden und Experten erstellt. Die folgenden Mitarbeiterinnen und Mitarbeiter aus dem OECD-Sekretariat waren an der Ausarbeitung dieses Berichts beteiligt: Václav Vojtech (Projektleiter), Shingo Kimura, Jussi Lankoski, Sylvain Rousset und Frank van Tongeren. Zuständig für die Unterstützung bei den Statistiken waren Karine Souvanheuane, Alexandra de Matos Nunes und Véronique de Saint-Martin. Wir danken Martina Abderrahmane, Jane Korinek und Michèle Patterson für die administrative und redaktionelle Arbeit. Julien Hardelin beriet uns bei der Nutzung der Agrarumweltindikatoren und von Carmel Cahill und Andrzej Kwiecinski erhielten wir viele hilfreiche Anregungen.

Das Schweizer Bundesamt für Landwirtschaft (BLW) beteiligte sich aktiv mit der Bereitstellung von Informationen und Rückmeldungen an das OECD-Sekretariat. Bernard Lehman (Direktor) und Jacques Chavaz (stellvertretender Direktor) halfen uns, den Prozess für die Vorbereitung der Studie in Gang zu bringen, und beteiligten sich an der Gesprächsrunde zum ersten Entwurf der Studie in Bern. Michael Hartmann (BLW) leistete unschätzbare Dienste bei der Koordination zwischen dem Sekretariat des BLW und der Schweizer Forschungsinstitute, die an der Vorbereitung dieses Berichts beteiligt waren. Auch Maurizio Cerratti von der Ständige Vertretung der Schweiz bei der OECD unterstützte uns bei der Zusammenarbeit mit den Schweizer Behörden.

Zahlreiche Experten von verschiedenen Forschungsinstituten und anderen Einrichtungen in der Schweiz lieferten dem Sekretariat Informationen und qualifiziertes Feedback während der Vorbereitung der Studie:

- Christine Bosshard, Daniel Bretscher, Felix Herzog, Pierrick Jan, Philippe Jeanneret, Markus Lips, Gabriele Mack, Stefan Mann, Thomas Nemecek und Andreas Roesch (Agroscope Reckenholz Tänikon);
- Antoine Champetier de Ribes, Michel Dumondel und Simon Peter (Agecon Group, ETH Zürich);
- Dominique Barjolle, Christian Schader und Matthias Stolze (FiBL – Forschungsinstitut für biologischen Landbau);
- Christine Badertscher und Beat Röösli (Schweizerischer Bauernverband);
- Florian Kohler und Franz Murbach (Schweizer Bundesamt für Statistik).

Inhaltsverzeichnis

Tabellen

Abbildungen

Kästen

Zusammenfassung

Die Landwirtschaft ist für die schweizerische Wirtschaft von eher untergeordneter und abnehmender Bedeutung. Ihr Anteil am Bruttoinlandsprodukt liegt unter 1 %, ihr Beschäftigungsanteil beträgt etwa 4 %. Dennoch gilt sie zum einen als wichtiges Element zur Erhaltung der Ernährungssicherheit, zum anderen verbindet die Öffentlichkeit mit ihr positive Attribute wie Umweltleistungen und die Erhaltung von Kulturlandschaften, die in der schweizerischen Bevölkerung einen hohen Stellenwert haben. Die Landwirtschaft in der Schweiz ist überwiegend von einem anspruchsvollen Naturraum geprägt.

Die Agrarpolitik in der Schweiz strebt nach einer ausgewogenen Lösung für verschiedene wirtschaftliche, soziale und umweltbezogene Ziele. Das Ergebnis ist ein Marktschutzsystem, gepaart mit einer ausgefeilten, auf die Landwirte ausgerichteten Zahlungsstruktur, die zum einen als Einkommensunterstützung und zum anderen als Anreiz für bestimmte Formen der Bewirtschaftung dient.

Die Agrarpolitik kommt die Schweizer Verbraucher und Steuerzahler verhältnismäßig teuer zu stehen und beträgt derzeit rund 1 % des BIP. Die aktuelle Agrarpolitik erschwert eine weitere Liberalisierung des Handels und verhindert Wachstum und Exportchancen insbesondere für die Agrar- und Nahrungsmittelindustrie. Dementsprechend sind Reformen der Agrarpolitik und die damit verbundene Stützung der Landwirtschaft ein wichtiger Punkt auf der politischen Agenda der Schweiz.

Die seit Anfang der 1990er Jahre durchgeführten Politikreformen haben die Marktverzerrungen maßgeblich verringert. Die Inlandpreise sind gefallen und haben sich dem Weltmarktniveau angenähert. Nichtsdestotrotz liegen die an die Erzeuger entrichteten Preise zurzeit etwa 40% über dem Weltmarktniveau. Obgleich das landwirtschaftliche Stützungsniveau in der Schweiz, ermittelt mit dem Erzeugerstützungsmaß (PSE, *Producer Support Estimate*), allmählich gesunken ist, liegt es im Vergleich zu den anderen OECD-Ländern nach wie vor im oberen Bereich. Mitte der 1990er Jahre stammten rund 70 % der Bruttoeinnahmen der Schweizer Landwirtschaft aus öffentlichen Transfers, die von Verbrauchern und Steuerzahlern erbracht wurden. In der Periode 2011-13 betrug dieser Anteil etwa 50 %.

Aus der allmählichen Abkehr von einer preisstützenden Politik ergaben sich andere Möglichkeiten, die Stützung des Agrarsektors zu kanalisieren, in erster Linie durch flächen- oder tierzahlengebundene Zahlungen an Landwirte. Durch die Umstrukturierung der Politik verbleibt den Landwirten ein größerer Teil der Stützungen als würde dies über eine Marktpreisstützung geschehen. Außerdem wurden geografisch benachteiligte Gebiete durch die Umstrukturierung zielgerichteter erreicht.

Landwirtschaftliche Betriebe, die durch bestimmte Bewirtschaftungsformen die Umweltleistung und das Tierwohl verbessern, erhalten auf freiwilliger Basis spezifische Umweltzahlungen. Diese machen weniger als 10 % der Gesamtzahlungen aus. Seit 1999 gehört die Schweiz zu den Vorreitern bei der Einführung von Umweltauflagen (Cross-Compliance-Verpflichtungen), womit Direktzahlungen von der Erfüllung bestimmter ökologischer Anforderungen abhängig sind.

Bedeutende Fortschritte sind in der Umsetzung der agrarökologischen Ziele zu verzeichnen, die 2002 vom Bundesrat formuliert wurden. Bis 2005 wurden nahezu alle Ziele erreicht mit Ausnahme der Senkung des Stickstoffüberschusses. Die Verlagerung von der Preisstützung hin zu Direktzahlungen hat zu einem geringeren Mineraldünger- und Pestizideinsatz geführt. Da die Politikreformen insbesondere in der Talregion einen Anreiz für die Extensivierung der Pflanzenproduktion und die Umstellung von Ackerland auf Grünland bieten, wirken sie sich über die Nutzung der Betriebsmittel sowie des Bodens positiv auf die Umwelt aus. Im Verhältnis zum OECD-weiten Durchschnitt liegt der Stickstoffüberschuss pro Hektar landwirtschaftlicher Nutzfläche etwas höher (8 %), bei Phosphor jedoch erheblich niedriger (50 %).

Für die Periode 2014-17 kommt ein neues agrarpolitisches Konzept zur Anwendung. Die wichtigste politische Änderung ist die Abschaffung allgemeiner Flächenzahlungen und eine zielgenauere Verteilung der Direktzahlungen, indem die Zahlungen an konkrete Bewirtschaftungsformen gebunden werden. Eine weitere bedeutende Veränderung ist die Ablösung der allgemeinen tierbezogenen Zahlungen für raufutterverzehrende Nutztiere durch Flächenzahlungen für Weideland mit einem vorgeschriebenen Mindesttierbesatz. Dies stellt einen Anreiz für die weitere Extensivierung der Tierproduktion dar und kann zu einer geringeren Besatzdichte führen.

Um die Effektivität der Agrarpolitik zu verbessern, könnte eine sinnvolle Differenzierung vorgenommen werden zwischen einer Politik, die Marktversagen adressiert (Schaffung positiver Auswirkungen und öffentlicher Güter sowie Vermeidung negativer Auswirkungen), und einer solchen, die das Einkommensproblem adressiert. Die aktuelle Politik vereint beide Aspekte. Sie versucht, Marktversagen zu adressieren mit einer Kombination aus Cross-Compliance-Verpflichtungen und unterschiedlichen Zahlungen zur Förderung bestimmter Bewirtschaftungsformen sowie Produktionsaktivitäten in der Bergregion.

Direktzahlungen haben im Verhältnis zu dem, was die Landwirte aus dem Verkauf ihrer Erzeugnisse am Markt verdienen, mittlerweile ein derart hohes Niveau erreicht, dass Preis- und Marktsignale für die Entscheidungen der Landwirte anscheinend nur noch zweitrangig sind. Dieser Umstand erschwert die Strukturanpassung im Agrarsektor und beschränkt im weiteren Sinne die Entwicklung einer wettbewerbsfähigen Nahrungsmittelbranche, die zur Ernährungssicherheit beiträgt und fortwährend hochwertige Produkte liefert.

Der Vergleich mit den größten Konkurrenten in der EU zeigt, dass die Wettbewerbsfähigkeit der Schweizer Nahrungsmittel- und Getränkeindustrie fast ausschließlich von Branchen abhängt, die den Großteil ihrer Rohstoffe aus dem Ausland oder aus nichtlandwirtschaftlichen Quellen (Mineralwasser) beziehen. In der Periode 2001-2011 stiegen die Umsätze der Kakao- und Schokoladenhersteller jährlich um 10 % und damit beinahe zweimal so schnell wie in der gesamten Nahrungsmittel- und Getränkeindustrie (5,8 %). Gemeinsam mit dem Getränkesektor produziert diese Branche 72 % der Exporte der Schweizer Agrar- und Nahrungsmittelindustrie.

Die schwächsten Sektoren sind die Fleisch- und Milchverarbeitung, die ihre Rohstoffe hauptsächlich von den heimischen landwirtschaftlichen Primärerzeugern beziehen. Genau wie der schwache Tierfuttersektor müssen diese Branchen relativ hohe Preise für ihre Rohstoffe bezahlen, die weit über dem Preisniveau der EU liegen. Zusätzlich verzeichnen diese weniger konkurrenzfähigen Sektoren ein vergleichsweise schwaches Arbeitsproduktivitätswachstum und sind dabei verhältnismäßig arbeitsintensiv.

Der Handel, inklusive mit Agrar- und Nahrungsmittelerzeugnissen, läuft in globalen und regionalen Wertschöpfungsketten immer organisierter ab, indem spezialisierte Unternehmen das Produkt vor Erreichen des Endverbrauchermarkts auf jeder Produktionsebene aufwerten. Die erfolgreiche Teilnahme an einer solchen Wertschöpfungskette setzt den ungehinderten Zugang zu den besten Rohstoffen zum günstigsten Preis voraus und erfordert Regelwerke und technische Normen, die den Austausch von Halb- und Fertigerzeugnissen mit Partnerländern ermöglichen.

Die Entwicklung eines stärker marktorientierten kommerziellen Landwirtschaftssektors würde dazu beitragen, dass jene Schweizer Nahrungsmittelbranchen an Konkurrenzfähigkeit gewinnen, die in erster Linie von einheimischen landwirtschaftlichen Rohstoffen abhängig sind. Eine Senkung der Rohstoffkosten bei gleichzeitiger Erhaltung und Stärkung des Schweizer Markenimages für Kunden im In- und Ausland ist wahrscheinlich eine nachhaltigere Strategie als der Versuch, die Branche vor den Wettbewerbskräften zu schützen. Die strukturellen Veränderungen in der Agrar- und Nahrungsmittelbranche werden weiter voranschreiten und erfordern die Nutzung von Größenvorteilen und die Identifizierung von Marktnischen.

Die positiven Erfahrungen mit der Liberalisierung des Käsemarktes zwischen der Schweiz und der EU (2007) und der Ausstieg aus der Milchquote (2009) zeigen, dass der Landwirtschaftssektor ausreichend Kapazitäten für die Anpassung an eine Marktöffnung hat. Eine hypothetische Politiksimulation im Rahmen dieser Studie zeigt, dass der verbraucherseitige Gewinn durch die weitere Angleichung der landwirtschaftlichen Preise zwischen der Schweiz und der EU den Verlust aufseiten der Erzeuger und

Steuerzahler übersteigen würde, selbst wenn ergänzende Übergangszahlungen eingeführt würden. Die Auswirkungen auf die Inlandproduktion wären, mit Ausnahme des Rindfleischsektors, insgesamt moderat. Niedrigere Rohstoffpreise und Zugang zu einem größeren Verbrauchermarkt versprechen wichtige, indirekte positive Auswirkungen auf die nahrungsmittelverarbeitende Industrie.

Aus den Erkenntnissen dieser Studie ergeben sich folgende politische Empfehlungen:

- Der Außenschutz sollte weiter liberalisiert, Handelsgrenzen weiter abgebaut werden. Ausfuhrsubventionen für verarbeitete Erzeugnisse sollten abgeschafft werden.
- Das Gesamtniveau der Direktzahlungen sollte gesenkt werden, damit die Landwirte auf Marktsignale reagieren können und weiterhin ein Anreiz zur Erzeugung hochwertiger Produkte zu wettbewerbsfähigen Preisen besteht.
- Ein duales System könnte die zwei potenziell widersprüchlichen Ziele der Schweizer Agrarpolitik besser in Einklang bringen:
  - Der erste Zweig sichert mithilfe eines differenzierten Direktzahlungsprogramms die Bereitstellung von Gütern und Dienstleistungen, welche die Erwartungen der Bevölkerung erfüllen, z. B. Kulturlandschaften und Biodiversität;
  - Der zweite Zweig gibt potenziell wettbewerbsfähigen Erzeugern (hauptsächlich in der Talregion) mehr Freiheit, ihre Produktion zu optimieren und auf Marktsignale zu reagieren. Dieser zweite Zweig kann Politiken enthalten, die Strukturänderungen erleichtern (Stützung von Investitionen, Ausstiegsstrategien usw.).
- Für die Umsetzung des dualen Systems könnte ein regional differenziertes Politikmenü angeboten werden. Der Anspruch auf die Leistungen innerhalb dieses Menüs wäre durch den geografischen Standort der Erzeuger geregelt, z.B. hätten nur Bergbauern die Möglichkeit, Zahlungen für kulturlandschaftliche Leistungen in Anspruch zu nehmen, während Bauern in der Talregion Unterstützungen für die Modernisierung ihrer Betriebe erhielten. Dadurch würde sich der Verwaltungsaufwand nicht erhöhen, da das derzeitige System der Direktzahlungen bereits geografisch differenziert.
- Ziele wie nachhaltige Ressourcennutzung und Tierwohl sollten stärker über Regulierungen statt Zahlungen erreicht werden.
- Die aktuellen Cross-Compliance-Vorschriften sollten Teil der verpflichtenden Regulierung werden, und damit die Grundlage für noch strengere, an Stützungszahlungen gebundene Cross-Compliance-Vorschriften bilden. Dadurch würde sich die Budgetbelastung verringern und die Umweltleistung der Landwirtschaft verbessern.

Kapitel 1

Beurteilung und Empfehlungen

Dieses Kapitel zieht ein Fazit zu den durchgeführten Reformen unter Berücksichtigung der in der OECD offiziell für Reformbeurteilungen festgelegten Prinzipien und Kriterien. Darüber hinaus werden angemessene Empfehlungen zum fortwährenden Streben nach effektiven, minimal handelsverzerrenden Politikmaßnahmen ausgesprochen. Gleichzeitig sollen diese Maßnahmen zur Umsetzung jener Ziele beitragen, die dem Agrarsektor von der Bevölkerung auferlegt werden.

Der Kontext der agrarpolitischen Reformen

Die Schweiz ist eine kleine, offene Wirtschaft mit einem hohen Pro-Kopf-BIP, relativ geringer Inflation und niedrigen Arbeitslosenzahlen. Die Landwirtschaft ist für die schweizerische Wirtschaft von eher untergeordneter Bedeutung. Ihr Anteil am Bruttoinlandsprodukt liegt unter 1 %, ihr Beschäftigungsanteil beträgt etwa 4 %. Dies reflektiert die starke Ausprägung des Industrie- und Dienstleistungssektors in der Wirtschaft. Die landwirtschaftliche Betriebsstruktur setzt sich hauptsächlich aus vergleichsweise kleinen Familienbetrieben zusammen. Die bewirtschafteten Flächen in der Hügel- und Bergregion werden für die extensive Milch- und Fleischproduktion genutzt. Ackerland und bewässerte Flächen stellen 27 % bzw. 2 % der gesamten landwirtschaftlichen Nutzfläche dar. Die Schweiz ist traditioneller Nettoimporteur von Agrar- und Nahrungsmittelerzeugnissen. Deren Anteil an den Gesamtimporten beträgt rund 6 %, während der Anteil an Agrar- und Nahrungsmittelexporten an den Gesamtexporten rund 4 % beträgt.

Obgleich die Landwirtschaft für die schweizerische Wirtschaft von eher untergeordneter und gar abnehmender Bedeutung ist, gilt sie als wichtiges Element zur Erhaltung der Ernährungssicherheit, und die Öffentlichkeit verbindet mit ihr positive Attribute wie Umweltleistungen und die Erhaltung von Kulturlandschaften, die in der schweizerischen Bevölkerung einen hohen Stellenwert haben. Die Schweizer Agrarpolitik kommt die Verbraucher und Steuerzahler verhältnismäßig teuer zu stehen und beträgt derzeit rund 1 % des BIP. Aus diesem Grund sind die Agrarpolitik und die damit verbundene Stützung der Landwirtschaft in der Schweiz häufig Gegenstand politischer Debatten.

Neben den vehement vertretenen Erwartungen der einheimischen Bevölkerung wird die Agrarpolitik in der Schweiz auch von externen Faktoren beeinflusst. Hier die wichtigsten:

- ***Die Abkommen der Welthandelsorganisation (WTO)***, insbesondere das Agrarabkommen der Uruguay-Runde (URAA, *Uruguay Round Agreement on Agriculture*), das den Agrar- und Nahrungsmittelhandel liberalisiert hat und ein verbindliches Regelwerk für die Stützung der Landwirtschaft darstellt. Gemäß den eigenen URAA-Verpflichtungen wurde der Außenschutz der Schweiz zwar entschärft, stellt angesichts des hohen Anfangsniveaus vor Einführung der Zollsenkungen allerdings weiterhin eine beträchtliche Hürde dar. Andererseits haben die URAA-Verpflichtungen dazu geführt, dass die Stützung der Landwirtschaft mithilfe von Direktzahlungen umstrukturiert wurde und die Stützungsformen heute weniger produktions- und handelsverzerrend wirken.
- ***Die schrittweise Liberalisierung des Handels mit der EU.*** Die Europäische Union ist, auch im Bereich der Agrar- und Nahrungsmittelerzeugnisse, der wichtigste Handelspartner der Schweiz. Das Agrarabkommen, das am 1. Juni 2002 in Kraft trat, ermöglicht den gegenseitigen Marktzugang. Die weiterführende Liberalisierung des Agrar- und Nahrungsmittelmarkts mit der EU (2005 und 2007) stellte insbesondere auf dem Milch- und Zuckersektor einen neuen Anreiz für weitere marktorientierte Politikreformen in der Schweiz dar.

Beurteilung der politischen Entwicklung

Entwicklung der Stützung der Landwirtschaft 1986-2013

Obgleich das Stützungsniveau in der Schweiz, ermittelt mit dem Erzeugerstützungsmaß (PSE, *Producer Support Estimate*), nach der Umsetzung der Reformen in den 1990er Jahren allmählich gesunken ist, liegt es im Vergleich zwischen den OECD-Ländern nach wie vor im oberen Bereich. Mitte der 1990er Jahre stammten rund 70 % der Bruttoeinnahmen der Landwirtschaft aus öffentlichen Transfers, die von Verbrauchern und Steuerzahlern erbracht wurden. In der Periode 2011-13 fiel dieser Anteil auf etwa 50 %. Die Schweiz gehört gemäß prozentual gemessenem PSE zusammen mit Japan, Korea, Norwegen und Island zu den Ländern mit dem höchsten Stützungsniveau.

Die Stützungsstruktur ist deutlich verbessert worden. Aus der Abkehr von einer preisstützenden Politik ergaben sich andere Möglichkeiten, die Stützung des Agrarsektors zu kanalisieren, nämlich in erster Linie durch an Landwirte gerichtete Direktzahlungen, die als weniger produktions- und handelsverzerrend gelten. Durch die signifikante Senkung der extremen Marktpreisstützung in den 1980er Jahren ist der Anteil der am stärksten produktions- und handelsverzerrenden Politikmaßnahmen von 89 % (1986-88) stufenweise auf eine Gesamtstützung von 69 % (1995-97) und später 41 % (2011-13) zurückgegangen.

Die zwei wichtigsten Kategorien unter den Direktzahlungen bilden die historischen produktionsunabhängigen Zahlungen (allgemeine Flächenzahlungen) und die aktuellen tierbezogenen Zahlungen für raufutterverzehrende Nutztiere (umfasst Zahlungen im Rahmen unterschiedlicher allgemeiner Programme und Zahlungen für benachteiligte Gebiete).

Umstrukturierung und Ausrichtung der Politikmaßnahmen

In den 1980er Jahren stützte die Agrarpolitik hauptsächlich das Einkommen landwirtschaftlicher Betriebe durch administrierte Erzeugerpreise, mit denen die erzeugerseitigen Kosten gedeckt werden sollten. Gegen Ende der 1980er Jahre hatte dieses System, das den Landwirten Festpreise und Märkte für ihre Produkte sicherte, seine Grenze erreicht. Die Kosten für den Steuerzahler (öffentliche Ausgaben) und den Verbraucher (hohe Preise) wurden immer höher und die negativen Auswirkungen der landwirtschaftlichen Produktion auf die Umwelt zusehends offensichtlicher. Zusätzlich entstand durch die Bemühungen um die Liberalisierung des Welthandels ein immer größerer Druck, die protektionistischen und höchst handelsverzerrenden Maßnahmen in der Landwirtschaft zu entspannen.

Die seit Anfang der 1990er Jahre durchgeführten Politikreformen haben die Marktverzerrungen maßgeblich verringert. Dies führte zu einem Rückgang der Marktpreisstützung, da die Inlandpreise sanken und sich dem Weltmarktniveau annäherten. Dennoch bleibt eine starke Preisverzerrung bestehen, da die an die Erzeuger entrichteten Preise noch immer rund 40 % über dem Weltmarktniveau liegen. Für die Verbraucher in der Schweiz stellt dies eine erhebliche Belastung dar.

Die Verringerung der Marktpreisstützung wurde zu einem großen Teil durch erhöhte Direktzahlungen an die Landwirte aufgefangen. Dadurch ging das Gesamtstützungsniveau für die Landwirte in den vergangenen zwei Jahrzehnten nur mäßig zurück. Bei den meisten dieser Zahlungen handelte es sich um allgemeine Direktzahlungen, die sich nach Landfläche oder Tierbestand richteten. Durch die Umstellung der Politik von der Marktpreisstützung auf Direktzahlungen verbesserte sich insgesamt die Transfereffizienz der Stützungen an die Landwirte, da den Erzeugern bei Direktzahlungen ein größerer Teil der Stützung verbleibt, als bei Stützung der Marktpreise. Daher reduzierte sich der Erzeugerüberschuss nicht proportional zum Stützungsumfang.

Allerdings haben Direktzahlungen im Verhältnis zu dem, was die Landwirte aus dem Verkauf ihrer Erzeugnisse am Markt verdienen, mittlerweile ein derart hohes Niveau erreicht, dass Preis- und Marktsignale für die Entscheidungen der Landwirte anscheinend nur noch zweitrangig sind. Dies verhindert möglicherweise die Entwicklung einer wettbewerbsfähigen Nahrungsmittelbranche, die zur Ernährungssicherheit beiträgt und hochwertige Produkte liefert. Der aktuelle Umfang und die Struktur der Stützung von Agrarbetrieben sind außerdem ein Grund für die mangelnde Wettbewerbsfähigkeit der von heimischen Rohstoffen abhängigen Schweizer Nahrungsmittelbranchen. Dies verhindert zusätzlich die nötigen Strukturänderungen im Landwirtschaftssektor, da es die Produktion in wirtschaftlich nicht lebensfähigen Bereichen aufrechterhält und vor allem die Expansion und Geschäftsentwicklung in der produktiveren Talregion einschränkt.

Trotz des Anstiegs der Stützungen für geografisch benachteiligte Gebiete und trotz der Bemühungen zur Verbesserung der Umweltleistung bleiben einige Ungereimtheiten zwischen den Politikinstrumenten, die auf die unterschiedlichen politischen Ziele zurückzuführen sind. Beispielsweise hat der starke Anstieg der tierbezogenen Zahlungen zur Erhaltung der Rinderproduktion in geografisch benachteiligten Gebieten einen Anreiz geschaffen, die Besatzdichte auf Grünland (Weideland) zu erhöhen. Dadurch wiederum hat sich die Umweltbelastung durch die Viehhaltung verstärkt.

Umsetzung der Agrarumweltziele

Die Landwirtschaft ist ein wichtiger Baustein in der landesweiten Strategie für nachhaltige Entwicklung. Neben den Umweltschutzbestimmungen werden auf freiwilliger Basis *Umweltzahlungen* an Betriebe geleistet, die bestimmte Bewirtschaftungsformen zugunsten von Umweltleistung und Tierwohl anwenden. Hierbei handelt es sich zwar um verhältnismäßig niedrige Beträge, aber der Anteil an den Gesamtzahlungen befindet sich zurzeit im Anstieg. Die Schweiz gehört zu den Vorreitern bei der Einführung von Umweltauflagen, mit deren Hilfe Direktzahlungen von der Erfüllung bestimmter ökologischer Anforderungen abhängig gemacht werden, die über die Pflichtvorgaben hinausgehen. Dieser sogenannte ökologische Leistungsnachweis (ÖLN) wurde 1999 eingeführt.

Die Umweltziele der Landwirtschaft wurden 2002 durch den Bundesrat festgelegt, woraus sich für das Jahr 2005 verschiedene agrarökologische Zwischenziele ergaben. Bei der Umsetzung dieser Ziele wurden große Fortschritte gemacht. Im Verhältnis zum Beginn der 1990er Jahre wurden bis 2005 fast alle Ziele erreicht mit Ausnahme der Senkung des Stickstoffüberschusses. Die Entwicklung der agrarökologischen Schlüsselindikatoren von 1990 bis 2010 zeigt, dass die deutlichsten Verbesserungen in der Umweltleistung bereits in der Periode 1990-92 bis 1997-98 erzielt wurden und das Tempo seither abgenommen hat. Die Verlagerung von der Preisstützung hin zu Direktzahlungen hat zu einem geringeren Mineraldünger- und Pestizideinsatz geführt. Auf diesem Weg wurde die durch die Produktionsintensität verursachte Umweltbelastung verringert. Da die Politikreformen insbesondere in der Talregion einen Anreiz für die Extensivierung der Pflanzenproduktion und die Umstellung von Ackerland auf Grünland bieten, wirken sie sich über die Nutzung der Betriebsmittel sowie des Bodens positiv auf die Umwelt aus. Folgenabschätzungsstudien zeigen, dass die Umweltauflagen eine positive Wirkung auf die Biodiversität landwirtschaftlich genutzter Flächen hatten und zur Reduktion von Nitratauswaschung und Phosphorbelastung der Oberflächengewässer beitrugen.

Während durch die Reformen in den 1990er Jahren zusätzlich der Nährstoffüberschuss und die Treibhausgasemissionen reduziert wurden, haben spätere Reformen diesen Trend durch die politisch bedingte Expansion im Viehhaltungssektor umgekehrt.

Obwohl sich die Umweltleistung der Schweizer Landwirtschaft insgesamt verbessert hat, sind einige ökologische Herausforderungen weiterhin präsent, beispielsweise die Oberflächen- und Grundwasserbelastung durch Nährstoffe und Pestizide.

Beurteilung des AP 2014-17

Das wichtigste Element der aktuellen Politikreform ist das Direktzahlungssystem. Sämtliche allgemeinen Flächenzahlungen wurden abgeschafft. Direktzahlungen an Landwirte sind heute eng mit spezifischen Zielen verknüpft, die wiederum an Bewirtschaftungsformen gekoppelt sind. Um die Anpassung zu erleichtern, wird diese Strategie durch systematische Übergangszahlungen gestützt. Eine weitere bedeutende Veränderung ist die Ablösung der allgemeinen tierbezogenen Zahlungen für raufutterverzehrende Nutztiere durch Flächenzahlungen für Weideland, wobei für die Nutztierhaltung ein Mindesttierbesatz vorgeschrieben ist.

Die Umstellung von tierbezogenen Zahlungen auf Flächenzahlungen stellt einen Anreiz für die Extensivierung der Tierproduktion dar und kann zu einer geringeren Besatzdichte führen. Es wird erwartet, dass sich Nährstoffüberschuss und Treibhausgasemissionen durch die Reform reduzieren. Die Verbesserung der Umweltleistung wird sich wahrscheinlich auf die Hügel- und Bergregion konzentrieren. Der Politikwandel hin zu flächenbezogenen Zahlungen sollte auch die Transfereffizienz des Maßnahmenpakets begünstigen. Die Simulationsergebnisse zeigen, dass der Erzeugerüberschuss nur marginal zurückgeht, während die Kosten für den Steuerzahler deutlich stärker sinken.

Wettbewerbsfähigkeit der Schweizer Agrar- und Nahrungsmittelindustrie

Im Vergleich zu den größten Konkurrenten in der EU ist die Schweizer Nahrungsmittel- und Getränkeindustrie insgesamt relativ stark positioniert. Allerdings verschleiert diese Gesamtbetrachtung die stark unterschiedliche Positionierung der einzelnen Branchen in dieser Industrie. Das positive Gesamtbild kommt insbesondere durch die starke Branche der „sonstigen Nahrungsmittelhersteller“ zustande, die von der Kakao- und Schokoladenherstellung dominiert wird. In der Periode 2001-11 stiegen die Umsätze dieser Branche jährlich um 10 %, beinahe zweimal so schnell wie in der gesamten Nahrungsmittel- und Getränkeindustrie (5,8 %).

Die zwei stärksten Branchen („sonstige Nahrungsmittel“ und Getränke) repräsentieren 72 % der Exporte der Schweizer Agrar- und Nahrungsmittelindustrie. In diesen Sektoren wird der Großteil der Rohstoffe importiert oder stammt aus nichtlandwirtschaftlichen Quellen (Mineralwasser).

Die schwächsten Sektoren bilden die Fleisch- und die Milchindustrie, die ihre Rohstoffe in erster Linie von einheimischen landwirtschaftlichen Primärerzeugern beziehen, obgleich einige Hersteller von Milchprodukten hochwertige Nischenmärkte erfolgreich bedienen. Genau wie der schwache Tierfuttersektor müssen diese Branchen relativ hohe Preise für ihre Rohstoffe bezahlen, die weit über dem Preisniveau der EU liegen. Zusätzlich verzeichnen diese weniger konkurrenzfähigen Sektoren ein vergleichsweise schwaches Arbeitsproduktivitätswachstum und sind dabei verhältnismäßig arbeitsintensiv.

Eine weitere Liberalisierung des Schweizer Agrar- und Nahrungsmittelmarkts mit dem EU-Markt könnte den notwendigen Schwung für Strukturänderungen in den weniger wettbewerbsfähigen Untersektoren bringen und wird wegen des Zugangs zu günstigeren landwirtschaftlichen Rohstoffen außerdem deren Wettbewerbsfähigkeit stärken. Die Wettbewerbsfähigkeit der Agrar- und Nahrungsmittelindustrie kann durch transparentere und weniger stark regulierte Märkte in den vor- wie nachgelagerten Industrien gesteigert werden, und auch die Nahrungsmittelverbraucher würden von mehr Wettbewerb im nachgelagerten Sektor, zum Beispiel im Einzelhandel, profitieren.

Künftige Entwicklung der Politik – Empfehlungen

Die Agrarpolitik in der Schweiz strebt nach einer ausgewogenen Lösung für verschiedene wirtschaftliche, soziale und umweltbezogene Ziele. Das Ergebnis ist ein Marktschutzsystem, gepaart mit einer ausgefeilten, auf die Landwirte ausgerichteten Zahlungsstruktur, die zum einen als Einkommensunterstützung und zum anderen als Anreiz für bestimmte Formen der Bewirtschaftung dient. Auch lässt sich die regionale (Entwicklung des ländlichen Raums) und die sektorbezogene (Landwirtschaft) Politik besser koordinieren, und die Agrarpolitik sollte in einem breiteren Kontext der Entwicklungspolitik für den ländlichen Raum positioniert sein (OECD, 2011).

Eine explizitere Entflechtung der politischen Ziele und Instrumente würde die Leistung des Landwirtschaftssektors verbessern und die Transfereffizienz der Stützungen für die Landwirte erhöhen. Geschäftsentwicklung, Innovation und Wettbewerbsfähigkeit des Landwirtschaftssektors und der Agrar- und Nahrungsmittelindustrie werden durch eine Handelspolitik behindert, die die Preise für Importgüter nach oben treibt und die Erzeuger vom Wettbewerb abschirmt.

Der Handel, auch mit Agrar- und Nahrungsmittelerzeugnissen, läuft in globalen und regionalen Wertschöpfungsketten immer organisierter ab, indem spezialisierte Unternehmen das Produkt vor Erreichen des Endverbrauchermarkts auf jeder Produktionsebene aufwerten (OECD, 2013). Die erfolgreiche Teilnahme an einer solchen Wertschöpfungskette setzt den ungehinderten Zugang zu den besten Rohstoffen zum günstigsten Preis voraus und erfordert Regelwerke und technische Normen, die den Austausch von Halb- und Fertigerzeugnissen mit Partnerländern ermöglichen. Vor diesem Hintergrund sollte der Außenschutz weiter liberalisiert und Handelsgrenzen weiter abgebaut werden. Ausfuhrsubventionen für verarbeitete Erzeugnisse sollten abgeschafft werden. Kurzfristig könnte die weiterführende Marktliberalisierung mit der Europäischen Union eine Maßnahme sein. Eine Politiksimulation der Auswirkungen auf die landwirtschaftliche Primärerzeugung zeigt, dass der verbraucherseitige Gewinn durch die weitere Angleichung der Preise in der Schweiz und der EU den Verlust aufseiten von Erzeuger und Steuerzahler übersteigen würde, selbst wenn ergänzende Übergangszahlungen eingeführt würden. Die Auswirkungen auf die Inlandproduktion wären, mit Ausnahme des Rindfleischsektors, insgesamt moderat. Niedrigere Rohstoffpreise und Zugang zu einem größeren Verbrauchermarkt versprechen wichtige, indirekte positive Auswirkungen auf die nahrungsmittelverarbeitende Industrie.

Die Sicherung der Nahrungsmittelversorgung sollte durch eine wettbewerbsfähigere Landwirtschaft angestrebt werden. Die Landwirtschaft in der Schweiz ist überwiegend von einem anspruchsvollen Naturraum geprägt, und die Stützungspolitik erhält dort Produktionsaktivitäten aufrecht, wo sonst keine stattfinden würden. Allerdings könnte eine sinnvollere Differenzierung vorgenommen werden zwischen einer Politik, die Marktversagen adressiert (Schaffung positiver Auswirkungen und öffentlicher Güter sowie Vermeidung negativer Auswirkungen), und einer solchen, die das Einkommensproblem adressiert (OECD 2008). Die aktuelle Politik vereint beide Aspekte. Sie versucht, Marktversagen zu adressieren mit einer Kombination aus Cross-Compliance-Verpflichtungen und unterschiedlichen Zahlungen zur Förderung bestimmter Bewirtschaftungsformen sowie Produktionsaktivitäten in der Bergregion.

Selbst Landwirte, die bei einem offeneren Markt konkurrenzfähig wären, können nicht effektiv auf Marktsignale reagieren, weil die Stützungszahlungen für ihre Einkünfte mittlerweile eine zu große Rolle spielen. Wenn das Gesamtstützungsniveau gesenkt würde, könnten die Landwirte auf Marktsignale reagieren, und es bestünde ein weiterer Anreiz zur Erzeugung hochwertiger Produkte zu wettbewerbsfähigen Preisen.

Um die zwei potenziell widersprüchlichen Ziele der Schweizer Agrarpolitik in Einklang zu bringen, ist neben einer weiteren Liberalisierung der Agrar- und Nahrungsmittelmärkte über einen differenzierten Politikansatz nachzudenken. Dabei könnte ein duales System verfolgt werden:

- Der erste Zweig sichert mithilfe eines differenzierten Direktzahlungsprogramms die Bereitstellung von Gütern und Dienstleistungen, welche die Erwartungen der Bevölkerung erfüllen, z. B. Kulturlandschaften und Biodiversität;
- Der zweite Zweig gibt potenziell wettbewerbsfähigen Erzeugern (hauptsächlich in der Talregion) mehr Freiheit, ihre Produktion zu optimieren und auf Marktsignale zu reagieren. Dieser zweite Zweig kann Politiken enthalten, die Strukturänderungen erleichtern (Stützung von Investitionen, Ausstiegsstrategien usw.).

In der Praxis kann ein solches duales System mithilfe eines regional differenzierten Politikmenüs umgesetzt werden. Der Anspruch auf die Leistungen innerhalb dieses Menüs wäre durch den geografischen Standort der Erzeuger geregelt, z.B. hätten nur Bergbauern die Möglichkeit, Zahlungen für kulturlandschaftliche Leistungen in Anspruch zu nehmen, während Bauern in der Talregion Stützungen für die Modernisierung ihrer Betriebe erhielten. Dadurch würde sich der Verwaltungsaufwand nicht erhöhen, da das derzeitige System bei den Direktzahlungen bereits geografisch differenziert. Das anhaltende Problem mit dem niedrigen Einkommen landwirtschaftlicher Haushalte könnte über das Sozialversicherungssystem gelöst werden.

Für bestimmte Ziele, z. B. nachhaltige Ressourcennutzung und Tierwohl, könnten die existierenden Vorschriften verschärft werden, während Ausgleichszahlungen für Tier- und Umweltschutz reduziert werden können. In der Praxis können die aktuellen Cross-Compliance-Vorschriften Teil der verpflichtenden Regulierung werden, und damit eine neue Grundlage für noch strengere, mit Stützungszahlungen verbundene Cross-Compliance-Vorschriften bilden. Zu erreichen wäre dies ohne eine Erhöhung der regulatorischen Belastung für Landwirte oder politikbezogenen Transaktionskosten.

Die Entwicklung eines stärker marktorientierten kommerziellen Landwirtschaftssektors würde außerdem dazu beitragen, dass eben jene Schweizer Nahrungsmittelbranchen an Konkurrenzfähigkeit gewinnen, die in erster Linie von einheimischen landwirtschaftlichen Rohstoffen abhängig sind. Eine Senkung der Rohstoffkosten bei gleichzeitiger Erhaltung und Stärkung des Schweizer Markenimages für Kunden im In- und Ausland ist wahrscheinlich eine nachhaltigere Strategie als der Versuch, die Branche vor den Wettbewerbskräften zu schützen. Ein struktureller Wandel in der Nahrungsmittelbranche wird unvermeidbar sein und erfordert unter anderem die Nutzung von Größenvorteilen und die Identifizierung von Marktnischen.

Quellen

OECD (2008), *Agricultural Policy design and implementation. A synthesis*, OECD Publishing, Paris, http://dx.doi.org/10.1787/243786286663.

OECD (2011), *OECD Territorial Reviews: Switzerland 2011*, OECD Publishing, Paris, http://dx.doi.org/10.1787/9789264092723-en.

OECD (2013), *Interconnected Economies: Benefiting from Global Value Chains*, OECD Publishing, Paris, http://dx.doi.org/10.1787/9789264189560-en.

Kapitel 2

Agrarpolitik in der Schweiz: der politische Kontext

Dieses Kapitel vermittelt einen Überblick über die Lage der Landwirtschaft in der Schweiz und beschreibt den Kontext, in dem der Landwirtschaftssektor operiert und die Agrarpolitik umgesetzt wird. Es befasst sich insbesondere mit der Bedeutung der Landwirtschaft für die Wirtschaft, die Strukturbedingungen sowie die Wirtschafts- und Umweltleistung.

Allgemeine Aspekte

Die Landwirtschaft mag für die schweizerische Wirtschaft von eher untergeordneter und abnehmender Bedeutung sein, aber dennoch gilt sie als wichtiger Baustein für die Erhaltung der Ernährungssicherheit, und die Öffentlichkeit erkennt in ihr positive Attribute wie Umweltnutzen und Tierschutz, die bei der schweizerischen Bevölkerung einen hohen Stellenwert haben. Dementsprechend sind die Agrarpolitik und die damit verbundene Stützung der Landwirtschaft ein wichtiges Thema in der Schweizer Politiklandschaft. Dieses Kapitel beschreibt den Kontext der wirtschaftlichen, sozialen, strukturellen und ökologischen Bedingungen, die den Schweizer Landwirtschaftssektor und das Umfeld der Agrarpolitik beeinflussen.

Politische und demografische Merkmale

Die Schweiz ist ein verhältnismäßig kleines Land mit 8 Millionen Einwohnern auf einer Fläche von 40.000 km^2. Sie liegt im Zentrum von Westeuropa und bildet den Knotenpunkt des deutschen, französischen und italienischen Sprach- und Kulturraums. Die vier offiziellen Amtssprachen der Schweiz, Deutsch, Französisch, Italienisch und Rätoromanisch, werden in unterschiedlichen Regionen des Landes traditionell gesprochen.

Die Schweiz weist im Vergleich zu anderen europäischen Ländern ein äußerst dynamisches Bevölkerungswachstum auf. In den letzten zehn Jahren ist die ständige Wohnbevölkerung um jährlich rund 1 % auf 8,04 Millionen gestiegen (Stand 2012). Seit den 1990er Jahren ist das Bevölkerungswachstum größtenteils auf die Zuwanderung zurückzuführen. Der Anteil Zuwanderer an der Gesamtpopulation betrug 1990 rund 17 % und 2012 rund 23 %. Die Verteilung der ländlichen und städtischen Bevölkerung hat sich nicht geändert, so lag der Anteil der ländlichen Bevölkerung 1990 wie 2012 unverändert bei 26 %.

Auch in der Altersstruktur der Bevölkerung sind keine großen Veränderungen zu verzeichnen. Verglichen mit 1990 sank der Anteil der Jugendlichen (0 bis 19 Jahre) um 3 Prozent auf 20,4 % (Stand 2012); der Bevölkerungsanteil im Alter von 20 bis 64 Jahren blieb relativ stabil (62,2 %), und der Bevölkerungsanteil über 65 stieg um 2,8 Prozent auf 17,4 %.

Politisch und administrativ bildet die Schweiz ein Bündnis aus 26 Kantonen (*Schweizerische Eidgenossenschaft*). Die Kantone besitzen ein großes Maß an Eigenständigkeit. Regierungen, Parlamente und Gerichte sind auf drei Ebenen (Bundes-, Kantons- und Gemeindeebene) organisiert.[1] Die Demokratie, insbesondere die direkte Demokratie, hat in dem Land eine lange, aber nicht unumstrittene Tradition. Das einzigartige politische System der Schweiz gehört heute zu den stabilsten Demokratien mit maximaler Bürgerbeteiligung.

Die zwei Kammern des Schweizer Parlaments finden mehrmals im Jahr zu Tagungen zusammen, die sich normalerweise über drei Wochen erstrecken. Parlamentarier zu sein ist heute in der Schweiz – im Gegensatz zu den meisten anderen Ländern – keine Vollzeitbeschäftigung. Im Allgemeinen üben die Abgeordneten ihren Beruf weiter aus, um ein Einkommen zu verdienen, und stehen daher im Ruf, sich intensiver mit den Anliegen ihrer Wählerschaft zu befassen.

Referenden als Teil der direkten Demokratie geben dem Bürger die Möglichkeit, sich mit seiner Stimme aktiv am politischen Geschehen zu beteiligen. Jeder Bürger kann Änderungen an der Verfassung vorschlagen, sofern er eine bestimmte Anzahl Befürworter (100.000 von ca. 3.500.000 Stimmberechtigten) vorweisen kann. Das Bundesparlament bespricht alle Vorschläge und kann seinerseits Alternativen vorschlagen. Daraufhin stimmen alle Bürger per Referendum ab, ob die

1 Kleine Gemeinden veranstalten Gemeindeversammlungen („Landsgemeinden") statt eines Parlaments; örtliche Gerichte werden von mehreren Gemeinden gleichzeitig genutzt.

ursprüngliche Initiative bzw. der Vorschlag des Parlaments umgesetzt werden oder die Verfassung unverändert bleiben soll.

Geografische Lage, natürliche Ressourcen und Klimabedingungen

Die Schweiz gehört zu den gebirgsreichsten Ländern Europas. Mehr als 70 % der Fläche werden in der Landesmitte und im Süden von den Alpen sowie im Nordwesten vom Jurazug eingenommen. Die Bergregion ist natürlich bewaldet und weist zahlreiche gerodete Flächen auf, die als Bergweide genutzt werden. Zwischen diesen zwei Gebirgszügen liegt das Mittelland, das sich als Becken über den Großteil der mittleren Schweiz erstreckt. Das Mittelland stellt etwa 30 % der Schweizer Landesfläche dar und liegt im Durchschnitt etwa 580 m über dem Meeresspiegel. Seine Landschaft ist von zahlreichen Seen und Flüssen geprägt und hat die fruchtbarsten Böden in der gesamten Schweiz. Die meisten Großstädte und damit rund drei Viertel der Schweizer Bevölkerung sind im Mittelland beheimatet.

Laut Flächennutzungsstatistik teilt sich das Land grob in vier Kategorien der Flächennutzung: Siedlungs- und Stadtgebiete, landwirtschaftliche Nutzflächen, Waldflächen sowie unproduktive Flächen wie Seen, Flüsse, unproduktive Vegetation, Fels, Geröll, Gletscher und Firn. Siedlungs- und Stadtgebiete machen 8 % der Landfläche aus und bilden damit die Kategorie mit dem geringsten Vorkommen, landwirtschaftliche Nutzflächen (einschließlich Bergweiden) sind mit 36 % die häufigste Kategorie. Wald- und unproduktive Flächen bilden 31 % bzw. 25 % der Landfläche (Abb. 2.1).

Abb. 2.1. Schweiz: Flächennutzung 2004-09

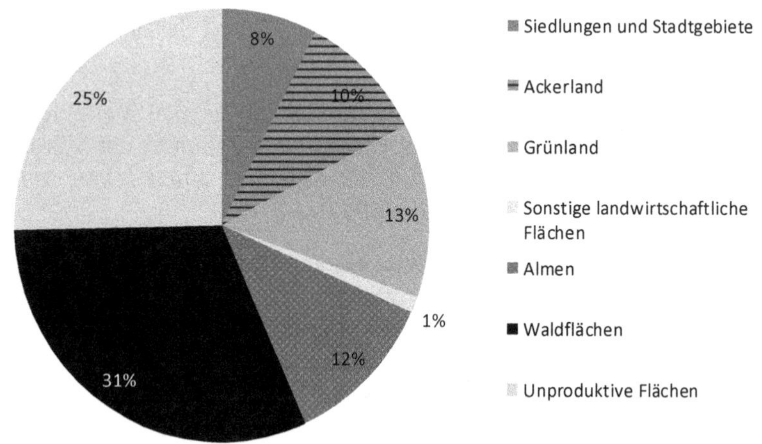

Quelle: Bundesamt für Statistik der Schweiz.

Mit einer Gesamtfläche von 14.817 km^2 (36 %) stellt die landwirtschaftliche Nutzfläche die größte der vier Flächennutzungs-Hauptkategorien dar (Bundesamt für Statistik der Schweiz, 2013). 2009 setzte sich die landwirtschaftliche Fläche zu zwei Dritteln aus Wiesen, Weideland und Bergweide zusammen, den Rest bildeten Ackerland und Dauerkulturen. Aufgrund der geografischen Eigenschaften ist die landwirtschaftliche Fläche ungleichmäßig auf das Land verteilt. Der Anteil landwirtschaftlich genutzter Flächen in Mittelland (49,5 %) und Jura (43,4 %) liegt weit über dem landesweiten Durchschnitt. Im Gegensatz dazu wird in den westlichen Zentralalpen (18,4 %) und in der südlichen Alpenflanke (12,7 %) ein vergleichsweise geringer Flächenanteil landwirtschaftlich genutzt.

Zwischen 1985 und 2009 schrumpfte die landwirtschaftliche Gesamtfläche um 5,4 %, was auf die Zunahme von Waldflächen und Siedlungs- oder Stadtgebieten zurückzuführen ist. Insgesamt wurde mehr als die Hälfte der verlorenen landwirtschaftlichen Nutzfläche für die Siedlungs- und Stadterschließung genutzt, der restliche Anteil ging als Wald- und unproduktive Fläche verloren. Die neuen Waldflächen entstanden in erster Linie auf stillgelegten Bergweiden in großen Höhenlagen (Bundesamt für Statistik der Schweiz, 2013).

Die Schweiz fungiert in Mitteleuropa als wichtige **Wasserquelle**, die Flüsse des Landes münden in vier verschiedenen Meeren. Die meisten Flüsse der Schweiz eignen sich nicht für den Schiffsverkehr. Selbst der schweizerische Teil des Rheins ist erst ab Basel, knapp vor der Grenze zu Deutschland, für den kommerziellen Schiffsverkehr geeignet. Stattdessen gelten Seen in der Schweiz seit langem als wichtige Transportwege, weshalb viele Ortschaften am Seeufer gelegen sind.

Wasserkraft zählt zu den wichtigen natürlichen Ressourcen der Schweiz. Als Hauptquelle für die Wasserversorgung dient der Abfluss der beträchtlichen Jahresniederschläge in den Alpen. Unverzichtbar ist auch das Schmelzwasser von den hunderten Gletschern im Land. Die Nutzung von Wasserkraft hat in der Schweiz eine lange Tradition. Heutzutage geschieht dies mithilfe hunderter Wasserkraftwerke, die 59 % der inländischen Stromversorgung decken.

Die Schweiz verfügt über ein vielfältiges **Klima**, was sich in erster Linie durch die großen Höhenunterschiede, die Sonneneinstrahlung und den häufigen Wind erklärt. Im Mittelland und in den tief liegenden Tälern der Schweiz herrscht ein gemäßigtes Klima mit einer mittleren Jahrestemperatur von etwa 10 °C. In den Sommermonaten können die Temperaturen in tief liegenden Gebieten über 27 °C steigen, im Winter liegt die Temperatur allgemein unter null. In der Bergregion ist es über das gesamte Jahr erheblich kühler, und die Temperaturen sinken höhenlagenabhängig alle 300 m um 2 °C. In den Alpen finden sich große Gletscher, und die höchsten Gipfel sind von Dauerschnee bedeckt. Im Winter liegen die Temperaturen in der gesamten Schweiz normalerweise unter dem Gefrierpunkt; die Ausnahme bilden lediglich das Nordufer des Genfer Sees und die Uferregionen der italienisch-schweizerischen Seen, deren Klima mit den milden Verhältnissen in Norditalien vergleichbar ist.

Die Niederschläge nehmen in der Schweiz allgemein mit der Höhenlage zu. Im Mittelland und in den tiefer liegenden Tälern beträgt der Niederschlag jährlich rund 910 mm, in den höher liegenden Regionen geht allgemein mehr Regen nieder. Die größten Niederschlagsmengen treten im Winter in Form von Schnee auf.

Gesamtwirtschaftliche Leistung

Die Schweiz ist eine kleine, offene Wirtschaft (gemessen am Handelsanteil am BIP) mit einem vergleichsweise hohen Pro-Kopf-BIP. Das Land gilt als entwickelte Marktwirtschaft mit einem relativ stabilen makroökonomischen Umfeld. Neben einem moderaten BIP-Wachstum sind verhältnismäßig geringe Inflationsraten und Arbeitslosenquoten zu verzeichnen (Abb. 2.2). Die Schweizer Wirtschaft ist vorrangig dienstleistungsorientiert: die Wertschöpfung im Dienstleistungssektor stellt 71 % des BIP dar, während der Produktionssektor 28 % und der Primärsektor (einschließlich der Landwirtschaft) etwa 1 % ausmachen. Die wichtigsten Dienstleistungsbereiche der Schweiz sind das Bankwesen und die Tourismusbranche.

Die Schweiz gehört zu den wenigen westeuropäischen Ländern, die in der jüngeren Vergangenheit wachsen konnten, was sich vor allem durch die solide Inlandnachfrage begründet. Der Anstieg im Verbrauch der Privathaushalte wird von starker Zuwanderung, anhaltendem Verbrauchervertrauen und steigendem Effektivlohn gestützt (OECD, 2013a). Die dynamische Demografie und die historisch niedrigen Zinsen haben den Wohnungsbau vorangetrieben. Allerdings geht die Arbeitslosenquote seit Mitte 2011 leicht nach oben. Ein starkes Bevölkerungswachstum von durchschnittlich 1 % pro Jahr hat in den letzten Jahren zu einem weniger beeindruckenden Pro-Kopf-Wachstum geführt (OECD, 2013a).

Abb. 2.2. Schweiz: Wichtigste gesamtwirtschaftliche Indikatoren, 1990-2012

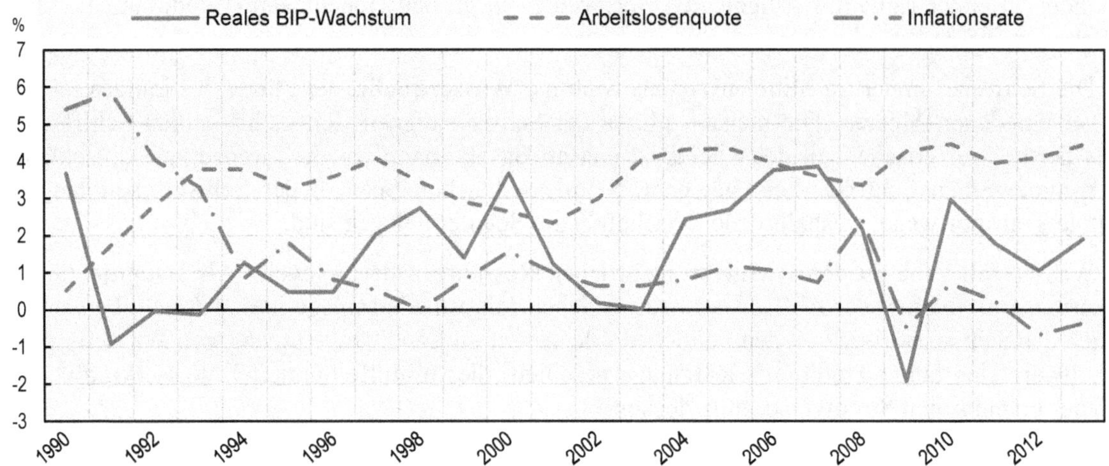

Quelle: OECD, statistische Datenbanken, volkswirtschaftliche Gesamtrechnungen, Erwerbsstatistik, analytische Datenbank, 2014.

Seit einiger Zeit liegt die größte wirtschaftliche Herausforderung in der extremen Wertsteigerung des Schweizer Franken aufgrund dessen Status als sicherer Hafen. Diese Entwicklung ist eine Bedrohung für die Wettbewerbsfähigkeit. Im September 2011 entschied die Schweizer Nationalbank (SNB), die Aufwertung des Schweizer Franken (CHF) einzugrenzen, indem sie einen Mindestwechselkurs von 1,20 CHF pro Euro festsetzte und bedarfsweise unbegrenzte Fremdwährungskäufe ermöglichte (WTO, 2013).

In der jüngsten Vergangenheit gingen die Schweizer Exporte im historischen Vergleich eher schleppend voran; trotzdem bleibt der Leistungsbilanzüberschuss mit 11 % des BIP im Jahr 2012 groß. Verantwortlich dafür sind hauptsächlich die Finanzdienstleistungsexporte und der Kapitalertrag (OECD, 2013a). Seit Beginn der Krise wird eine unterstützende Geldpolitik mit ab 2009 nahezu null Leitzinsen verfolgt. Zusätzlich hat der Mindestwechselkurs dazu beigetragen, deflationäre Schocks aufzufangen, die durch eine weitere Senkung der Zinsrate nicht mehr kontrollierbar wären. Nichtsdestotrotz hat das Kreditwachstum die BIP-Expansion überholt (OECD, 2013a).

Ein Resultat einer neuen Steuerregelung – der seit 2003 in der Schweiz wirksamen Schuldenbremse – sind steuerliche Überschüsse, die in den Jahren 2006-08 auf Bundesebene zu verzeichnen waren. Die Überschüsse erlaubten zum einen die Umsetzung wirtschaftlicher Stabilisierungsmaßnahmen in den Jahren 2009-10, die hauptsächlich in Form von Ausgaben für Straßenbau, Schienenbau, andere infrastrukturelle Investitionen und Arbeitsmarktmaßnahmen stattfanden, und zum anderen die Finanzierung eines Maßnahmenpakets zur Minderung der Auswirkungen des starken Schweizer Franken auf die Wirtschaft in den Jahren 2011-12.

Die Steuerpolitik ist überwiegend neutral. Ein geringfügiger, allgemeiner Haushaltsüberschuss und das anhaltende Wirtschaftswachstum dürften ausreichen, um die staatliche Bruttoverschuldung (44 % des BIP im Jahr 2012) weiter abzubauen. Die öffentliche Infrastruktur, die aufgrund des anhaltenden Bevölkerungswachstums und der allmählichen Umstellung auf erneuerbare Energiequellen mittelfristig zusehends belastet werden wird, und die Bereiche Bildung und F&E rechtfertigen vielleicht als einzige eine Erhöhung öffentlicher Investitionen. Darüber hinaus muss sich der Staatshaushalt an verschiedene strukturelle Zwänge anpassen, z. B. die steigenden Ausgaben für Altersmedizin, Erwerbsunfähigkeit und Altersvorsorge, sowie an das breite Spektrum an laufenden und künftigen Subventionen, wie es beispielsweise die Klimawandel- und Atomausstiegpläne der Regierung erahnen lassen. Trotz der im Vergleich zu anderen OECD-Ländern geringen Einkommensteuerprogression und der bescheidenen Bargeldtransfers an Privathaushalte ist das verfügbare Einkommen relativ gleichmäßig verteilt, sodass die Schweiz innerhalb der OECD etwa den zehnten Platz belegt. Zurückzuführen ist dies auf eine relativ flache Lohnverteilung und eine äußerst hohe Beschäftigungsquote (OECD, 2013a).

Handel

Die Schweiz ist eine relativ kleine, offene Wirtschaft. Der Handel gehört zu den treibenden Kräften der Schweizer Volkswirtschaft, der Anteil des Waren- und Dienstleistungsverkehrs übersteigt 100 % des gesamten BIP. Angesichts der hohen Abhängigkeit vom Handel reagiert die Schweizer Volkswirtschaft empfindlich auf die Entwicklung der globalen Nachfrage. Gleichzeitig ist das Preisniveau in der Schweiz traditionell relativ hoch. Dafür gibt es verschiedene Gründe, z. B. den starken Schweizer Franken und das vergleichsweise hohe Einkommen, aber auch den hohen Außenschutz in der Landwirtschaft, die technischen Handelshemmnisse und den beschränkten Wettbewerb in einigen Branchen (WTO, 2013).

An der Struktur der angewandten MFN-Zölle der Zollunion Schweiz-Liechtenstein hat sich in der jüngeren Vergangenheit nur wenig geändert. Sämtliche Schweizer Zölle sind spezifisch, d. h. sie werden als Festsatz für eine bestimmte Menge, nicht aber wie in den meisten Ländern als Wertzollsatz, berechnet. Der einfache mittlere MFN-Satz ist von 8,1 % (2008) auf 9,2 % (2012) gestiegen, was zum Teil an der Aufwertung des Schweizer Franken lag. Der Zollschutz ist stark abhängig von Sektoren und Untersektoren. So beträgt er laut WTO-Definition für landwirtschaftliche Produkte 31,9 %, aber nur 2,3 % für nichtlandwirtschaftliche Waren (WTO, 2013). MFN-Zollfreiheit gilt für knapp 20 % aller Zolltarife, hauptsächlich für im Ausland produzierte Produkte: Fisch, Benzin, bestimmte Chemikalien, Basismetalle usw. Die von der Schweiz geschlossenen Präferenzabkommen ermöglichen den freien Handel mit den meisten nichtlandwirtschaftlichen Produkten, sofern für diese ein Herkunftsnachweis vorliegt. Für landwirtschaftliche Produkte wird der bevorzugte Marktzugang in erster Linie durch bilaterale Zollkontingente gewährt. Die am wenigsten entwickelten Länder profitieren von substantiellen und verbesserten Zollpräferenzen: alle landwirtschaftlichen und nichtlandwirtschaftlichen Produkte sind zoll- und kontingentfrei. Die Schweizer APS-Herkunftsregeln wurden 2011 mit den entsprechenden EU-Regeln harmonisiert (WTO, 2013).

Hinsichtlich der Güterstruktur des Handels waren die wichtigsten Importe in den Jahren 2008-11 Maschinen und Transportgeräte (rund 27 % des Gesamtimports), Chemikalien (21 %), Bergbauprodukte (12 %) und Automobilbauprodukte (7 %). Agrar- und Nahrungsmittelprodukte stellten rund 7 % des Gesamtimports dar, wobei es sich meist um verarbeitete Erzeugnisse handelte. Die Exportstruktur in derselben Periode wird dominiert von Chemikalien (38 %), Maschinen und Transportgeräten (21 %) und sonstigen nichtelektrischen Maschinen (11 %). Agrar- und Nahrungsmittelprodukte erreichten rund 4 % des Schweizer Gesamtexports (auch hier dominierten wieder die verarbeiteten Erzeugnisse). Hinsichtlich der Territorialstruktur ist der Schweizer Außenhandel eng an den europäischen Markt (und insbesondere an die EU) gebunden, der für knapp 80 % aller Importe und rund 60 % der Exporte verantwortlich ist. Innerhalb der EU ist Deutschland das wichtigste Herkunftsland von Importgütern (33 % der Schweizer Importe) und das wichtigste Exportziel (20 % der Schweizer Exporte). Andere relativ bedeutende Exportziele für Schweizer Waren und Dienstleistungen sind die USA (10 %), China (4 %) und Hong Kong, China (3 %) (WTO, 2013).

Lage der Landwirtschaft

Die Landwirtschaft und der Agrar- und Nahrungsmittelsektor innerhalb der Wirtschaft

Die landwirtschaftliche Primärerzeugung spielt in der Schweizer Wirtschaft eine untergeordnete Rolle, ihr Anteil an der Volkswirtschaft geht aufgrund der dynamischen Entwicklung anderer Wirtschaftssektoren derzeit zurück. Der Anteil der Landwirtschaft an der Bruttowertschöpfung im Gesamt-BIP ist von 2,3 % (1990) auf 0,7 % (2012) gesunken. Auch der Anteil der Agrarbeschäftigung an der Gesamtbeschäftigung ist in dieser Periode von rund 4,4 % (1990) auf 3,5 % (2012) zurückgegangen. Angesichts des geringen Beitrags zum BIP lässt die hohe Beschäftigungsquote in der

Landwirtschaft auf eine relativ niedrige Arbeitskräfteproduktivität im Vergleich zu anderen Wirtschaftssektoren und insbesondere dem Dienstleistungssektor schließen (Abb. 2.3).

Ebenso ist der Anteil des Agrar- und Nahrungsmittelhandels am Gesamthandel relativ gering. Die Agrar- und Nahrungsmittelexporte waren 1990 zu rund 3 % am Gesamtexport beteiligt und 2012 zu rund 4 %. Der Anteil der Agrar- und Nahrungsmittelimporte am Gesamtimport ging von rund 7 % (1990) auf rund 6 % (2012) zurück (Abb. 2.5). Im Import- wie Exportgeschäft wird der Agrar- und Nahrungsmittelhandel von verarbeiteten Nahrungsmittelerzeugnissen dominiert, während landwirtschaftliche Grunderzeugnisse eine untergeordnete Rolle spielen. Tiefere Einblicke in den Schweizer Agrar- und Nahrungsmittelhandel gibt Kapitel 5 dieser Studie, das die Wettbewerbsfähigkeit der Schweizer Agrar- und Nahrungsmittelindustrie untersucht.

Insgesamt ist die Schweiz ein traditioneller Nettoimporteur von Agrar- und Nahrungsmitteln (Abb. 2.4). Der Schweizer Landwirtschaftssektor produziert rund 60 % des inländischen Nahrungsmittelverbrauchs in Kalorien (bei Berücksichtigung importierter Futtermittel ca. 50 %).

Abb. 2.3. Schweiz: Landwirtschaft in der Ökonomie

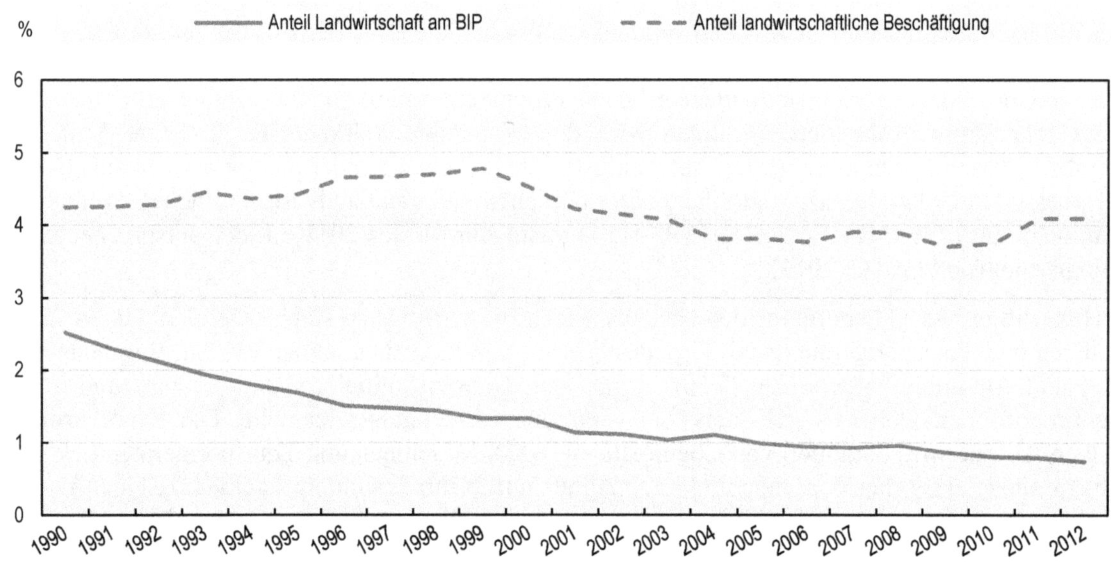

Quelle: OECD, Landesstatistik, 2014 für die landwirtschaftliche Wertschöpfung; Erwerbsstatistik für Beschäftigung nach Tätigkeit.

Abb. 2.4. Schweiz: Agrar- & Nahrungsmittelhandel, 1990-2012

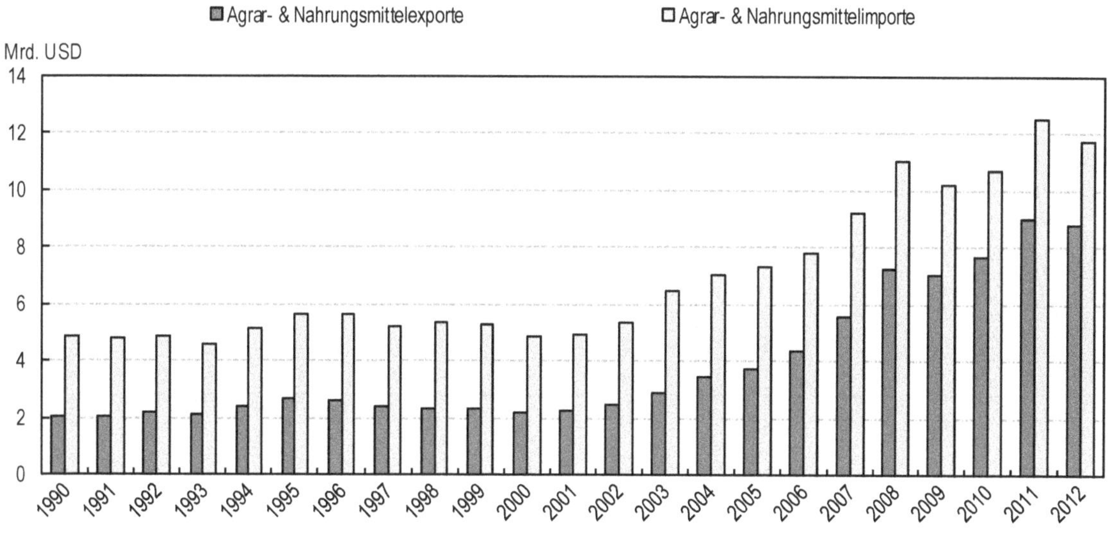

■ Agrar- & Nahrungsmittelexporte □ Agrar- & Nahrungsmittelimporte

Mrd. USD

Quelle: OECD, ITCS-Datenbank (*International Trade by Commodity Statistics*), 2014.

Abb. 2.5. Schweiz: Anteil des Agrar-& Nahrungsmittelhandels am Gesamthandel, 1990-2012

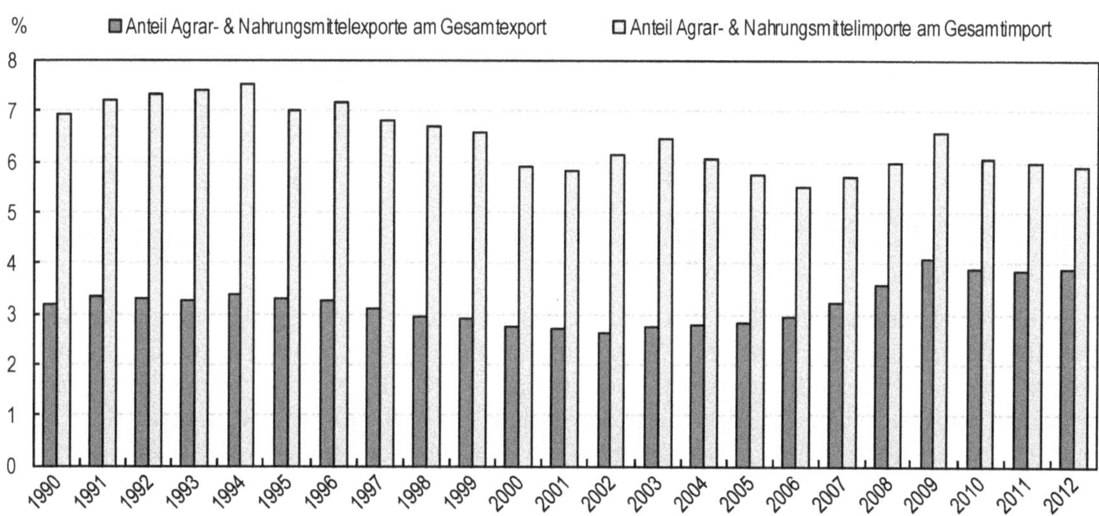

Quelle: OECD, ITCS-Datenbank (*International Trade by Commodity Statistics*), 2014.

Struktur der Agrarbetriebe

Der Schweizer Landwirtschaftssektor setzt sich vorrangig aus relativ kleinen Familienbetrieben zusammen. In den vergangenen Jahrzehnten hat die Schweizer Landwirtschaft wie andere westeuropäische Länder mehrere Strukturänderungen erfahren, z. B. ein moderates, aber anhaltendes Betriebsgrößenwachstum und eine Verringerung des landwirtschaftlichen Arbeitsvolumens. Zwar haben sich die Produktionsmengen der Landwirtschaft kaum verändert, für die Volkswirtschaft jedoch hat die Landwirtschaft relativ an Bedeutung verloren (siehe oben).

In der Periode 2000-2012 sank die Anzahl der Betriebe von 70.537 auf 56.575, was einem jährlichen Rückgang von 1,8 % entspricht. Dieser Rückgang war in der Tal- und Bergregion heftiger als in der Hügelregion. Die Größe der bewirtschafteten Fläche pro Betrieb stieg von 15,2 auf 18,3 Hektar.

Betriebe mit Betriebsgrößen zwischen 3 und 10 ha sowie zwischen 10 und 20 ha waren am stärksten vom Rückgang betroffen. Andererseits stieg die Anzahl der Betriebe mit mehr als 20 ha Fläche (Abb. 2.6) an.

Die Betriebe in der Talregion produzieren hauptsächlich Ackerfrüchte (Getreide, Ölsaaten, Silomais, Zuckerrüben und Kartoffeln), und auch Schweine- und Geflügelfleisch stammen vorrangig aus der Talregion. Die Hügel- und Bergregion wird von Grünland und Bergweiden dominiert, weshalb die Betriebe dort hauptsächlich Produkte von raufutterverzehrenden Nutztieren produzieren (Milch, Rind- und Kalbfleisch sowie in geringerem Maße auch Schaf- und Ziegenprodukte).

Abb. 2.6. Anteil der landwirtschaftlichen Fläche an Betriebsgrößenkategorien, 1996-2012

Prozent (LNF = 100 %)

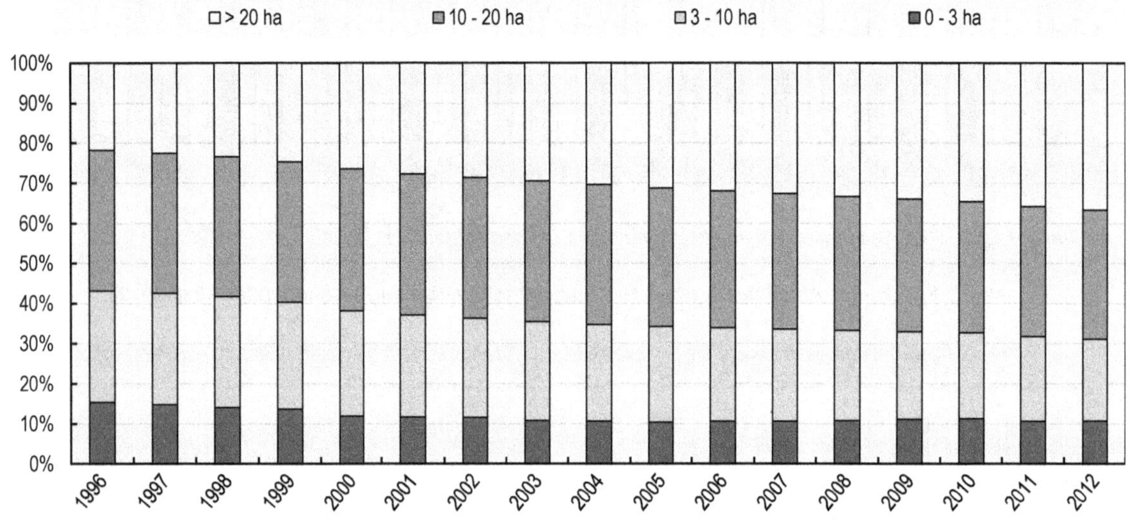

Quelle: Bundesamt für Statistik der Schweiz

Beschäftigung in der Landwirtschaft

Wie in anderen entwickelten Ländern ist die Inanspruchnahme von Arbeitskräften in der Schweizer Landwirtschaft über die letzten Jahrzehnte durch die Umstrukturierung der Betriebe und den Anstieg der Arbeitskräfteproduktivität zurückgegangen. In der Periode 1990-2012 sank die Gesamtbeschäftigtenzahl in der Landwirtschaft von 253.000 um 36 % auf 162.000. Dieser Rückgang war bei den Familienarbeitskräften mit -40 % größer, während die Zahl familienfremder Arbeitskräfte (Angestellte) in der Periode 1990-2012 um 14 % sank. Außerdem waren Haupterwerbsbetriebe mit 43 % stärker von der Abnahme landwirtschaftlich tätiger Arbeitskräfte betroffen als Nebenerwerbsbetriebe (29 %). Die Anzahl der ausländischen Arbeitskräfte in der Landwirtschaft war eher stabil, ihr Anteil an den landwirtschaftlich tätigen Arbeitskräften stieg von 5,6 % (1990) auf 9 % (2012) (Abb. 2.7).

Die Beschäftigungszahlen in der Landwirtschaft fielen zwischen 1990 und 2012 um 38 % von 127.000 auf 79.000 Vollzeitbeschäftigte. Dieser Rückgang entspricht im Großen und Ganzen dem 40-prozentigen Rückgang der Arbeitskräfte in den EU-15 innerhalb derselben Periode.

Die Geschlechterverteilung der landwirtschaftlichen Arbeitskräfte ist in den letzten zwei Jahrzehnten ungefähr konstant geblieben. 2012 waren insgesamt 63 % Männer und 37 % Frauen in der Landwirtschaft tätig (Abb. 2.8). 1990 war die Lage mit 64 % zu 36 % ähnlich. Untersucht man bestimmte Beschäftigungsarten, ist die Geschlechterdisparität in der Landwirtschaft allerdings noch stärker. 2012 waren 95 % aller Betriebsinhaber männlich, trotz einer geringfügigen Steigerung der Anzahl weiblicher Betriebsinhaberinnen.

Abb. 2.7. Schweiz: Arbeitskräftestruktur in der Landwirtschaft (Personenzahl)

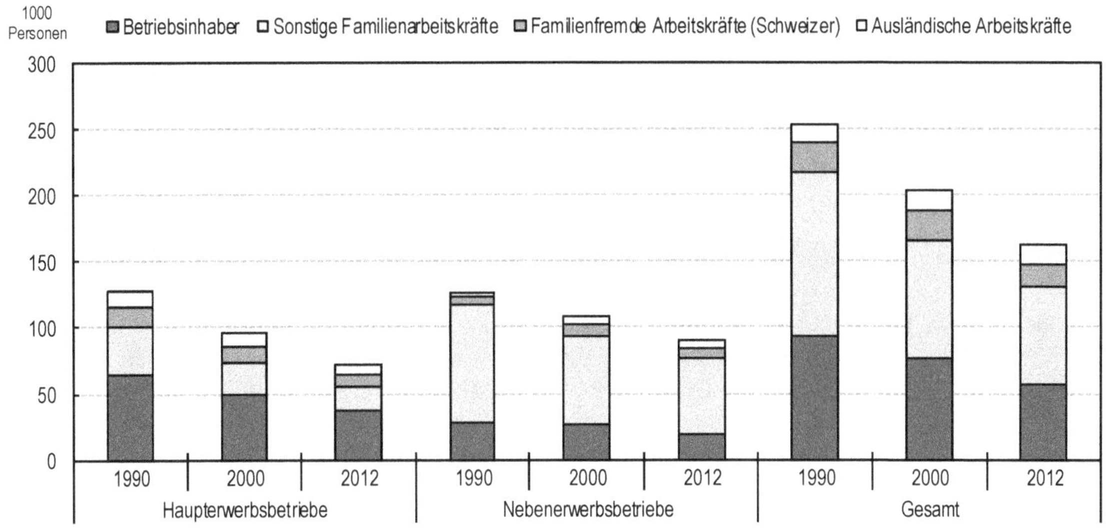

Quelle: Bundesamt für Statistik der Schweiz.

Abb. 2.8. Schweiz: Geschlechterverteilung unter landwirtschaftlichen Arbeitskräften (%)

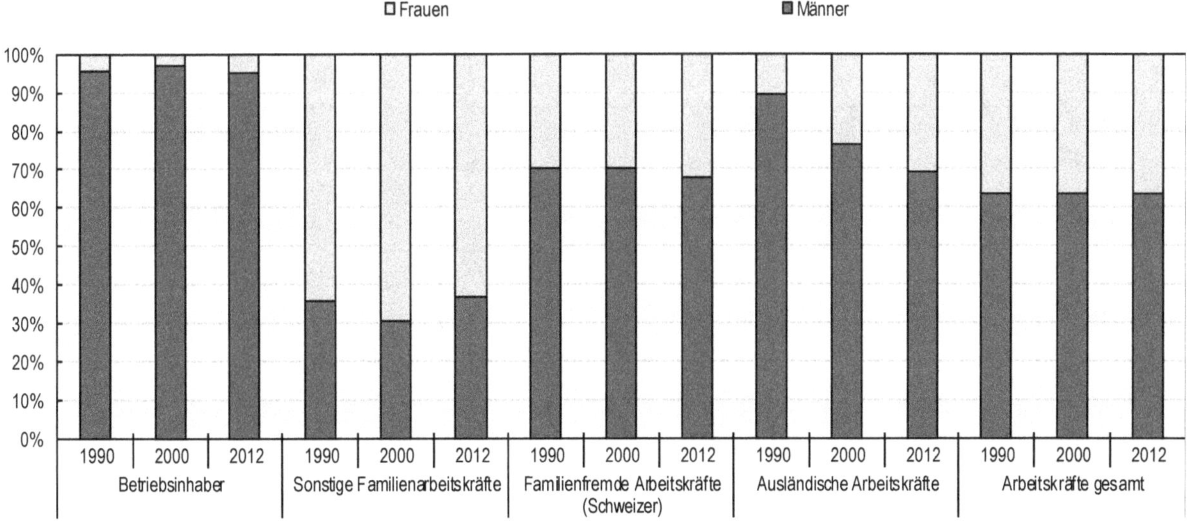

Quelle: Bundesamt für Statistik der Schweiz

Produktionsleistung der Agrarbetriebe

In der Periode 1990-2012 gab es im Gesamtvolumen der Bruttoagrarproduktion (BAP) keine dramatischen Veränderungen. Die Gesamtagrarproduktion lag 2012 um 4 % unter dem Wert von 1990. Allerdings waren im Produktionsvolumen der Landwirtschaft einige strukturelle Veränderungen zu verzeichnen: während die pflanzliche Produktionsmenge um 9 % schrumpfte, konnte die tierische Produktionsmenge das Niveau von 1990 ungefähr halten (Abb. 2.9).

Abb. 2.9 stellt die Veränderungen in den physischen Erträgen dar (konstante Preise 1990), allerdings wurden die Änderungen im Produktionswert (in Realpreisen) zusätzlich beeinträchtigt durch einen deutlichen Rückgang der Inlandpreise für pflanzliche Produkte (Getreide, Ölsaaten) sowie einige tierische Produkte. Die Veränderungen an den Mengen und Preisen führten zu maßgeblichen

Verschiebungen in der Struktur des Produktionswertes. 2012 machten pflanzliche Produkte rund die Hälfte der Gesamtagrarproduktion aus. Der pflanzliche Sektor wird dominiert von Obst, Gemüse und Futterpflanzen. Gemüse und Gartenbau hatten 16 % Anteil an der Gesamtagrarproduktion, Futterpflanzen 12 %, Obst- und Rebbau 11 %. Die üblichen Ackerfrüchte, die in den landwirtschaftlichen Produktionsstatistiken einiger anderer OECD-Länder stark vertreten sind, haben in der Schweiz einen weitaus geringeren Anteil an der Gesamtagrarproduktion: Getreide liegt bei 4 %, Zuckerrüben bei 2 % und Ölsaaten bei 1 %. Die wichtigsten tierischen Erzeugnisse stammen aus der Rinderhaltung: Milch macht 23 % der Gesamtagrarproduktion aus, bei Rindfleisch sind es 14 %. Die anderen Tiersektoren haben einen geringeren Anteil (Schweinefleisch 9 %, Geflügelfleisch und Eier 5 %).

In den Jahren 1990-2012 änderte sich die Struktur des landwirtschaftlichen Produktionswertes. Die dynamischste Veränderung verzeichneten die Bereiche Gemüse und Gartenbau, deren Anteil an der Gesamtagrarproduktion von 9 % (1990) auf 16 % (2012) stieg. Der Getreideanteil wiederum fiel von 9 % auf 4 %. Im Tiersektor waren die Anteile verhältnismäßig stabil. Eine Ausnahme bildet die Geflügelproduktion, deren Anteil an der Gesamtagrarproduktion von 1 % auf 3 % kletterte.

Im Pflanzenbau erfuhren Kartoffeln (mit 66 % des Ausgangswerts von 1990) und Getreide (29 %) einen deutlichen Rückgang, während 55 % mehr Ölsaaten und 37 % mehr Zuckerrüben produziert wurden. Die Produktion von Futterpflanzen konnte das Niveau von 1990 ungefähr halten. Das Produktionsvolumen im Gemüsebereich stieg um 29 %, während der Obstbau 18 % weniger produzierte.

Abb. 2.9. Schweiz: Bruttoagrarproduktion, 1990-2012 (1990=100)

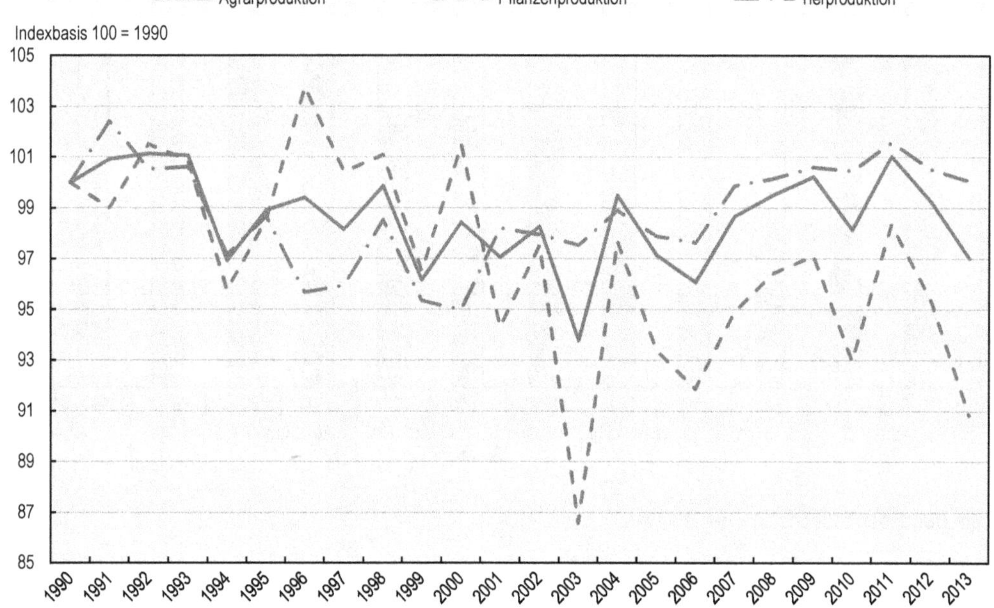

Quelle: Bundesamt für Statistik der Schweiz

Obgleich die Gesamttierproduktion unverändert blieb, gab es einige Strukturverschiebungen. Die Geflügelfleischproduktion hat sich mehr als verdoppelt, und die Eierproduktion stieg um 21 %. In anderen Sektoren war die Zunahme moderater: die Schafproduktion verzeichnete einen Anstieg um 6 %, bei der Milchproduktion waren es 3 %. Die Rind- bzw. Kalbfleischproduktion ging um 12 % bzw. 5 % zurück.

Produktivität der Landwirtschaft

Die Schweiz verfügt über eine relativ geringe Ackerbaufläche. Die landwirtschaftliche Nutzfläche (LNF) pro Einwohner lag 2011 bei 0,134 Hektar (10 % niedriger als 2000), beim Ackerland waren es 0,034 ha/Einwohner (16 % weniger). Da die Intensivbewirtschaftung jedoch als zu umweltbelastend wahrgenommen wird, fördert die Agrarpolitik extensive Bewirtschaftungsformen. Die biologische Erzeugung nimmt mehr als 10 % der landwirtschaftlich genutzten Fläche ein. Der Düngemitteleinsatz ist zurückgegangen und im Vergleich zur EU eher gering (siehe Abschnitt 2.3 dieses Kapitels).

Verglichen mit den EU-Ländern erreichen viele Kulturen geringere Erträge. Getreidesorten und Ölsaaten waren von 1995-2012 relativ stabil oder erfuhren sortenbedingt sogar einen Rückgang. Bei Kartoffeln und Zuckerrüben haben sich die Erträge erhöht, wobei Kartoffeln auf einer kleineren Fläche produziert werden. Die Erträge in der Milchproduktion, einem Schlüsselsektor der Schweizer Landwirtschaft, stiegen an, und kompensierten damit den Rückgang der Anzahl Milchkühe.

Die Flächenproduktivität ist in den letzten zwei Jahrzehnten stabil geblieben. Die Bruttoagrarproduktion pro Hektar LNF lag bei ca. 10.000 CHF (Abb. 2.10). Das Verhältnis von Arbeitskraft zu landwirtschaftlicher Nutzfläche ging von 10 Jahresarbeitseinheiten (JAE) pro 100 Hektar (1997) auf 7,5 JAE/100 ha (2012) zurück. Die Bruttoagrarproduktion pro Arbeitseinheit ist seit 1991 stark angestiegen, bewegt sich seit 2007 jedoch eher stabil (Abb. 2.10).

Abb. 2.10. Schweiz: Land- und Arbeitskräfteproduktivität, 1997-2012

(BAP in CHF pro ha LNF und pro JAE)

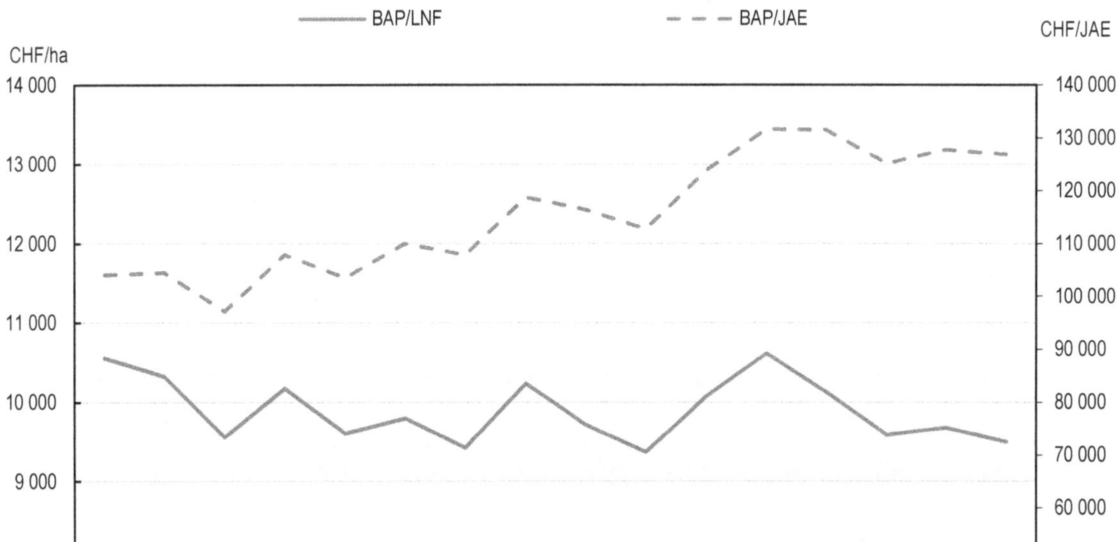

Hinweis: BAP/LNF: Bruttoagrarproduktion bei konstanten Preisen pro Hektar landwirtschaftlicher Nutzfläche (ohne Bergweiden); BAP/JAE: Bruttoagrarproduktion pro Jahresarbeitseinheit (mit konstanten Preisen).

Quelle: Berechnung auf Grundlage der Daten vom Bundesamt für Statistik der Schweiz

Abb. 2.11. Schweiz: Arbeitsproduktivitätsindikatoren, 1997-2012

(Wertschöpfung und Betriebseinkommen in CHF pro JAE)

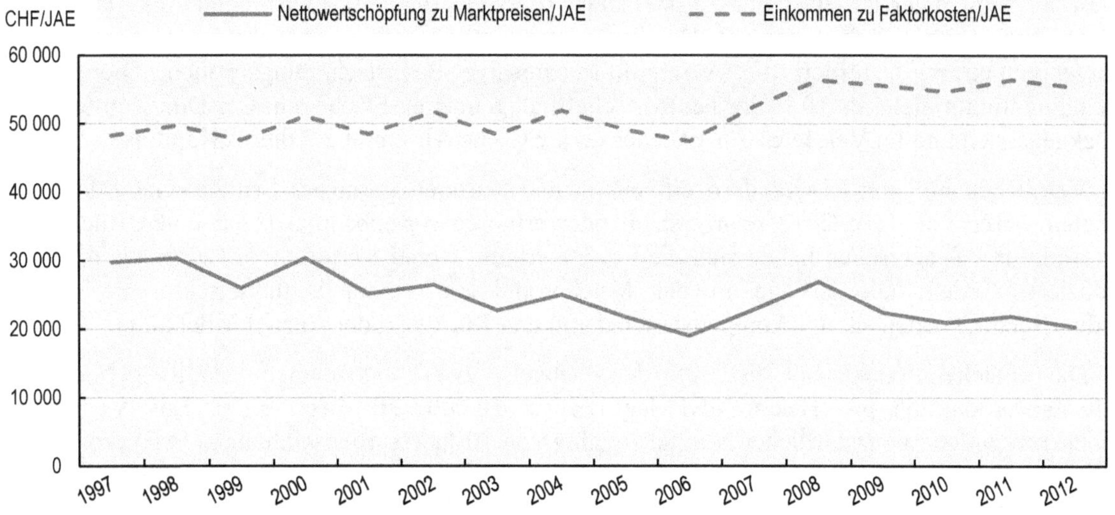

CHF/JAE

Nettowertschöpfung zu Marktpreisen/JAE

Einkommen zu Faktorkosten/JAE

60 000
50 000
40 000
30 000
20 000
10 000
0

1997 1998 1999 2000 2001 2002 2003 2004 2005 2006 2007 2008 2009 2010 2011 2012

Quelle: Berechnung auf Grundlage der Daten vom Bundesamt für Statistik der Schweiz

Der Wert der Agrarproduktion pro Arbeitseinheit ist in den letzten zwei Jahrzehnten stark gefallen. Die Wertschöpfung in der Landwirtschaft zu Realmarktpreisen pro Arbeitseinheit erfuhr einen Rückgang von rund 30.000 CHF/JAE (1991) auf 20.000 CHF/JAE (2012). Dieser Abwärtstrend reflektiert die Senkung der an die Erzeuger entrichteten Inlandpreise. Das agrarbetriebliche Einkommen zu Faktorkosten pro JAE hingegen stieg in derselben Periode aufgrund des zunehmenden Anteils von Direktzahlungen am Betriebseinkommen von 39.000 CHF (1991) auf 55.000 CHF (2012) (Abb. 2.11).

Nahrungsmittelverbrauch

Die von den Schweizer Verbrauchern bezahlten Nahrungsmittelpreise sind im Vergleich mit anderen europäischen Ländern relativ hoch. Im Mittel lagen die Preise für Nahrungsmittel und nichtalkoholische Getränke 2011 in der Schweiz 53 % über jenen der EU-27. Ein höheres Preisniveau ist auch bei anderen Gütern und Dienstleistungen zu verzeichnen. Beispielsweise sind die Preise für Wohnen und Energie doppelt so hoch wie in den EU-27. Trotz des hohen Preisniveaus geben die Schweizer Haushalte proportional weniger Geld für Nahrungsmittel und nichtalkoholische Getränke aus als Haushalte in der EU. Die Schweizer Ausgaben für Nahrungsmittel und Getränke, Restaurantmahlzeiten ausgenommen, liegen bei rund 7 % gegenüber 10 % zu Beginn der 1990er Jahre. Dies ist vergleichbar mit dem Niveau in Deutschland.

Umweltleistung der Schweizer Landwirtschaft

Entwicklung ausgewählter OECD-Agrarumweltindikatoren 1990-2010

Die Landwirtschaft spielt in der landesweiten Strategie für nachhaltige Entwicklung eine wichtige Rolle. Die ökologischen Herausforderungen der Landwirtschaft wurden 2002 durch den Bundesrat festgelegt, woraus sich für das Jahr 2005 verschiedene agrarökologische Zwischenziele ergaben. Ausgehend von 1990-92 handelte es sich bei den Zielvorgaben unter anderem um die Senkung des Stickstoffüberschusses um 23 %, die Senkung des Phosphorüberschusses um 50 %, die Verringerung des Pestizideinsatzes um 32 %, die Senkung der Ammoniakemissionen um 9 % und die Umwandlung von 10 % der landwirtschaftlichen Nutzfläche in ökologische Ausgleichsflächen. Zusätzlich wurde angestrebt, 98 % der landwirtschaftlichen Flächen nach ökologischen Anforderungen oder Ökolandbau-Standards zu bebauen, sowie den Nitratgehalt von 90 % des Trinkwasservorkommens aus landwirtschaftlichen Flächen unter 40 mg/l zu senken (Badertscher, 2005; BLW, 2004; Herzog und Richner, 2005; Flury, 2005).

Nahezu alle agrarökologischen Ziele wurden erreicht; die Ausnahme bildet der Stickstoffüberschuss, dessen Reduktion unter der Zielvorgabe lag (Tabelle 2.1). Von 1990-92 bis 2006-08 sank der Mineraldüngereinsatz um 21 % (Stickstoff) bzw. 59 % (Phosphor). Der Pestizideinsatz ging um knapp 14 % zurück, hat sich zwischenzeitlich jedoch wieder erhöht. Diese wichtigen Schritte zur agrarökologischen Nachhaltigkeit haben indes auch Nachteile: innerhalb derselben Periode stieg der direkte Energieverbrauch auf den Agrarbetrieben um 46 % (OECD, 2013b).

Von 1990-92 bis 2006-08 stiegen die Nährstoffüberschüsse in der Landwirtschaft im Falle von Stickstoff um 17 % und Phosphor um 72 %. Der Stickstoffüberschuss pro Hektar LNF (68 kg/ha) ist etwas höher als die Stickstoffmittelwerte von OECD und EU-15, während der Phosphorüberschuss (3 kg/ha) beträchtlich niedriger ist als das OECD-Mittel und mit dem EU-15-Mittel auf gleicher Höhe liegt (2006-2008) (Tabelle 2.2).

Tabelle 2.1. Quantitative Ziele der Agrarumweltpolitik in der Schweiz

	Referenzwert	Ziel 2005	Erreichter Zielwert
N-Bilanz	96 000 t (1994)	74.000 t (23 % Rückgang)	18 % Rückgang im Jahr 2005
P-Bilanz	20 000 t (1992-1994)	10.000 t (50 % Rückgang)	Bis 2002 Rückgang um 65 %, aber nur 10 - 30 % Rückgang der P-Gewässerbelastung
Pestizide	2200 t Wirkstoffe (1990-1992)	1500 t (32 % Rückgang)	
Ammoniak	57 300 t (1990)	52.143 t (9 % Rückgang)	48.300 t (16 % Rückgang) bis 2010
Biodiversität	Landwirtschaftliche Flächen 1,08 Mio. ha	10 % der gesamten landwirtschaftlichen Fläche als ökologische Ausgleichsflächen, davon 65.000 ha in der Talregion	64.505 ha der ökologischen Ausgleichsflächen in der Talregion im Jahr 2012
Nitrat		90 % der landwirtschaftlichen Einzugsgebiete unter 40 mg/l	Ziel erreicht bis 2002/2003
Landwirtschaftliche Fläche	Landwirtschaftliche Flächen 1,08 Mio. ha	98 % der Flächen mit ökologischem Leistungsnachweis (ÖLN) oder Öko-Landbau	97,8 % im Jahr 2005

Quellen: Schader, 2009; Herzog et al., 2008; BLW, 2012 und Kupper et al., 2013.

Tabelle 2.2. Stickstoff- und Phosphorbilanz in der Schweiz, 1990-2009

	Durchschnitt (kt oder kg/ha)			Mittlere jährliche Veränderung in %	
	1990-92	1998-2000	2006-08	1990-92 bis1998-2000	1998-2000 bis2006-08
Stickstoffbilanz, kt N	122	99	102	-2.6	0.3
Stickstoffbilanz, kg pro ha LNF	80	65	68	-2.4	0.5
Phosphorbilanz, kt N	17	6	5	-13.1	-1.7
Phosphorbilanz, kg pro ha LNF	11	4	3	-12.2	-2.3

Quelle: OECD (2013), OECD-Handbuch der Agrarumweltindikatoren.

Abb. 2.12. Stickstoffbilanz in der Schweiz seit 1990

Austräge über Pflanzen
Austräge über Tiere
Sonstige Einträge
Einträge über Wirtschaftsdünger
Einträge über Mineraldünger
Stickstoffbilanz
1000 t Stickstoff
300
250
200
150
100
50
0
-50
-100
-150
-200
1990
1991
1992
1993
1994
1995
1996
1997
1998
1999
2000
2001
2002
2003
2004
2005
2006
2007
2008

Quelle: OECD (2013), OECD-Handbuch der Agrarumweltindikatoren.

Der Rückgang der Nährstoffüberschüsse erklärt sich größtenteils durch den geringeren Düngemitteleinsatz, was vor allem für Mineraldünger gilt (Abb. 2.12 und 2.13). Besonders hervorzuheben sind hier der Phosphordünger und in geringerem Maße auch die stärkere Verbreitung von Futtermitteln mit gesenktem Phosphorgehalt (BLW 2002). Die Nährstoffe im Wirtschaftsdünger gingen um 4 % (Stickstoff) bzw. 7 % (Phosphor) zurück; die Nährstoffaufnahme der Pflanzen erfuhr innerhalb dieser Periode indes nur einen geringfügigen Rückgang.

Abb. 2.13. Phosphorbilanz in der Schweiz seit 1990

Austräge über Pflanzen
Austräge über Tiere
Einträge über Mineraldünger
Einträge über Wirtschaftsdünger
Sonstige Einträge
Phosphorbilanz
1000 t Phosphor
50
40
30
20
10
0
-10
-20
-30
-40
1990
1991
1992
1993
1994
1995
1996
1997
1998
1999
2000
2001
2002
2003
2004
2005
2006
2007
2008

Quelle: OECD (2013), OECD-Handbuch der Agrarumweltindikatoren.

Der Rückgang der Nährstoffüberschüsse fand überwiegend in den 1990er Jahren statt. Der größte Teil des 18-prozentigen Rückgangs im Stickstoffüberschuss war von 1990-92 bis 1997-99 zu verzeichnen. Dieser Rückgang ist in erster Linie zurückzuführen auf den gesenkten Mineraldüngereinsatz

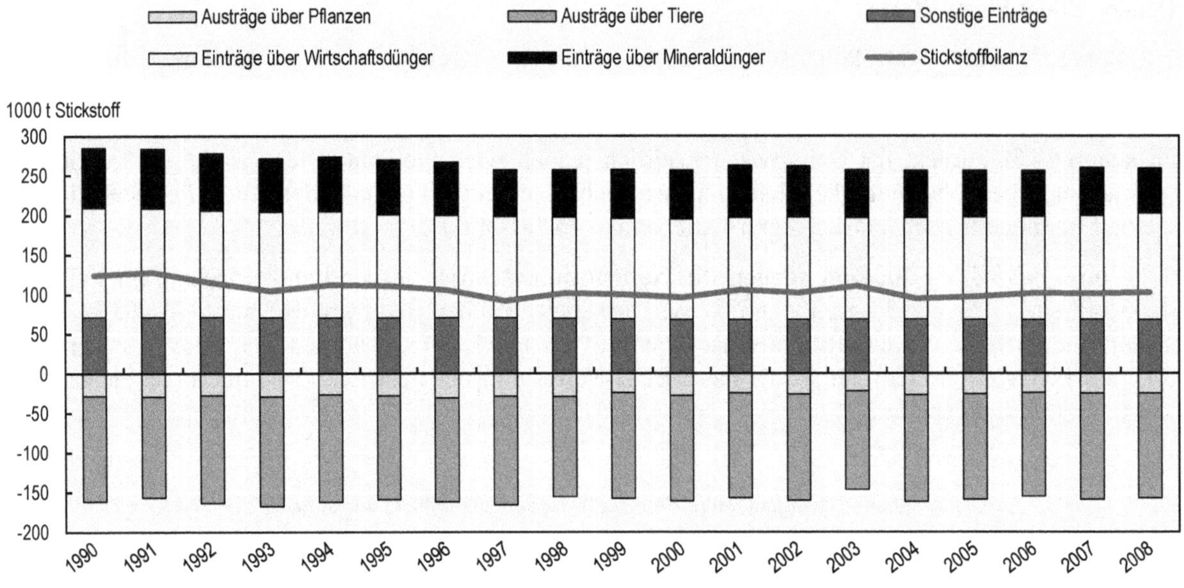

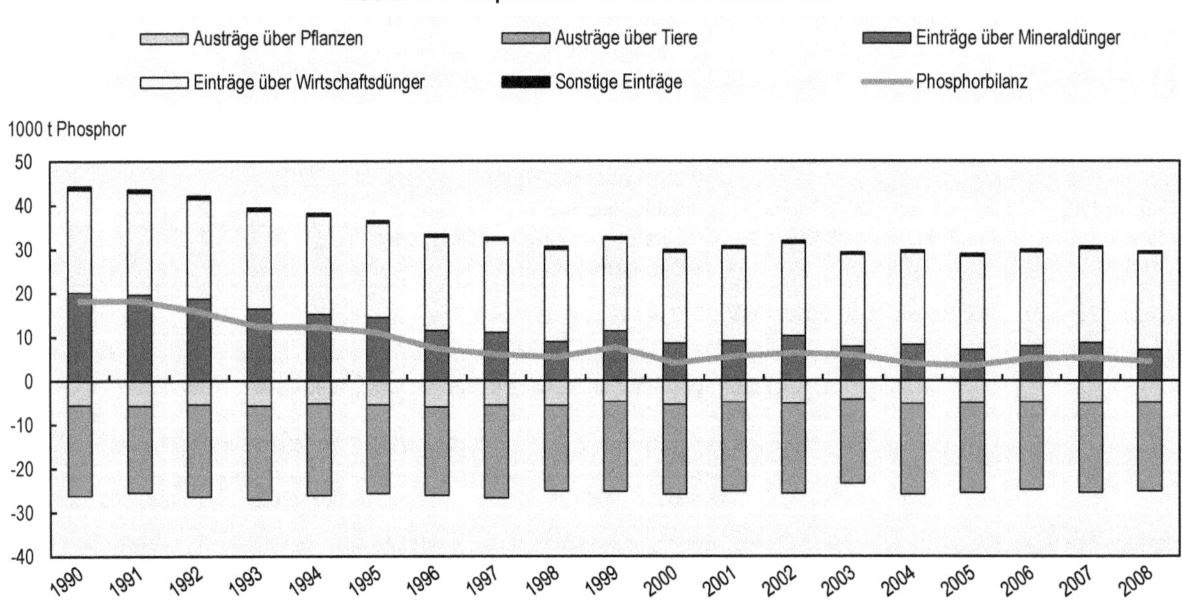

und die geringere Wirtschaftsdüngerproduktion. Seitdem ist der Stickstoffüberschuss zwischen 2000-02 und 2006-08 um 4 % gestiegen, was sich größtenteils durch die verstärkten Stickstoffeinträge aus Wirtschaftsdüngern erklärt. Der Phosphorüberschuss fiel von 1990-92 bis 1997-99 um 65 %, von 2000-02 bis 2006-08 hingegen um nur 17 %. Der geringere Phosphorüberschuss ist das Resultat der beträchtlichen anhaltenden Einschränkung des Phosphordüngereinsatzes. Die Einführung ökologischer Direktzahlungen und Umweltauflagen (ökologischer Leistungsnachweis, ÖLN) und die damit verknüpfte Vorgabe eines ausgewogenen Nährstoffeinsatzes haben zur Senkung der Nährstoffüberschüsse beigetragen, was besonders für die ersten Jahre nach der Einführung gilt, in denen die meisten Betriebe am Programm teilnahmen.

Schweizer Agrarbetriebe nutzen die eingesetzten Nährstoffe zunehmend besser aus. Die Effizienz des Stickstoffeinsatzes stieg in der Periode 1990-92 bis 2006-08 von 57 % auf 61 %, die des Phosphoreinsatzes von 61 % auf 84 %. Das entspricht einem Rückgang des Phosphor-Mineraldüngereinsatzes von 59 %, während die Phosphoraufnahme der Pflanzen um 12 % sank. Zusätzlich führten 90 % aller Betriebe auf ihren landwirtschaftlich genutzten Flächen im Rahmen eines Nährstoff-Management-Plans in der Periode 2000-03 Nährstofftests ihrer Böden durch (BLW, 2005). Von 1990 bis 2003 stieg außerdem die Hofdüngerlagerkapazität um über 50 % (BFS, 2005).

Trotz des Rückgangs der Nährstoffüberschüsse sind die Gewässer in Ackerbauregionen weiterhin durch landwirtschaftliche Nährstoffe belastet (Schweizer Bundesamt für Umwelt, Wald und Landschaft, 2002; Badertscher, 2005; Herzog und Richner, 2005). Die Landwirtschaft ist verantwortlich für rund 40 % des Nitrat- und über 20 % des Phosphoreintrags in Oberflächengewässer. Zum Nitratgehalt im Grundwasser trägt die Landwirtschaft 75 % bei (Schweizer Bundesamt für Umwelt, Wald und Landschaft, 2002). An den Messstellen auf landwirtschaftlichen Flächen ist die Nitratkonzentration im Grundwasser von rund 20 mg/l (Mitte der 1990er Jahre) auf 18 mg/l (2003) zurückgegangen. An über 10 % der Messstellen (Risikobereiche) in Ackerbauregionen liegt die Nitratkonzentration über 40 mg/l (BFS, 2005). An etwa 3 % aller Messstellen auf landwirtschaftlichen Flächen werden die Trinkwassernormen übertroffen, wobei dieser Anteil gegenüber vielen anderen OECD-Ländern eher gering ist. An 5 % der Messstellen auf landwirtschaftlichen Flächen werden die empfohlenen Nitratgrenzwerte für Trinkwasser überschritten.

Beim Pesitizideinsatz innerhalb der zwei untersuchten Jahrzehnte ist die Situation weniger ausgeglichen. Die verkaufte Pestizidmenge ging zwischen 1990 und 1999 um 33 % zurück, stieg zwischen 2000 und 2010 aber um 41 % an. Allerdings gibt es hier einen Bruch in der Zeitreihe, weshalb diese zwei Perioden nicht vergleichbar sind. An etwa 62 % der Grundwassermessstellen auf landwirtschaftlichen Flächen wurde 2009 mindestens ein Pflanzenschutzmittel nachgewiesen. In den Ackerbauregionen lagen die Pestizidkonzentrationen 2010 an 10 % der Grundwassermessstellen über den Trinkwassernormen.

Trotz eines erheblichen Rückgangs der landwirtschaftlichen Ammoniakemissionen von 16 % zwischen 1990 und 2010 war der Anteil der Landwirtschaft an den Ammoniak-Gesamtemissionen mit 92 % weiterhin hoch. Der Rückgang der regional variierenden Ammoniakemissionen ist überwiegend auf Verbesserungen in der Hofdüngerlagerung und -ausbringung zurückzuführen. Das mittelfristige Ziel des AP 14-17 ist die Reduktion der Ammoniakemissionen auf 41.000 t pro Jahr, langfristig werden 25.000 t pro Jahr anvisiert. Im Rahmen des *Göteborg-Protokolls* erklärte sich die Schweiz bereit, die Ammoniak-Gesamtemissionen bis 2010 auf 63.000 t zu senken; dieses Ziel wurde 2009-10 mit 62.500 t erreicht.

Die Treibhausgasemissionen (THG) der Landwirtschaft, die 2008-10 einen Anteil von 11 % an den landesweiten THG hatten, wurden zwischen 1990-92 und 2008-10 um 7 % reduziert (Abb. 2.14). Die Methanemissionen (CH_4) entsprechen 56 % der CO_2-äquivalenten Gesamtemissionen; der Stickoxidanteil (N_2O) lag 2010 bei 44 %.

Abb. 2.14. Entwicklung der wichtigsten Agrarumweltindikatoren in der Schweiz, 1990-2010

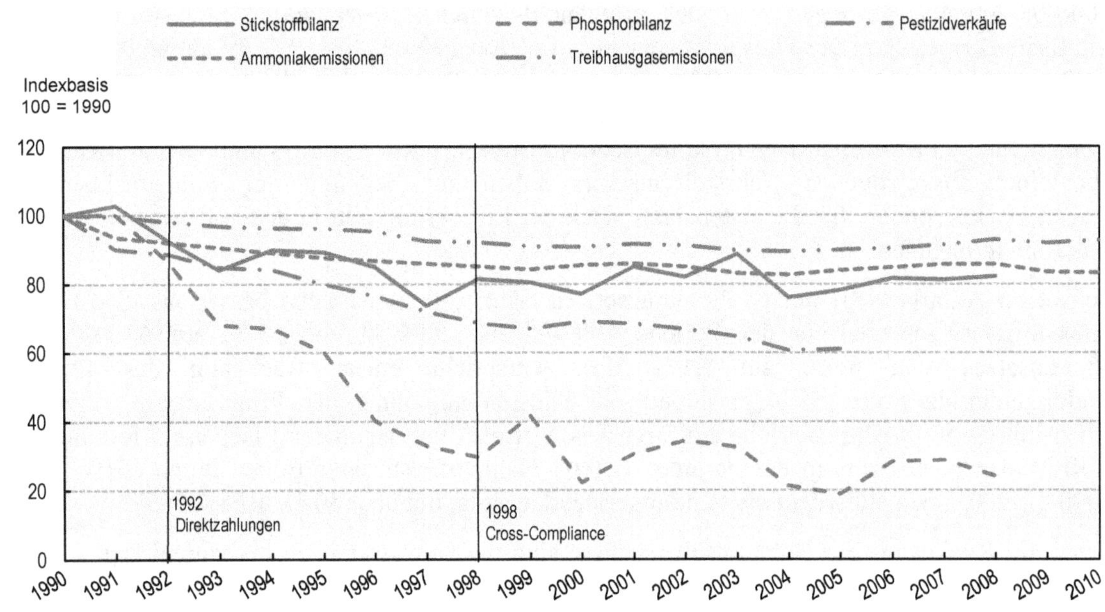

Quelle: OECD (2013), OECD-Handbuch der Agrarumweltindikatoren.

Die Erfolge bei der Senkung der Emissionen und THG in der Landwirtschaft stehen einem drastischen Anstieg im Energieverbrauch gegenüber. Der direkte betriebsgebundene Energieverbrauch stieg zwischen 1990 und 2010 um 45 %, obgleich er im Untersuchungszeitraum nur 1,3 % des landesweiten Gesamtenergieverbrauchs ausmachte. Der direkte Verbrauch umfasst z. B. Kraftstoffe und Strom, der indirekte Verbrauch hingegen bezieht sich auf den Energieaufwand für die Herstellung von Betriebsmitteln wie Düngemittel und Maschinen. Beim direkten Energieverbrauch ist der Kraftstoffverbrauch schneller angestiegen als der Stromverbrauch. Beim indirekten Energieverbrauch wurde mehr Energie für Maschinen und importierte Futtermittel aufgewendet, der Energieaufwand für Düngemittel ist hingegen gesunken (BLW, 2011).

Das Wachstum der ökologischen Ausgleichsflächen (öAF) nimmt der Landwirtschaft etwas Druck bezüglich der Biodiversität. Die Vielfalt der für die Produktion genutzten Anbaukulturen und Tierarten hat sich in der Periode 1990 bis 2002 vergrößert (BLW, 2005). Darüber hinaus existieren Programme zur In-situ-Erhaltung von Kulturpflanzen und Tierarten sowie umfassende Ex-situ-Sammlungen (Genbanken), und sämtliche gefährdeten einheimischen Tierarten sind durch Naturschutzprogramme geschützt. Für einen großen Anteil der landesweiten Flora und Fauna stellen landwirtschaftliche Nutzflächen den primären Lebensraum dar, z. B. Säugetiere (75 %) und Wirbellose (55 % Schmetterlinge, 40 % Heuschrecken), wobei der Anteil bei Vögeln mit 22 % niedriger ist. Allerdings liegt der Anteil gefährdeter Vogelarten mit landwirtschaftlichen Lebensräumen bei 50 %.

Die Fläche der landwirtschaftlichen naturnahen Lebensräume unter öAF hat sich von 1993 bis 2012 von 2 % auf 13 % vergrößert. Bei über 85 % der öAF handelt es sich um extensiv und wenig intensiv genutzte Wiesen, und rund 50 % der öAF befinden sich in der Talregion (BLW 2005; Badertscher 2005). Evaluierungsstudien zeigen gemischte Resultate für den Einfluss von öAF auf Flora und Fauna (Knop et al., 2006; Herzog et al., 2005). Verglichen mit intensiv bewirtschafteten Agrarflächen scheinen öAF die Biodiversität vergrößert zu haben, und dennoch gibt es beträchtliche Unterschiede zwischen den einzelnen öAF-Arten (Knop et al., 2006; Herzog et al., 2005). Artenanzahl und -reichtum scheinen auf öAF mit Streueflächen und Hecken größer zu sein als auf öAF mit Heuwiesen und Streuobstwiesen. Hier zeigt sich der Einfluss der Intensivbewirtschaftung (Herzog et al., 2005). Die ökologische Qualität der öAF in der Bergregion war erheblich höher als in der Talregion (Herzog und Richner, 2005; Flury, 2005; Herzog et al., 2005).

Die Umwandlung landwirtschaftlicher Nutzflächen in anders genutzte Flächen wirkt sich negativ auf Ökosysteme und Kulturlandschaften aus. Die Zersplitterung landwirtschaftlicher Flächen durch Städteausbau und Verkehrsentwicklung, die Umwandlung landwirtschaftlicher Flächen für die vorwiegend städtische Nutzung und die Aufgabe landwirtschaftlicher Flächen in Randbereichen wirken sich negativ auf landwirtschaftlich genutzte Ökosysteme und Kulturlandschaften aus (BFS, 2005). Allerdings ist ein Anstieg linearer Landschaftselemente wie Hecken und Trockenmauern auf landwirtschaftlichen Flächen zu verzeichnen. Laut Berichten mindern öAF zudem die Auswirkungen der Zersplitterung der landwirtschaftlichen Habitate, da sie getrennte Habitate miteinander verbinden (Badertscher, 2005).

Fazit: Die Flächenbewirtschaftung im Rahmen agrarökologischer Programme hat zugenommen, und die Umweltziele der Landwirtschaft wurden größtenteils erreicht. Seit zu Beginn der 1990er Jahre mehr Mittel in agrarökologische Maßnahmen investiert wurden, ist die Beteiligungsquote an solchen Programmen bei den Agrarbetrieben auf 90 % und bei den landwirtschaftlichen Flächen auf 98 % gestiegen (BLW, 2005).

Vergleich der Agrarumweltindikatoren für die Schweiz, die EU und die OECD

Abb. 2.15 stellt einen Vergleich der wichtigsten Agrarumwelttrends für die OECD, die EU-15 und die Schweiz über zwei Jahrzehnte dar. In der Schweiz gingen die Pestizidverkäufe besonders von 1990-92 bis 1998-2000 schneller zurück, als sich die Pflanzenproduktion veränderte, während die Pestizidverkäufe für OECD und EU-15 hauptsächlich zwischen 1998-2000 und 2008-10 reduziert wurden. Die Stickstoff- und Phosphorüberschüsse wurden in allen Fällen reduziert, wobei in der Schweiz die größte Änderung zwischen 1990-92 und 1998-2000 stattfand. In OECD und EU-15 trat der verhältnismäßig größere Rückgang zwischen 1998-2000 und 2008-10 ein. In allen Fällen ist eine relative Entkopplung der Nährstoffüberschüsse von der Agrarproduktion zu verzeichnen, sodass die Produktion im Verhältnis geringer gesunken ist als die Nährstoffüberschüsse.

Abb. 2.15. Wichtigste Agrarumwelttrends für OECD, EU-15 und die Schweiz von 1990-92 bis 2008-10

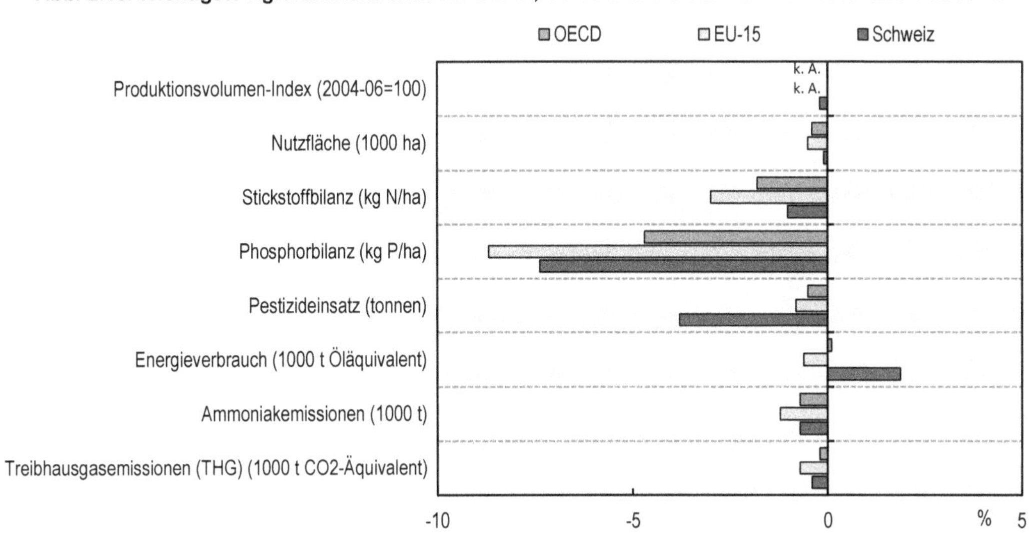

Hinweis k. A.: keine Angabe

1. Für die Schweiz beziehen sich die Angaben zum Pestizidverkauf in der Landwirtschaft auf die Periode 1990-92 bis 1998-2000.

Quelle: OECD (2013), OECD-Handbuch der Agrarumweltindikatoren.

Kurze Zusammenfassung der wichtigsten Entwicklungen in der Umweltleistung der Schweizer Landwirtschaft

Bei der Umsetzung der staatlichen Agrarumweltziele wurden große Fortschritte gemacht. Im Verhältnis zum Beginn der 1990er Jahre wurden bis 2005 fast alle Ziele erreicht; die einzige Ausnahme bildet die Senkung des Stickstoffüberschusses. Die Entwicklung der agrarökologischen Schlüsselindikatoren von 1990 bis 2010 zeigt, dass die deutlichsten Verbesserungen in der Umweltleistung bereits in der Periode 1990-92 bis 1997-98 erzielt wurden und das Tempo seither abgenommen hat. Obwohl sich die Umweltleistung der Schweizer Landwirtschaft insgesamt verbessert hat, sind einige ökologische Herausforderungen weiterhin präsent, beispielsweise die Oberflächen- und Grundwasserbelastung durch Nährstoffe und Pestizide.

Kasten 2.1. Agrarumweltmonitoring

In der Schweiz führt das Bundesamt für Landwirtschaft (BLW) gemäß dem Bundesgesetz über die Landwirtschaft (Art. 185) und der Verordnung über die Evaluierung der Nachhaltigkeit in der Landwirtschaft derzeit ein Agrarumweltmonitoring (AUM) durch. Damit sollen die Auswirkungen der Landwirtschaft auf die Umwelt evaluiert werden. Die Grundlage für das AUM bilden siebzehn Agrarumweltindikatoren (AUI), die sich in sechs Themen (Stickstoff, Phosphor, Energie/Klima, Wasser, Boden und Biodiversität) und zwei Typen (treibende Kräfte und Umweltauswirkungen) gliedern. Das Institut für Nachhaltigkeitswissenschaften (INH, *Institute for Sustainability Sciences*) von Agroscope dient als AUI-Kompetenzzentrum und ist damit zuständig für die zentralisierte Evaluierung der AUI sowie für die Entwicklung der AUI-Methoden. Die Daten für die Berechnung der AUI werden seit 2009 in einem Netzwerk mit derzeit 300 Agrarbetrieben erfasst, um agrarökologische Informationen auf regionaler Ebene, geordnet nach Agrarbetriebstyp, zu sammeln.

Arten und Lebensräume der Landwirtschaft“ ist ein Indikatorprogramm, das Informationen zu Zustand und Dynamik der Biodiversität auf den landwirtschaftlichen Flächen der Schweiz liefert, und demnach auf der Landschaftsebene einzuordnen ist. Zur Beurteilung von Zustand und Dynamik der Artenvielfalt in Agrarlandschaften wurden vier Indikatorengruppen mit insgesamt 35 Indikatoren entwickelt: 1. Diversität von Lebensräumen und Strukturen, 2. Qualität von Lebensräumen und Strukturen, 3. Artenvielfalt und 4. Qualität der Arten. Für die integrierte Evaluierung der Politikmaßnahmen innerhalb des Monitoring-Programms wurde eine weitere Indikatorgruppe zum Thema „Diversität und Qualität ökologischer Ausgleichsflächen“ hinzugefügt.

Quellen

Badertscher, R. (2005), „Evaluation of Agri-environmental Measures in Switzerland", in OECD, *Evaluating Agri-environmental Policies: Design, Practice and Results*, OECD Publishing, Paris, http://dx.doi.org/10.1787/9789264010116-en

Flury, C. (2005), *Evaluation des mesures écologiques et des programmes de garde des animaux*, Schweizer Bundesamt für Landwirtschaft, Bern, Schweiz, www.blw.admin.ch/imperia/md/content/evaluationen/050920_agrokol_tierwohl_f.pdf?PHPSESSID=ef9470b4.

Herzog, F. und W. Richner (Hrsg.) (2005), *Évaluation des mesures écologiques : Domaines de l'azote et du phosphore*, Les cahiers de la FAL 57, Eidgenössische Forschungsanstalt für Agrarökologie und Landbau Zürich-Reckenholz, Schweiz, http://www.reckenholz.ch/

Herzog, F., S. Dreier, G. Hofer, C. Marfurt, B. Schüpbach, M. Spiess und T. Walter (2005), „Effect of ecological compensation areas on floristic and breeding bird diversity in Swiss agricultural landscapes", *Agriculture, Ecosystems and Environment*, Ausg. 108, S. 189-204.

Herzog, F., V. Prasuhn, E. Spiess und W. Richner (2008), „Environmental cross-compliance mitigates nitrogen and phosphorus pollution from Swiss agriculture", *Environmental Science and Policy*, Ausg. 2, S. 655-668.

Knop, E, D. Kleijn, F. Herzog und B. Schmid (2006), „Effectiveness of the Swiss agri-environmental scheme in promoting biodiversity", *Journal of Applied Ecology*, Ausg. 43, S. 120-127.

Kupper, T., C. Bonjour, B. Achermann, B. Rihm, F. Zaucker und H. Menzi (2013), „Ammoniakemissionen in der Schweiz. 1990-2010 und Prognose bis 2020". Bericht in deutscher Sprache mit englisch- und französischsprachiger Zusammenfassung.

OECD (2013a), *OECD Economic Surveys: Switzerland 2013*, OECD Publishing, Paris, DOI: 10.1787/eco_surveys-che-2013-en.

OECD (2013b), *OECD-Handbuch der Agrarumweltindikatoren*, OECD Publishing, Paris, DOI: 10.1787/9789264186217-en.

OECD (1990), *National Policies and Agricultural Trade: Switzerland*, OECD Publishing, Paris.

BLW (2012), Bundesamt für Landwirtschaft, *Agrarbericht 2012*, Bern, Schweiz, http://www.blw.admin.ch/

BLW (2011), Bundesamt für Landwirtschaft, *Agrarbericht 2011*, Bern, Schweiz, www.blw.admin.ch/

BLW (2005), Bundesamt für Landwirtschaft, *Agrarbericht 2005*, englischsprachige Zusammenfassung Agrarbericht 2005, Bern, Schweiz, www.blw.admin.ch/

BLW (2004), Bundesamt für Landwirtschaft (2004), *Agrarbericht 2004*, englischsprachige Zusammenfassung Agrarbericht 2005, Bern, Schweiz.

BLW (2002), Bundesamt für Landwirtschaft, *Agrarbericht 2002*, englischsprachige Zusammenfassung Agrarbericht 2005, Bern, Schweiz, www.blw.admin.ch/

BFS (2005), Bundesamt für Statistik, *Landwirtschaft in der Schweiz 2005*, Bern, Schweiz.

Schader, C. (2009), „Cost-effectiveness of organic farming for achieving environmental policy targets in Switzerland", Doktorarbeit am Institute of Biological, Environmental and Rural Sciences, Aberystwyth, Aberystwyth University, Wales. Forschungsinstitut für biologischen Landbau (FiBL), Frick, Schweiz.

Schweizer Bundesamt für Umwelt, Wald und Landschaft (2002), *Umwelt Schweiz 2002*, Bern, Schweiz, www.umwelt-schweiz.ch/buwal/eng/publikationen/index.html.

WTO (2013), Welthandelsorganisation, Überprüfung der Handelspolitik: Schweiz und Liechtenstein, Genf, Schweiz.

Kapitel 3

Politische Trends und Stützung der Landwirtschaft in der Schweiz

Dieses Kapitel beschreibt die seit Mitte der Neunzigerjahre umgesetzten agrarpolitischen Reformen. Es umreißt die Leitprinzipien dieser Politikreformen, z. B. Beweggründe und Prioritätsänderungen, und erörtert Reformprozesse wie Ablauf und Konsensbildung. Darüber hinaus werden die Entwicklung von Höhe und Zusammensetzung der Stützungen für die Landwirtschaft analysiert, die sich aus den in der untersuchten Periode umgesetzten Agrarpolitikmaßnahmen ergeben. Die Untersuchung basiert hauptsächlich auf PSE/CSE/GSSE und den zugehörigen Indikatoren.

Agrarpolitisches Rahmenwerk

Ziele der Agrarpolitik

Die Schweizer Agrarpolitik Mitte der 1990er Jahre reflektiert den gesellschaftlichen Konsens, dass der Landwirtschaftssektor die Marktanforderungen erfüllt, umweltfreundlich agiert und der Bevölkerung dabei öffentliche Güter zur Verfügung stellt (z. B. Biodiversität und Kulturlandschaft). Auch die ethischen Aspekte des Tierschutzes sind der Schweizer Bevölkerung ein wichtiges Anliegen. Abgesehen davon wird immer mehr versucht, die Agrarpolitik auf die regionale (kantonale) Politik zur Entwicklung des ländlichen Raums abzustimmen.

Seit Mitte der 1990er Jahre sind die Kernziele der Schweizer Landwirtschaft in einem Artikel der Verfassung festgehalten. Bei einer Volksabstimmung im Jahr 1996 stimmte die überwiegende Mehrheit (mehr als drei Viertel) der teilnehmenden Wählerschaft für einen entsprechenden Zusatzartikel zur Landwirtschaft in der Bundesverfassung. Die in diesem Artikel festgesetzten Aufgaben der Landwirtschaft beinhalten folgende Kernziele:

- Die Landwirtschaft soll einen entscheidenden Beitrag zur Sicherung der Nahrungsmittelversorgung der Bevölkerung leisten, obwohl die Schweiz viele Nahrungsmittel importiert und dies auch weiterhin tun wird.
- Ökologische Standards sind ein wichtiges Ziel der Agrarpolitik; die Produktionsverfahren werden dafür sorgen, dass künftige Generationen fruchtbare Böden und sauberes Trinkwasser haben.
- Die Landschaftspflege gilt als wesentliche Aufgabe der Landwirtschaft. Landschaftliche Vielfalt wird als Beitrag zur Lebensqualität der Bevölkerung gesehen und bildet gleichzeitig die Grundlage für eine florierende Tourismusbranche, die für die Volkswirtschaft unverzichtbar ist.
- Die Förderung der dezentralen Besiedelung zugunsten der Erhaltung ländlicher Gebiete ist ein Ziel, das auch von der Regionalpolitik unterstützt wird.

Zwar sind diese politischen Ziele an sich klar definiert, aber die Entscheidungsträger stehen vor der Herausforderung, sie zu geringeren Kosten für die Bevölkerung umzusetzen und dabei potenziell widersprüchliche (oder unerwünschte) Effekte miteinander in Einklang bringen.

Wichtigste Treiber der agrarpolitischen Reformen

Politische Beschlussfassung

Die Eigenheiten der Schweizer Politik wirken sich auf Richtung und Tempo agrarpolitischer Reformen aus. Aufgrund der weitgehenden Eigenständigkeit der 26 Kantone in der Schweizerischen Eidgenossenschaft, gepaart mit den Elementen der direkten Demokratie, ist die politische Beschlussfassung an viele Akteure und ausführliche Anhörungen gebunden. Volksinitiativen sind ein wichtiger Bestandteil des Schweizer Referendumsystems. Jeder normale Bürger kann in einem fakultativen Referendum Änderungen an der Verfassung oder anderen Gesetzen vorschlagen, sofern er eine bestimmte Anzahl Befürworter findet (100.000 von ca. 3.500.000 Stimmberechtigten, auf Kantons- und Kommunalebene auch weniger). Die Vorschläge werden im Parlament besprochen, was meist zu einem Alternativvorschlag führt. Im Anschluss können alle Bürger in einem Referendum entscheiden, ob die ursprüngliche Initiative bzw. der Alternativvorschlag des Parlaments umgesetzt wird oder aber die Verfassung bzw. das Gesetz unverändert bleibt.

Im Allgemeinen ist der agrarpolitische Rahmen auf eine Periode von vier Jahren ausgelegt. Bei Verzögerungen im Einigungsprozess zum neuen Maßnahmenpaket wird die ursprüngliche Geltungsdauer verlängert. Seit Beginn der 1990er Jahre wurden die verschiedenen Politikreformen in folgenden Perioden umgesetzt: 1993-98 (Gesetz über die Landwirtschaft, Artikel 31a und 31b); 1999-2003

(AP2002); 2004-07 (AP2007); und 2008-13 (AP2011). Das Maßnahmenpaket für die kommende Agrarpolitik wurde 2013 vereinbart und soll plangemäß in der Periode 2014-17 umgesetzt werden.

Wie bei den meisten politischen Entscheidungen wird die Beschlussfassung auch in der Agrarpolitik zum Teil von der direkten Demokratie beeinflusst. Demzufolge ist die Umsetzung politischer Veränderungen ein langwieriger, aber gut strukturierter Prozess, der allen Akteuren und Vertretern verschiedenen Gesellschaftsbereichen (auch Einzelpersonen) die Chance zur Teilnahme an der Beschlussfasssung bietet. Diese allumfassende Beschlussfassung trägt zur Konsensbildung bezüglich der vorgeschlagenen Maßnahmen bei und minimiert das Risiko, dass die Gesetzesvorschläge in einem fakultativen Referendum abgelehnt werden könnten.

Im Allgemeinen umfasst die Vorbereitung und Verabschiedung der neuen eidgenössischen Gesetzgebung (*Ordonnance du Conseil Fédéral*, Verordnung des Bundesrates) zur Durchführung einer Politikreform folgende Schritte:

- Der Bundesrat skizziert die Kernpunkte der vorgeschlagenen Politikreform, fertigt Entwürfe für die einzelnen Gesetze an (*phase d'élaboration*, Entwurf- und Planungsphase) und stellt diese in einer breit angelegten Anhörung vor.
- Bei diesen Anhörungen können die Kantone, alle betroffenen Organisationen und selbst Einzelpersonen ihren Standpunkt äussern.
- In einem nächsten Schritt fasst der Bundesrat einen revidierten Entwurf zusammen, der die endgültigen Legislativ- und Budgetvorschläge enthält und als „Botschaft des Bundesrates" (*Message du Conseil Fédéral*) dem Parlament übergeben wird.
- Das Parlament (*Conseil des États* = Ständerat oder Senat und *Conseil national* = Nationalrat oder Abgeordnetenhaus) debattiert über das Dokument und ggf. über alle Änderungsvorschläge. Wenn sich beide Räte nach maximal drei Debattenrunden über die Botschaft des Bundesrates *und* die Änderungsvorschläge einig sind (bei Bedarf auch per Einigungskonferenz), treten der Reformvorschlag und das neue Bundesgesetz in Kraft.
- In dieser letzten Phase haben die Gesetzesgegner immer noch die Möglichkeit, zu dem debattierten Gesetz ein fakultatives Referendum zu veranlassen (Bedingungen für solche Referenden siehe oben). Wenn die Bedingungen erfüllt sind, findet die Volksabstimmung statt. Wird das Gesetz verabschiedet, so wird es umgesetzt; andernfalls wird der Vorschlag abgelehnt. Dasselbe gilt, wenn es nach der parlamentarischen Einigungskonferenz zu keiner Einigung kommt.
- Nach der endgültigen Verabschiedung der Gesetzesänderungen beginnt ein weiterer Zyklus. Der Bundesrat arbeitet Entwürfe für die Durchführungsbestimmungen der neuen Politik (Verordnungen) aus und leitet sie an die Kantone sowie alle betroffenen Organisationen weiter.
- Unter Berücksichtigung der Stellungnahmen aus der Anhörung konsolidiert und genehmigt der Bundesrat die Endfassung der Durchführungsbestimmungen (einschließlich der entsprechenden Mittelausstattungen) und setzt sie in Kraft.

Dieser Prozess erklärt zumindest teilweise, warum die in den 1990er Jahren begonnene Reform der Schweizer Agrarpolitik nur langsam voranschreitet und in mehreren Etappen umgesetzt wird. Da diese Politikreformen vom allgemeinen Konsens der Bevölkerung abhängig sind und langwierige Debatten mit allen Akteuren beinhalten, sind die Reaktionen auf die Umsetzung der Politik allgemein positiv (selbst wenn einzelne Akteure oft konkurrierende Interessen bezüglich der politischen Auswirkungen haben).

Externe (internationale) Treiber für den politischen Wandel

Die Schweiz ist eine relativ kleine, offene Wirtschaft mit wichtigen Beziehungen zu den Weltmärkten. Im Agrar- und Nahrungsmittelhandel pflegt sie hauptsächlich Import- und

Exportbeziehungen mit dem EU-Markt. Daher sind die Beschlüsse zu agrarpolitischen Veränderungen in der Schweiz auch durch externe Faktoren motiviert. Hier die wichtigsten:

- Die Abkommen der Welthandelsorganisation (WTO), insbesondere das Agrarabkommen der Uruguay-Runde (URAA, *Uruguay Round Agreement on Agriculture*), das den Agrar- und Nahrungsmittelhandel liberalisiert hat und ein verbindliches Regelwerk für die Stützung der Landwirtschaft darstellt. Die Landwirtschaft in der Schweiz wird stark von der fortschreitenden Deregulierung des Welthandels beeinflusst. Der Außenschutz wurde von der Schweiz gemäß ihren URAA-Verpflichtungen zwar entschärft, stellt aufgrund des relativ hohen Ausgangswerts bei den Verhandlungen um die Zollsenkungen allerdings weiterhin eine beträchtliche Hürde dar. Andererseits haben die URAA-Verpflichtungen dazu geführt, dass die Stützungen durch Direktzahlungen umstrukturiert wurden und die Stützungsformen heute weniger produktions- und handelsverzerrend wirken. In den Verhandlungen mit der WTO schlägt die Schweiz zusammen mit einigen anderen Ländern vor, dass nicht-handelsbezogenen Anliegen bezüglich der Multifunktionalität der Landwirtschaft mehr Aufmerksamkeit zukommen sollte.
- Bilaterale Handelsabkommen und besonders die allmähliche Liberalisierung des Handels mit der EU. Die Europäische Union ist im Bereich der Agrar- und Nahrungsmittelerzeugnisse der wichtigste Handelspartner der Schweiz. Das am 1. Juni 2002 in Kraft getretene Agrarabkommen ermöglicht den gegenseitigen Marktzugang. Die weiterführende Liberalisierung des Agrar- und Nahrungsmittelmarkts mit der EU (2005 und 2007) stellte insbesondere auf dem Milch- und Zuckersektor einen neuen Anreiz für weitere marktorientierte Politikreformen dar.

Agrarpolitische Entwicklungen

Die Politik zu Beginn der 1990er Jahre

Gegen Ende der 1980er Jahre und zu Beginn der 1990er Jahre war die Schweizer Landwirtschaft durch wichtige Handelsbarrieren und eine starke Binnenmarktregulierung von den Weltmarktsignalen isoliert. Im Durchschnitt waren die an Landwirte entrichteten Inlandpreise 4,5 Mal höher als die Weltmarktpreise. Zusätzlich waren die meisten Hilfsbeiträge an Produktionsmengen (hauptsächlich zur Marktpreisstützung) oder an den Vorleistungseinsatz gebunden und traten als Flächenzahlungen oder tierzahlgebundene Zahlungen für bestimmte Produkte auf. Die Stützungen für Landwirte waren so hoch, dass knapp 80 % der agrarbetrieblichen Bruttoeinnahmen aus agrarpolitischen Transfers stammten. Zusätzlich wurden rund 80 % der Agrarstützung durch Politikmaßnahmen bereitgestellt, die potentiell höchst produktions- und handelsverzerrend sind.

Der überwiegende Teil der Stützungen wurde als Marktpreisstützung (MPS) bereitgestellt, worin sich das Preisgefälle zwischen den Inland- und Weltmarktpreisen widerspiegelt, das aus den hohen Zollbarrieren, insbesondere aber aus den massiven Interventionen auf dem Binnenmarkt, entstand. Abb. 3.1 stellt das Preisgefälle bei verschiedenen landwirtschaftlichen Erzeugnissen in der Periode 1986-88 dar, gemessen mit dem nominalen Schutzkoeffizienten auf der Erzeugerstufe (NPC, *Producer Nominal Protection Coefficient*).

Ende der 1980er Jahre hatte die Agrarpolitik, die den Landwirten Festpreise und Märkte für ihre Produkte sicherte, die Grenze erreicht. Die Kosten dieser Politik für den Steuerzahler (öffentliche Ausgaben) und den Verbraucher (hohe Preise) wurden immer höher und die negativen Auswirkungen der landwirtschaftlichen Produktion auf die Umwelt zusehends offensichtlicher. Zusätzlich entstand durch die Bemühungen um die Liberalisierung des Handels ein immer größerer Druck, die protektionistischen und handelsverzerrenden Maßnahmen in der Landwirtschaft zu reformieren. Die Zeit war reif für eine Reform der Schweizer Agrarpolitik.

Abb. 3.1. Schweiz: Nominaler Schutzkoeffizient auf der Erzeugerstufe nach Produkt

Koeffizient, Mittelwert 1986-88

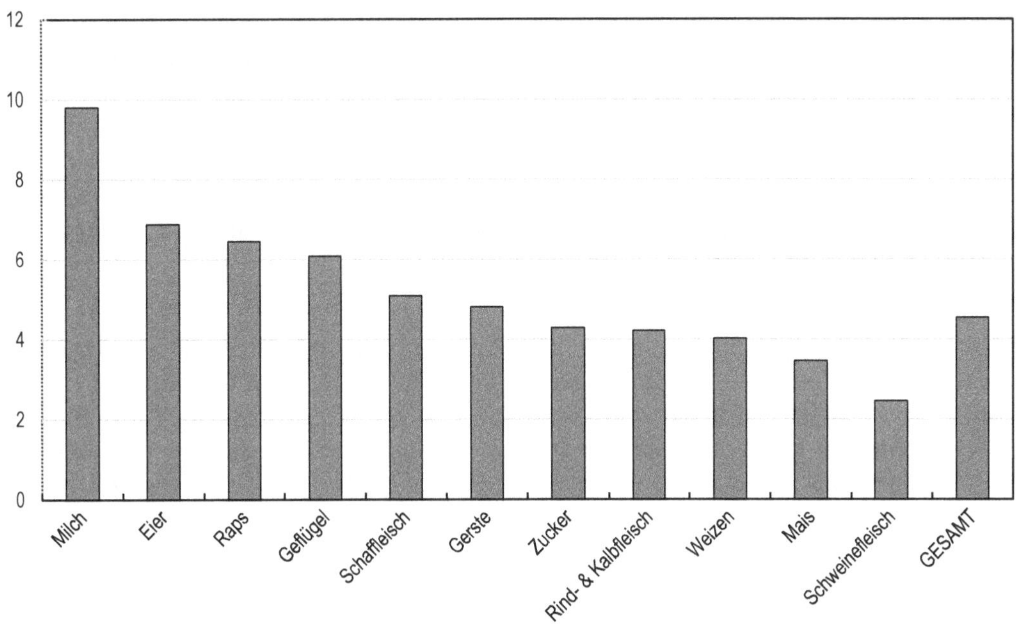

Quelle: OECD (2014), „Producer and Consumer Support Estimates", OECD-Landwirtschaftsstatistik (Datenbank).

Politikreformen in den 1990er Jahren

Nach einem Beschluss des Parlaments wurde die Agrarpolitik zwischen 1993 und 1998 umfangreich reformiert (Artikel 31a und 31b), und 1999-2003 folgte mit dem AP2002 die nächste Etappe. Das in den 1990er Jahren durchgeführte Reformpaket für die Agrarpolitik bestand aus drei Hauptelementen:

- transparentere Einfuhrregelung, Senkung der Zollbarrieren und stufenweiser Abbau der massiven Binnenmarktinterventionen. Während der 1990er Jahre wurden die staatlichen Preis- und Absatzgarantien schrittweise aufgehoben, wodurch die an die Landwirte entrichteten Preise sanken. Die Erhaltung des Marktanteils wurde zur wichtigen Aufgabe der Schweizer Landwirte.
- Einführung von nicht an spezielle Produkte gebundenen Direktzahlungen als Ausgleich für die niedrigeren Preise sowie als Vergütung für die öffentlichen und ökologischen Leistungen der Landwirte. Die Struktur dieser Beiträge wurde ab 1999 erneut revidiert.
- Die Einführung der Umweltauflagen gehörte zur Umstrukturierung des Direktzahlungssystems. Seit 1999 sind alle Direktzahlungen von einem strengen ökologischen Leistungsnachweis (*prestations écologiques requises*) abhängig.

Senkung der Marktstützung

Grenzmaßnahmen: Das Mengenbeschränkungssystem wurde durch Zollkontingente abgelöst, sodass es zu einer teilweisen Senkung der präferenziellen Zollsätze und einer Abnahme der Schwellenpreise zur Berechnung von Importzöllen für Futtermittel wie Getreide, Sojabohnenmehl, Futteröl oder Glutenfuttermittel kam. Letztere hatte vorrangig zum Ziel, die Futtermittelkosten für die Schweizer Tierproduzenten zu senken. Auch wenn das System des Grenzschutzes transparenter wurde und das Schutzniveau sank, blieben die Zollbarrieren relativ hoch.

Binnenmarktregulierung: Die Interventionen auf dem Binnenmarkt wurden erheblich reduziert. Die massiven administrativen Instrumente für die Preis- und Produktionsmengengarantie wurden schrittweise zurückgenommen. Sämtliche staatlichen Preis- und Absatzgarantien wurden 1999 abgeschafft (einzig die Preisgarantien für Backgetreide wurden erst 2001 abgeschafft). Erhalten blieben nur die Milchquoten, und durch ein neues Zuckergesetz wurde 1998 ein neues Marktregulierungssystem für die Zuckerrübenproduktion eingeführt. Infolgedessen waren die Preise und Produktionsmengen auf dem Binnenmarkt stärker durch Angebot und Nachfrage bestimmt. Andererseits förderten die Reformen Instrumente, die weniger interventionistisch am Markt wirken. Beispielsweise gab es Stützungen für Selbsthilfemaßnahmen von Branchenverbänden und Erzeugerorganisationen oder für Maßnahmen zur Absatzförderung, z. B. eine Kennzeichnung traditioneller Produkte aus bestimmten Regionen.

Neues Direktzahlungssystem

Vor der Umsetzung der Reformen in den 1990er Jahren wurden die meisten Direktzahlungen für bestimmte Produkte in Form von flächen- oder tierzahlgebundenen Zahlungen (*Flächenprämien* für Weizen, Grobkorn, Kartoffeln; *Mutterkuhprämie* usw.) sowie in Form von Vorleistungsbeihilfen (*Futtermittelpreissenkung*) geleistet. Außerdem gab es Beiträge (überwiegend für raufutterverzehrende Nutztiere) an Landwirte in der Bergregion (*Viehhaltung in der Bergregion*, *Sömmerung*). Allerdings war der Gesamtbetrag dieser Beiträge gegenüber den Transfers durch die Marktpreisstützung in der Periode vor den 1990er Reformen relativ niedrig (Abb. 3.2).

Ab 1993 wurde stufenweise ein neues ***Direktzahlungssystem*** eingeführt. Einige existierende produktbezogene Beiträge wurden abgeschafft: die Flächenprämie für Weizen und Kartoffeln (Abschaffung 1989); die Mutterkuhprämie (1998); die Flächenprämie für Grobkorn und die Futtergetreidepreissenkung (2000). Als Ausgleich für die durch die Marktliberalisierung bedingte Preissenkung wurden andere produktbezogene Beiträge eingeführt: *Milchpreisstützung für die Käseherstellung* (Einführung 1996) und *Beiträge für den Rapsanbau* (2000).

Abb. 3.2. Anteil Marktpreisstützung und Direktzahlungen am Gesamt-PSE

Mio. CHF

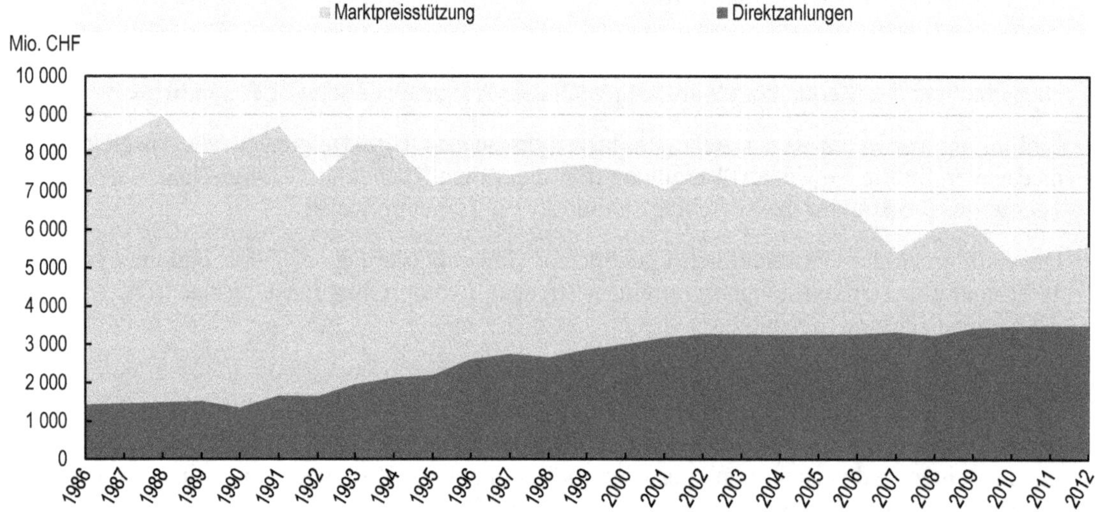

Quelle: OECD (2014), „Producer and Consumer Support Estimates", OECD-Landwirtschaftsstatistik (Datenbank).

Die wichtigste Änderung im Direktzahlungssystem war jedoch die Einführung zweier Hauptkategorien für neue Beiträge im Jahr 1993: (i) *allgemeine Direktzahlungen* und (ii) *ökologische Direktzahlungen*.

Bei den neu eingeführten ***allgemeinen Direktzahlungen*** handelt es sich um nichtproduktbezogene Beiträge. Diese wurden in zwei unterschiedlichen Perioden eingeführt (1993-1998 sowie ab 1999) und machen den bei weitem wichtigsten Teil der gesamten Direktzahlungen aus (Abb. 3.3).

Von 1993 bis 1998 bestanden die allgemeinen Direktzahlungen aus drei Kernelementen:

1. *Ergänzende Direktzahlungen*: von verschiedenen Kriterien abhängige Beiträge mit vier Untergruppen: (i) Grundbeitrag für Betriebe; (ii) Grundbeitrag für Flächen – Ackerland; (iii) Grundbeitrag für Flächen – Grünland; und (iv) zusätzliche Zahlungen. Das Niveau der ergänzenden Direktzahlung pro Einzelbetrieb ergab sich aus der Kombination dieser vier Untergruppen.

2. *Zahlungen für die integrierte Produktion*: Beitrag pro Hektar Pflanzenbau gemäß spezifischer Standards der integrierten Produktion (hinsichtlich Biodiversität, Bodenkonservierung, Hofdüngeraustrag, Anbauplan, Sortenwahl, integrierte Schädlingsregulierung und Viehhaltung); mindestens 5 % der Fläche werden als extensives Grünland oder Buntbrachen angelegt. Ab 50 ha kultivierter Fläche sinkt die Beitragshöhe um die Hälfte. Zusatzbeiträge werden gewährt, wenn die integrierte Produktion im gesamten Agrarbetrieb stattfindet.

3. *Beiträge für die Landwirtschaft unter erschwerten Bedingungen*: Dieser Teil der allgemeinen Direktzahlungen besteht aus Programmen, die bereits in der vorausgehenden Periode umgesetzt worden waren. Er beinhaltet die Viehhaltung in Bergregionen (tierzahlgebundene Zahlungen) und den Landbau an steilen Hängen (Flächenzahlungen).

Ab 1999 wurde das System der allgemeinen Direktzahlungen umstrukturiert und blieb ohne wesentliche Änderungen bis 2013 gültig. Die wichtigsten Änderungen gegenüber dem vorausgehenden Paket:

1. Das System der *ergänzenden Direktzahlungen* wurde durch einen allgemeinen *Flächenbeitrag* ersetzt, also eine hektarabhängige Zahlung, die keine Anforderungen an die Produktion bestimmter Kulturen stellte. Der Beitrag ist abhängig von Einkommen und Höchstgrenzen für Direktzahlungen.

2. Die *Zahlungen für die integrierte Produktion* wurden abgeschafft. Andererseits fußen die mit den Cross-Compliance-Verpflichtungen eingeführten ökologischen Anforderungen (die der Erzeuger erfüllen muss, um allgemeine Direktzahlungen überhaupt zu erhalten) größtenteils auf den Anforderungen an die integrierte Produktion (siehe Kasten 2.1)

3. 1999 wurde ein allgemeiner *Beitrag für raufutterverzehrende Nutztiere* eingeführt, der sich an der Tierzahl (Kuh, Pferd, Schaf, Ziege usw.) orientiert. Die Beitragshöhe ist artenabhängig, und der Beitrag steigt, wenn die Tiere zur Sömmerung gehalten werden, und sinkt, wenn die Milch vermarktet wird.

4. *Beiträge für die Landwirtschaft unter erschwerten Bedingungen*: Dieser Teil der allgemeinen Direktzahlungen hat sich kaum verändert. 1999 wurde ein neuer Beitrag für den *Rebbau an steilen Hängen* eingeführt.

Ökologische Direktzahlungen bilden eine weitere Kategorie der im Zuge der 1990er Reformen neu eingeführten Direktzahlungen. Sie dienen den Landwirten als zusätzliche Vergütung für die Bereitstellung nicht marktfähiger Güter und Dienstleistungen wie Biodiversität, Landschaft, Tierschutz usw. Einige Programme bieten Anreize für eine nachhaltigere Ressourcennutzung und für die Entlastung der Umwelt. Die Beteiligung an diesen Programmen ist freiwillig. Insgesamt liegt die Summe der ökologischen Direktzahlungen weit unter den allgemeinen Direktzahlungen, doch erstere erfuhren in der Periode 1993-2013 einen kontinuierlichen Aufwärtstrend, der die steigende Beteiligung der Landwirte an solchen Programmen und das breiter werdende Programmangebot reflektiert (Abb. 2.3).

Abb. 3.3. Direktzahlungsstruktur, 1986-2012

Mio. CHF

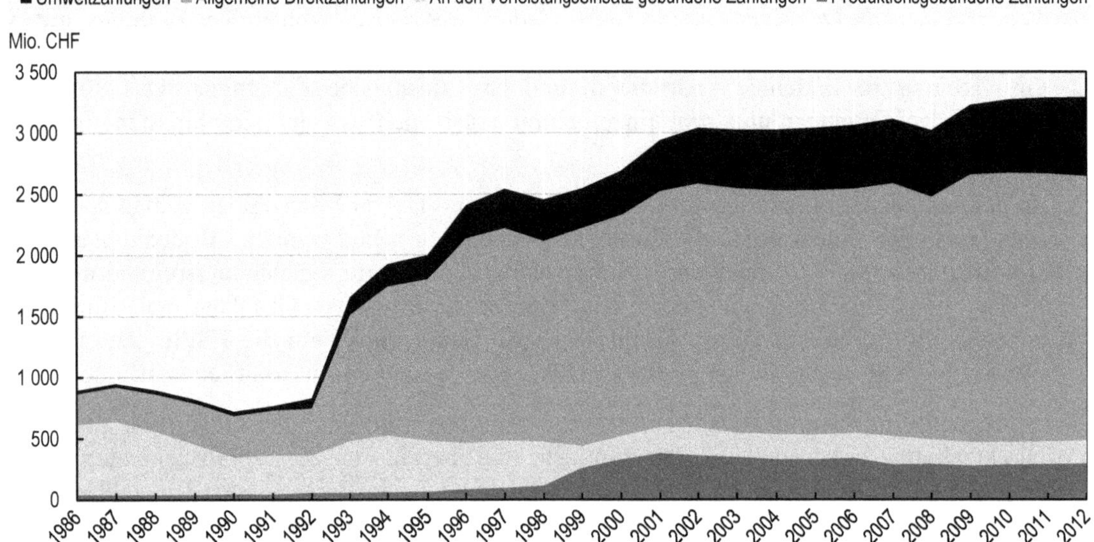

Quelle: OECD (2014), „Producer and Consumer Support Estimates“, OECD-Landwirtschaftsstatistik (Datenbank).

Der *ökologische Ausgleich* umfasst Programme zur Vergütung ökologischer Leistungen, z. B. Kulturlandschaft oder Schaffung wertvoller Lebensräume für Tiere und Pflanzen. Unter dieser Überschrift wurden schrittweise verschiedene Programme eingeführt:

- Ab 1993 gab es Beiträge für *Extensivgrünland; wenig intensiv genutzte Wiesen für die Futtermittelproduktion*; *Buntbrachen*; und *Beiträge für Hochstamm-Obstbäume* (mit Stamm und Krone).
- 1999 wurde der ökologische Ausgleich um zusätzliche Programme ergänzt: Beiträge für *extensiv genutzte Wiesen auf stillgelegtem Ackerland und Streueflächen*; *Hecken und Feldgehölze*; *Rotationsbrachen*; und *Extensivstreifen*.

Neben dem ökologischen Ausgleich existieren im Rahmen der ökologischen Direktzahlungen weitere Programme:

- *Sömmerungsbeiträge* (bereits in der Periode vor der Reform implementiert) waren Teil dieses Pakets. Die Landwirte erhielten Zahlungen für das Sömmern, sofern sie die Bergweiden umweltfreundlich nutzen;
- Der *Beitrag für die extensive Produktion von Getreide und Raps* (ab 1992) ermöglicht Zahlungen an Landwirte, die die Kriterien für Extensivbewirtschaftungsformen einhalten;
- *Ökolandbau* (ab 1993): Zahlung pro Hektar Sonderkulturbau, offene Ackerfläche mit Ausnahme von Sonderkulturen sowie Grünflächen und Streueflächen, die auf dem gesamten Betrieb nach *bestimmten* Ökolandbau-Vorschriften bewirtschaftet werden;

- Auch *Tierwohlprogramme* fallen unter die ökologischen Direktzahlungen. Hier gibt es zwei Kernprogramme: *Beiträge* für (i) *regelmäßigen Auslauf im Freien* (ab 1993) werden pro Tier bezahlt, das wöchentlich oder monatlich eine bestimmte Anzahl Tage im Freien verbringt; und Beiträge für (ii) *besonders tierfreundliche Stallhaltungssysteme* (ab 1996) werden pro Tier bezahlt, deren Stallhaltungssystem bestimmte Standards erfüllt (mit mindestens 5 Tiereinheiten). Die Beitragshöhe in diesen zwei Programmen ist abhängig von der Tierart. Die Anforderungen dieser Programme sind strenger als die Tierschutzgesetzgebung. 2002 wurden rund 30 % aller Tiere unter besonders tierfreundlichen Bedingungen gehalten, und 60 % hatten regelmäßigen Auslauf im Freien.

- *Beiträge für Gewässerschutzmaßnahmen.* Separates Programm, das speziell auf die Verbesserung der Wasserqualität in Problemgebieten abzielt.

- Der *Beitrag zur Öko-Qualität* (ab 2001) ist ein *weiteres* Programm, mit dem die Qualität der Ökozonen verbessert werden soll, indem die Landwirte angehalten werden, diese miteinander zu verbinden.

Umweltauflagen (Cross-Compliance-Verpflichtungen): Seit 1999 erhalten die Landwirte nur dann Direktzahlungen, wenn sie bestimmte ökologische Anforderungen einhalten und damit ihren ökologischen Leistungsnachweis, ÖLN (*Prestations écologiques requises, PER*), erbringen. Die Hauptelemente des ÖLN sind im Kasten 3.1 beschrieben.

Kasten 3.1. Cross-Compliance-Vorschriften (ökologischer Leistungsnachweis, ÖLN)

Jeder Schweizer Agrarbetrieb, der allgemeine Direktzahlungen erhalten will, muss mindestens die Kriterien des ökologischen Leistungsnachweises (ÖLN) erfüllen. Dementsprechend repräsentiert der ÖLN die an landwirtschaftliche Stützungsbeiträge gekoppelten Umweltauflagen. Die ÖLN-Regelung ist in Artikel 70 des Bundesgesetzes über die Landwirtschaft formuliert. Die wichtigsten ÖLN-Kriterien:

- ausgewogener Nährstoffeinsatz: maximal 10 % Stickstoff- und Phosphorüberschuss in der betrieblichen Nährstoffbilanz (je nach Bedarf der Kulturen)

- Mindestanteil an ökologischen Ausgleichsflächen (öAF): mindestens 7 % der betrieblichen landwirtschaftlichen Nutzfläche müssen als ökologische Ausgleichsfläche deklariert sein (z. B. Extensivgrünland, wenig intensiv genutzte Weiden, Streuobstwiesen, Hecken, Wildblumenstreifen und wenig intensiver Streifenanbau)

- Fruchtfolge: auf Ackerbaubetrieben mit mehr als 3 ha Ackerfläche müssen jedes Jahr mindestens vier verschiedene Kulturen angebaut werden, wobei die Höchstanteile der einzelnen Kulturen zu beachten sind.

- Bodenschutz: Teilschläge, die vor dem 31. August geerntet werden, müssen spätestens am 15. September mit Hauptkulturen besät oder begrünt werden, um die periodische Bodenerosion möglichst gering zu halten.

- Gezielter Einsatz von Pflanzenschutzmitteln: es sind Einschränkungen zu Einsatz und Zeitpunkt einzelner Herbizide und Insektizide zu beachten, gleichzeitig müssen Frühwarnsysteme und Schädlingsprognosen berücksichtigt sowie die Pflanzenschutzspritzen regelmäßig inspiziert werden

- Tierwohl: Landwirtschaftliche Nutztiere sind gemäß der Gesetzgebung (Einhaltung der Tierschutzverordnung) zu halten.

Diese Umweltauflagen orientieren sich an verschiedenen Umweltzielen wie der Verringerung von Stickstoff- und Phosphorabfluss bzw. -auswaschung, Bodenerosion und Sedimentabfluss, Erhaltung und Förderung der Biodiversität auf landwirtschaftlich genutzten Flächen, Reduzierung von Pestizid-Abfluss und -rückständen sowie einem verbesserten Tierwohl. Fast 100% der Agrarbetriebe wirtschaften gemäss den ÖLN-Kriterien.

Fortführung der Politikreformen 2004-2013

Im Gegensatz zu den 1990ern gab es keine größeren Veränderungen am Direktzahlungssystem, welches in der Periode 2004-13 (AP 2007 und AP 2011) demnach erhalten blieb. Die wichtigsten politischen Veränderungen waren die Fortführung der in den 1990er Jahren begonnenen Marktderegulierung, nämlich in erster Linie die Aufhebung der Interventionssysteme bei Zucker und Milchprodukten sowie der kontinuierliche (wenngleich nicht dramatische) Abbau der Grenzmaßnahmen. Darüber hinaus wurden die Exportsubventionen für Primärerzeugnisse abgeschafft, während die Exportsubventionen für einige Verarbeitungserzeugnisse bestehen blieben.

Änderungen von Grenz- und Handelsmaßnahmen

Zu den wichtigsten Treibern hinter der Änderung der Grenzmaßnahmen gehörte das Agrarabkommen zwischen der EU und der Schweiz, das am 1. Juni 2002 in Kraft trat. Dieses Abkommen erleichtert beiden Partnern den Marktzugang. Zum einen beinhaltet es eine Senkung bzw. Abschaffung der Einfuhrzölle auf bestimmte Produkte, zum anderen vereinfacht es die Geschäftsabläufe.

Milch und Milchprodukte: In Sachen Marktzugang hat sich bei Milchprodukten wenig verändert. Die MFN-Zölle für die meisten Milchprodukte sind weiterhin hoch und liegen im Mittel bei geschätzt 101,5 %. Die Verpflichtung der Schweiz zu einem Gesamtzollkontingent für Milchprodukte (entspricht 527,000 t Milch) ist in sechs Teilkontingente unterteilt, mit sehr geringen Anteilen für Butter (100 t) und Vollmilchpulver (300 t), die im Überschuss existieren. Die Kontingente für Butter und Milchpulver werden versteigert und sind bei der Verteilung nicht mehr von der Inlandleistung (*prise en charge*) abhängig. Laut Behörden soll diese Änderung den Wettbewerb zwischen den Importeuren anregen, da im Modus der Inlandleistung nur wenige Importeure für die Verteilung qualifiziert sind.

Der Käsehandel zwischen der Schweiz und der EU ist seit Juni 2007 vollständig liberalisiert; es wird lediglich ein Herkunftsnachweis gefordert. Von diesem Zeitpunkt an war es der Schweiz und allen EU-Ländern möglich, sämtliche Käsesorten ohne Mengeneinschränkung und Einfuhrzölle zu importieren und exportieren. Eine Evolutivklausel erlaubt künftige Änderungen an dem Abkommen. Aus Sicht der Schweiz liegt hier der Kern des Agrarabkommens, da rund 40 % der Milchproduktion zu Käse verarbeitet wird (Milch allein stellt etwa ein Viertel der Gesamtagrarproduktion dar). Zudem ist Käse das wichtigste Agrar- und Nahrungsmittelerzeugnis im Exportgeschäft.

Fleisch und Nutztiere: In Sachen Marktzugang hat sich bei Fleisch- und Nutztierprodukten wenig verändert. Die Zölle für die meisten Produkte sind weiterhin hoch und liegen im Mittel bei geschätzt 125,5 %. Die Schweizer Verpflichtungen zum WTO-Zollkontingent für rotes Fleisch (22.500 t) und weißes Fleisch (54.500 t) sind durch 11 Teilkontingente für verschiedene Fleisch- und Fleischproduktkategorien reguliert. Bis 2007 war die Versteigerung der Teilkontingente mit Ausnahme von 10 % der Rind- und Kalbfleischteilkontingente vollständig eingeführt.

Futtergetreide und Ölsaaten: Die Schweiz führt ein komplexes Gleitzollsystem für Futtergetreide und Ölsaaten. Die Basisstruktur dieses Regelungssystems ist seit Jahren unverändert. Die Zölle werden periodisch angepasst, sodass die Preise inklusive Zoll auf das Niveau angestrebter Importpreise steigen (*Schwellenpreise* bzw. Importrichtwerte). Auf der Grundlage der Schwellenpreise für 11 Produktgruppen legt das Eidgenössische Departement für Wirtschaft, Bildung und Forschung Importrichtwerte für „ähnliche“ Produkte fest. Die gesetzlich festgelegten Schwellenpreise werden periodisch überprüft. 2007 wurde der Schwellenpreis für Futtergetreide (Gerste) und Sojabohnenmehl um 30 CHF/t auf 400 CHF/t bzw. 470 CHF/t gesenkt, um die Fütterungskosten für einheimische Tierproduzenten (vorrangig Schweine- und Geflügelfleisch) zu reduzieren. 2009 wurden diese Schwellenpreise weiter reduziert auf 360 CHF/t für Futtergetreide (Gerste) und 450 CHF/t für Sojabohnenmehl. Die Gleitzölle dürfen die URAA-Verpflichtungen nicht übersteigen. Für die vom System abgedeckten Produkte gibt es keine Zollkontingente. Die Zollprogression zum Schutz der inländischen Futtermittelindustrie wurde abgeschafft. Ab 1. Juli 2011 wurden die industriellen Schutzelemente in den Zöllen für Futtermittelgemische beseitigt.

2008 führte die Schweiz ein neues Gleitzollsystem für Getreide mit Backqualität (z. B. Weizen) ein, das dem Futtergetreidesystem (siehe oben) ähnlich ist. Die Zölle werden vierteljährlich überprüft und gegebenenfalls angepasst (erhöht oder gesenkt), um den verzollten Preis für Backgetreide im Bereich eines Mindestimportpreises (*Referenzpreis*) zu stabilisieren. Das Referenzpreissystem umfasst dieselben Zolltarife wie das Backweizen-Zollkontingent. Der Referenzpreis wird periodisch überprüft. Die Zölle beruhen auf dem Weltmarktpreis für Getreidesorten, also auf dem vom Bundesamt für Landwirtschaft festgelegten CIF-Preis. Im Juli 2009 wurde der Referenzpreis von 600 CHF/t auf 560 CHF/t gesenkt. Seit 2010 belaufen sich die Gleitzölle auf 100 % (damals 60 %) der Differenz zwischen Weltmarkt und Referenzpreis.

Zucker: Das bilaterale Abkommen über verarbeitete Landwirtschaftsprodukte (2005) zwischen der Schweiz und der EU regelt auch den bilateralen freien Handel mit zuckerhaltigen Erzeugnissen. Die Einfuhrzölle für Zucker in Verarbeitungserzeugnissen und die zwischenparteilichen Ausfuhrsubventionen wurden abgeschafft (Doppel-Null-Lösung). Tatsächlich bewirkt dieses Abkommen in der Schweiz ein mit der EU vergleichbares Zuckerpreisniveau, um die Wettbewerbsfähigkeit der Schweizer Nahrungsmittelindustrie nicht zu schwächen. Um annäherungsweise eine Preisparität mit der EU zu erreichen, hat die Schweiz einen Gleitzollmechanismus für MFN-Zuckerimporte eingeführt. Die MFN-Zölle werden normalerweise alle drei Monate angepasst, sodass die verzollten Preise auf die Zuckermarktpreise der EU abgestimmt sind (mit ±30 CHF/t Toleranz).

Bevorzugter Marktzugang für am wenigsten entwickelte Länder

Im Rahmen eines Präferenzsystems werden Einfuhrgüter aus Entwicklungsländern (LDC, *least developed countries*) mit Präferenzzollsätzen belegt. Am 1. Januar 2002 wurde der Einfuhrzoll für alle landwirtschaftlichen Erzeugnisse aus diesen Ländern um 30 % gesenkt und in den Folgejahren schrittweise weiter reduziert. Seit September 2009 gewährt die Schweizer Regierung Zollfreiheit auf alle Produkte aus am wenigstens entwickelten Ländern (LDC), und alle landwirtschaftlichen Einfuhrgüter sind zoll- und kontingentfrei.

Ausfuhrsubventionen

Seit 2000 hat die Schweiz stufenweise ihre Ausfuhrsubventionen für Landwirtschaftsprodukte reduziert. Ende 2009 wurden sämtliche Ausfuhrsubventionen für landwirtschaftliche Grunderzeugnisse abgeschafft. Nichtsdestotrotz kompensiert die Schweiz das Preishandicap der exportierten Verarbeitungserzeugnisse, das durch die höheren Preise für die betroffenen einheimischen landwirtschaftlichen Grunderzeugnisse (z. B. Milchprodukte, Weizenmehl oder Eier) entsteht, mithilfe von Einfuhrzöllen und Preisausgleichmechanismus für landwirtschaftliche Verarbeitungserzeugnisse. Ausfuhrerstattungen im Rahmen dieses Systems wurden 2012 für Eier abgeschafft, blieben für den Rest jedoch erhalten.

Deregulierung der Binneninterventionen

Milch und Milchprodukte: 2003 beschloss das Schweizer Parlament, die Milchquote bis 2009 stufenweise abzuschaffen. Zusätzlich verabschiedete es ein Gesetz, laut dem produktionsbezogene Milchsubventionen in Direktzahlungen umgewandelt werden können. Nach der Übergangsphase vom 1. Mai 2006 bis zum 30. April 2009 wurden die Milchquote und das damit verbundene Preisgarantiesystem am 1. Mai 2009 für alle Milchviehhalter abgeschafft. Seit dem 1. Mai 2009 sind alle Milchviehbetriebe verpflichtet, mit ihren Abnehmern Milchlieferverträge zu schließen. Diese Verpflichtung bleibt bis 30. April 2015 in Kraft; davon ausgenommen sind alle Landwirte, die ihre Milch direkt an den Endverbraucher verkaufen oder die Milch in ihrem Betrieb zu Käse und anderen Milchprodukten weiterverarbeiten.

Gemäß dem Gesetz über die Landwirtschaft (Artikel 8) sind die Erzeuger- und Branchenorganisationen für die Vermarktung ihrer Produkte verantwortlich. Die Schweizer Branchenorganisation Milch „IP LAIT“ hat für ihre Mitglieder folgende Maßnahmen eingeführt:

1. Standardvertrag: Am 7. Juni 2013 genehmigte der Bundesrat auf Antrag von IP LAIT den IP LAIT-Standardvertrag für den An- und Verkauf von Rohmilch und das Regelwerk für die Durchführung der für die Nicht-IP LAIT-Mitglieder pflichtmäßigen Marktsegmentierung (gültig 1. Juli 2013 bis 30. Juni 2015). Der An- und Verkauf von Rohmilch setzt einen Pflichtvertrag voraus (Mindestdauer ein Jahr, Vereinbarung von Preis und Menge, Segmentierung der vertraglich geregelten Menge in A, B oder C). Milchhändler und -verarbeiter müssen monatlich über die Menge der eingekauften und verkauften Milch pro Segment (A, B und C) sowie über die produzierten und exportierten Milchprodukte aus den Segmenten B und C berichten. Nach 12 Monaten prüft IP LAIT, ob die für Segment B und C eingekaufte Milchmenge mit der Menge der aus B & C produzierten Milchprodukte für Absatz und Export übereinstimmt, und verhängt Sanktionen, falls signifikante Abweichungen zu verzeichnen sind.
2. *Milchpreispolitik* („empfohlene“ Preise) je nach Marktsegmentierung: (i) Das Segment A umfasst die Inlandverkäufe von Milchprodukten (0,68 CHF/kg Milch, 2013); (ii) das Segment B umfasst die Weltmarktexporte von Magermilchpulver (MMP, Milchprotein) sowie die Inlandverkäufe der entsprechenden Buttermenge (Milchfett) (0,61 CHF/kg, 2013); (iii) das ungestützte Segment C umfasst die Weltmarktexporte von Butter und MMP (0,40 CHF/kg, 2013). Die Milcheinkäufer haben sich verpflichtet, mindestens 60 % ihrer Rohmilch im Segment A zu kaufen. 2013 (Jahresmittel) verteilte sich die von den Schweizer Erzeugern gelieferte Milch wie folgt: Segment A: 89 %; Segment B: 10,7 %, Segment C 0,3 %.
3. *Zwangsabgabe*: Am 31. August 2011 genehmigte der Bundesrat auf Antrag von IP LAIT die Einführung einer Zwangsabgabe von 0,01 CHF/kg für Milchlieferungen durch Nicht-IP LAIT-Mitglieder als marktentlastende Maßnahme auf dem Milchfettmarkt (gültig bis 30. April 2013). Damit sollte verhindert werden, dass Trittbrettfahrer die Initiative der IP LAIT zur Stabilisierung des Markts untergraben; die Nicht-IP LAIT-Mitglieder liefern rund 5 % der weiterverarbeiteten Milch in der Schweiz. Mit finanziellen Mitteln von Mitgliedern und Nicht-Mitgliedern der IP LAIT, ca. 65 Mio. CHF, wurde der Absatz der Butter- und MMP-Überschüsse auf dem Weltmarkt gefördert (ungestütztes Segment C).

Seit 2010 bestehen preisstützende Zahlungen für Milchprodukte nur aus den Beiträgen pro Tonne für zu Käse verarbeitete Milch sowie eines zusätzlichen produktionsgebundenen Beitrags für die Produktion von Milch ohne Silofutter. Aufgrund von Grenzmaßnahmen liegt der an die Milcherzeuger entrichtete Preis durchschnittlich über den Weltmarktpreisen, nähert sich diesen jedoch an.

Zucker: Im Rahmen der Zuckerverordnung (*Ordonance sur le sucre* 916.114.11) von 1998 wurde eine Regelung für die Zuckerwirtschaft eingeführt. Im Zuge dieser Regelung hat die Bundesbehörde (BLW) mit der ZAF (*Zuckerfabriken Aarberg und Frauenfeld AG*, Vereinigung der beiden einzigen Zuckerraffinerien in der Schweiz), vereinbart, dass jährlich mindestens 150.000 t Zucker aus heimischen Zuckerrüben produziert und die Preise und Liefermengen zu diesen Preisen mit den einzelnen Erzeugern vom Verband der Zuckerrübenproduzenten abgesprochen werden. Die ZAF erhält jährliche Subventionen für die Verarbeitung heimischer Zuckerrüben. Der CIF-Preis für Importzucker wird bei der saisonalen Berechnung der Subventionen berücksichtigt. Zum 1. Oktober 2009 wurden die Zuckerverordnung und die Subventionen an die verarbeitenden Betriebe abgeschafft. Allerdings werden die Zuckerrübenquoten und -preise weiterhin privat zwischen der ZAF und dem Verband der

Zuckerrübenproduzenten vereinbart. Als Ausgleich für die niedrigeren Zuckerrübenpreise, bedingt durch die Reform des Zuckermarkts in der EU (2006-09), wurde 2008 für Zuckerrüben ein Flächenbeitrag eingeführt.

Änderungen an den Direktzahlungen

Wie vorstehend angedeutet, gab es bei den Direktzahlungen keine signifikanten Veränderungen. Abgesehen von der Einführung von Flächenzahlungen für Zuckerrüben (siehe oben) wurde 2008 bei den ökologischen Direktzahlungen ein neues Programm eingeführt: das Programm *Nachhaltige Ressourcennutzung in der Landwirtschaft* ermöglicht die Finanzierung von 6-Jahres-Projekten, die von den örtlichen Behörden entwickelt wurden, um die Nutzung der natürlichen Ressourcen in bestimmten Bereichen zu optimieren. Diese Programme werden mitfinanziert vom Staatshaushalt (maximal 80 % der Kosten) sowie von den Kantonen (mindestens 20 % der Kosten).

Künftige Politik, AP 2014-17

Für die Periode 2014-17 hat die Schweiz ein neues agrarpolitisches Rahmenwerk beschlossen (*Agrarpolitik* 2014-2017). Die Kernziele der Politik haben sich gegenüber der letzten Periode nicht geändert: Ernährungssicherheit (Erhaltung des aktuellen Selbstversorgungsniveaus von rund 60 %); effiziente und nachhaltige Nutzung der natürlichen Ressourcen; Kulturlandschaft; und Unterstützung benachteiligter Gebiete.

Die Politikreform konzentriert sich auf eine Umstrukturierung und Feinabstimmung des *Direktzahlungskonzepts* zur Verbesserung von Effizienz und Effektivität der Maßnahmen und basiert auf Direktzahlungen, die mit den verschiedenen Zielen verknüpft sind. Die wichtigste Änderung ist die Aufhebung allgemeiner Flächenbeiträge und die Neuverteilung von Beiträgen, die enger an konkrete Ziele (Bewirtschaftungspraktiken) gebunden sind. Ergänzt wird diese Neuverteilung durch Übergangszahlungen, um die Reform sozialverträglich zu gestalten. Eine weitere bedeutende Veränderung ist die Umlagerung der tierzahlgebundenen Zahlungen für raufutterverzehrende Nutztiere in Flächenzahlungen für Weideland mit einem vorgeschriebenen Mindesttierbesatz. Die Cross-Compliance-Verpflichtungen bleiben auch im neuen Beitragssystem bestehen. Das insgesamt veranschlagte jährliche Budget dieser Zahlungen bleibt über die gesamte Periode stabil bei 2,8 Mrd. CHF, was in etwa dem Niveau von 2012 und 2013 entspricht.

Das überarbeitete *Direktzahlungsprogramm* ist in sieben Kategorien gegliedert, die verbunden sind mit konkret zu erreichenden Politikzielen und der Bereitstellung öffentlicher Güter:

1. *Beiträge zur Sicherung der Nahrungsmittelversorgung* (Versorgungssicherheitsbeiträge): Diese bestehen hauptsächlich aus Flächenzahlungen, bei deren Höhe zwischen Tal-, Hügel- und Bergregion unterschieden wird. In diese Kategorie gehören auch die Beiträge für die Produktion unter erschwerten Bedingungen;
2. *Kulturlandschaftsbeiträge*: Auch hier handelt es sich um Flächenzahlungen, die in erster Linie die extensive Agrarproduktion unter besonders erschwerten Bedingungen erhalten soll, um die Kulturlandschaft zu bewahren;
3. *Biodiversitätsbeiträge*: vorrangig ergebnisorientierte Zahlungen, die auf konkrete Ergebnisse oder Bewirtschaftungspraktiken abzielen. Besonders die Qualität der Öko-Ausgleichsflächen wird erhöht, um den Lebensraum und die Verbreitungsmöglichkeiten der Ziel- und Leitarten in der Landwirtschaft zu verbessern;
4. *Landschaftsqualitätsbeiträge*: Zahlungen für die Erhaltung und Förderung der landschaftlichen Vielfalt (u. a. vielfältigere Fruchtfolgen, Blumenwiesen und traditionelle landwirtschaftliche Praktiken) auf der Basis lokaler Projekte und mitfinanziert von den Kantonen;

5. *Produktionssystembeiträge*: flächen- und tierzahlgebundene Zahlungen als Anreiz für umwelt- und tierfreundliche Produktionssysteme (z. B. Bio-Landwirtschaft);
6. *Ressourceneffizienzbeiträge*: Zahlungen als Anreiz zur Anwendung konkreter Produktionsverfahren (z. B. bestimmte Methoden zur Hofdüngerausbringung- und Bodenschonung wie Direktsaat);
7. *Übergangsbeiträge*: gerichtet an Landwirte, die aufgrund des neuen Systems Verluste hinsichtlich der Direktzahlungen erleiden. Diese Zahlungen werden stufenweise gesenkt.

Das System ist komplex, und jede Kategorie beinhaltet mehrere Programme. Die Programme bilden eine Kombination aus neuen und „alten" Programmen, die bereits im Zuge der AP2011 eingeführt wurden. Kasten 3.2 enthält genauere Informationen zu den Programmen in den Hauptkategorien der AP 2014-17.

Kasten 3.2 Direktzahlungssystem im Rahmen der AP 2014-17

A. Versorgungssicherheitsbeiträge

Basisbeitrag (neu): allgemeine Flächenzahlung als Ablösung für tierzahlgebundene Zahlungen für raufutterverzehrende Nutztiere. Diese Änderung bringt die Zahlungen für Ackerkulturen und Grünland auf dasselbe Niveau (bisher wurden Grünlandflächen bevorzugt).

Produktionserschwernisbeitrag (neu): Flächenbeitrag an Betriebe, die unter erschwerten Bedingungen operieren. Ersetzt die tierzahlgebundenen Zahlungen für die Tierhaltung unter erschwerten Bedingungen (laut Definition richtet sich dieser Beitrag an die Berg- und Hügelregion).

Beitrag für die offene Ackerfläche und für Dauerkulturen (neu): zusätzlicher Flächenbeitrag für Acker- und Dauerkulturen

B. Kulturlandschaftsbeiträge

Offenhaltungsbeitrag (neu)

Hangbeitrag (alt): Flächenzahlungen für Landwirtschaft unter speziell definierten Bedingungen

Steillagenbeitrag (neu): Flächenzahlungen für die Landwirtschaft unter speziell definierten Bedingungen

Hangbeitrag für Rebflächen (alt): Flächenzahlungen

Alpungsbeitrag (neu)

Sömmerungsbeitrag (alt)

C. Biodiversitätsbeiträge

Qualitätsbeitrag der Stufe 1 (alt): Neuordnung der in den verschiedenen Programmen gewährten Zahlungen im bisherigen Rahmen der ökologischen Ausgleichsflächen

Qualitätsbeitrag der Stufe 2 (alt): Entspricht dem Beitrag der bisherigen Öko-Qualitätsverordnung.

Qualitätsbeitrag *der Stufe 3* (neu): Zahlungen, die ab 2016 zur Finanzierung von Projekten gewährt werden, die als Objekte von nationaler Bedeutung gelten,

Beitrag für ökologische Ausgleichsflächen (alt)

Vernetzungsbeitrag für wertvolle Biodiversitätsförderflächen (neu)

D. Landschaftsqualitätsbeiträge

Beitrag für die Qualität regionaltypischer Landschaften (neu): Diese Projekte werden von den Kantonen ausgearbeitet und aus dem Bundes- und Kantonshaushalt co-finanziert.

E. Produktionssystembeiträge

Beitrag für biologische Landwirtschaft (alt)

Beitrag für extensive Produktion *(Getreide und Raps) (alt)*

Tierwohlbeiträge: (i) regelmäßiger *Auslauf im Freien* (alt) und (ii) *besonders tierfreundliche Stallhaltungssysteme* (alt)

Beitrag *für graslandbasierte Milch- und Fleischproduktion* (neu): grünlandbezogene Flächenzahlungen, gebunden an einen Mindesttierbesatz und eine beschränkte Kraftfuttergabe

F. Ressourceneffizienzbeiträge

Beitrag für emissionsmindernde Ausbringverfahren (neu)

Beitrag für schonende Bodenbearbeitung (neu)

Beitrag für den Einsatz von präziser Applikationstechnik (neu)

Beitrag für den Gewässerschutz (Art. 62) (alt)

Beitrag für die nachhaltige Ressourcennutzung (Art. 77a/b) (alt)

G. Übergangsbeiträge (neu)

Agrarstützung

Für alle OECD-Länder und eine wachsende Zahl an Schwellenländern, die auf dem Weltmarkt zu den Hauptakteuren gehören, berechnet die OECD das Niveau der Agrarstützung. Jene Länder, für welche die gesamte Agrarstützung berechnet wird, machen 80 % der weltweiten Wertschöpfung in der Landwirtschaft aus. Bei diesen Ländern wendet die OECD das Erzeugerstützungsmaß (PSE, *Producer Support Estimate*) an, das einheitliche und vergleichbare Informationen zu Niveau und Struktur der Agrarstützung liefert.

Seit 1986 wird die Stützung auch für die Schweiz berechnet, und die Schweizer Daten sind in der PSE/CSE-Datenbank der OECD enthalten. In diesem Abschnitt wird beurteilt, wie die seit Beginn der 1990er Jahre durchgeführten Reformen das Niveau und die Struktur der Stützung beeinflusst haben. Die Evaluierung basiert auf den verschiedenen OECD-Indikatoren der Agrarstützung.

Gesamtstützung und Struktur

Die aggregierte Stützung

Obgleich das mit dem Erzeugerstützungsmaß (PSE, *Producer Support Estimate*) ermittelte Stützungsniveau in der Schweiz nach der Umsetzung der Reformen in den 1990er Jahren allmählich gesunken ist, liegt es im Vergleich der OECD-Länder nach wie vor im oberen Bereich. Mitte der 1990er Jahre stammten rund 70 % der Bruttoeinnahmen der Schweizer Landwirtschaft aus öffentlichen Transfers entweder vom Verbraucher oder vom Steuerzahler; in der Periode 2011-13 betrug dieser Anteil etwa 50 %. Dennoch gehört die Schweiz, gemessen mit dem prozentualen PSE neben Japan, Korea und ihren EFTA-Partnerländern Norwegen und Island weiterhin zu den Nationen mit dem höchsten Stützungsniveau (Abb. 3.4). In der Periode 1995-97 lag die Schweiz an erster Stelle, 2011-13 an dritter Stelle der OECD-Länder.

Das für 2011-13 ermittelte Stützungsniveau ist mehr als doppelt so hoch wie jenes der Europäischen Union (EU), die als nächstgelegene Region der wichtigste Partner im Agrar- und Nahrungsmittelhandel ist. Zudem ist das Maß zweimal höher als der OECD-Durchschnitt (Abb. 3.4).

In der Periode 1986-2013 erfuhr das Stützungsniveau einen Abwärtstrend: der Anteil an den betrieblichen Bruttoeinnahmen sank von drei Viertel (1986) auf rund die Hälfte (2013). Die jährlichen Schwankungen im Stützungsniveau werden hauptsächlich durch die Entwicklung der produktionsgebundenen Stützung beeinflusst, deren Hauptkomponente die Marktpreisstützung ist; diese wiederum spiegelt schwankende Weltmarktpreise und Wechselkurse wider (Abb. 3.5).

Abb. 3.4. Erzeugerstützungsmaß (PSE) nach Land, 1995-97 und 2011-13

% der betrieblichen Bruttoeinnahmen

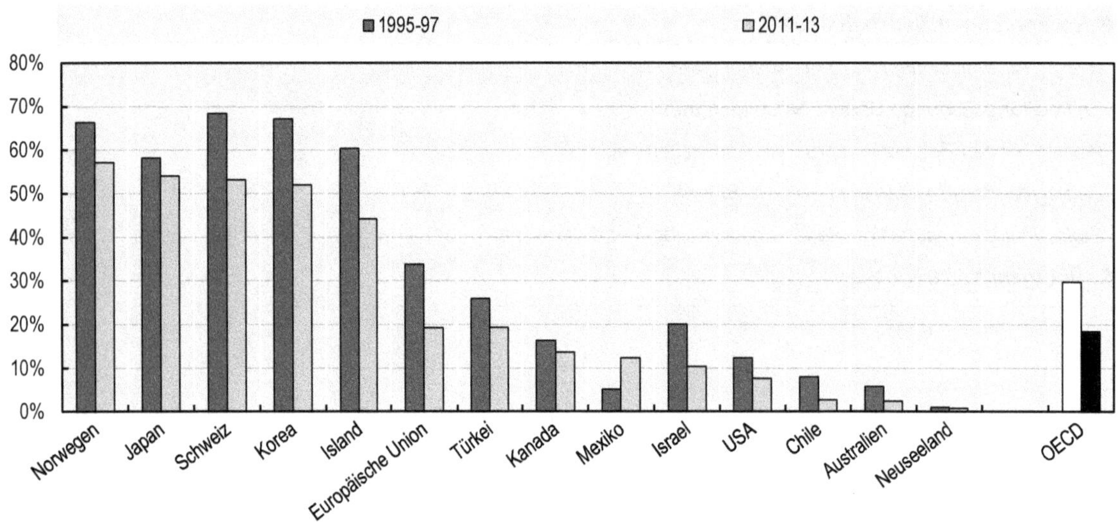

Quelle: OECD (2014), „Producer and Consumer Support Estimates", OECD-Landwirtschaftsstatistik (Datenbank).

Abb. 3.5. Schweiz: PSE-Niveau und -Zusammensetzung nach Stützungskategorien, 1986-2013

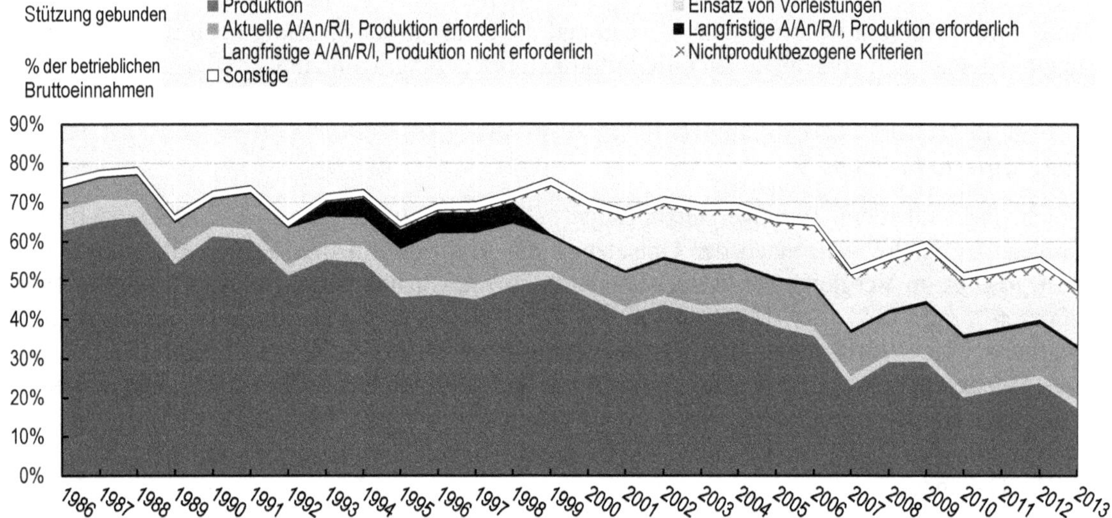

Quelle: OECD (2014), „Producer and Consumer Support Estimates", OECD-Landwirtschaftsstatistik (Datenbank).

Mehr noch als das Niveau verdeutlichen die Veränderungen in der Struktur die in Abschnitt 3.2 dieses Kapitels beschriebenen Politikreformen seit Beginn der 1990er Jahre.

Stützung nach PSE-Hauptkategorien

Produktionsgebundene Stützung (unterste Kategorie in Abb. 3.5): Diese Kategorie repräsentiert die deutliche Verschiebung des PSE, die in erster Linie auf den kontinuierlichen Abbau der Marktpreisstützung (MPS), dem Hauptelement der produktionsgebundenen Stützung, zurückzuführen ist. Diese Entwicklung zeigt eindeutig die Deregulierung des Binnenmarkts und den Abbau der Zollbarrieren, was zu einem Rückgang der Inlandpreise führte. Die jährlichen Schwankungen der MPS entstehen vorrangig durch Schwankungen der Weltmarktpreise und Wechselkurse und reflektieren die Isolation der Inlandpreise gegenüber diesen Effekten. Die einzig bedeutsame produktionsgebundene Beitragsart sind die Zahlungen für Milch für die Käseproduktion.

An den Vorleistungseinsatz gebundene Stützung: Diese Form der Stützung hat einen relativ geringen und abnehmenden Anteil an der Stützung und basiert auf einem variablen Vorleistungseinsatz und fixen Anlageinvestitionen. Das wichtigste Element dieser an variable Vorleistungen gebundenen Stützung war die *Futtergetreidepreissenkung*, die seit 1994 stufenweise abgebaut und 2000 abgeschafft wurde. Ein weiteres wichtiges Element in dieser Kategorie sind Subventionen in Form von Investitionskrediten, die den Landwirten innerhalb der gesamten Periode gewährt wurden.

Zahlungen gebunden an aktuelle Flächengröße und Tierzahl: Diese Stützung bildet konsistent einen wichtigen Teil der Gesamtstützung und beträgt am Ende der analysierten Periode etwa ein Drittel davon. Diese Kategorie vereint Zahlungen aus verschiedenen Programmen innerhalb vergangener Politikreformen. Zu Beginn handelte es sich um Flächenprämien für Weizen, Grobkorn, Ölsaaten und Kartoffeln sowie um tierzahlgebundene Zahlungen für nicht Milch produzierende Kühe und für Nutztiere in der Bergregion. Im Laufe der 1990er Jahre gewannen tierzahlgebundene Zahlungen durch die Einführung allgemeiner Zahlungen für raufutterverzehrende Nutztiere sowie Zahlungen im Rahmen von Tierwohlprogrammen an Bedeutung. In den Jahren 1993 bis 1998 waren die Zahlungen für die integrierte Produktion wichtiger Bestandteil dieser Kategorie.

An historische (langfristige) Parameter gebundene Zahlungen (Fläche/Tierzahl/Einnahmen/Einkommen), Produktion erforderlich: Diese Kategorie setzt sich vorrangig aus den ergänzenden Direktzahlungen in der Periode 1993-1998 zusammen. Genauer gesagt beinhaltet diese Kategorie zwei Elemente dieser Zahlungen: die *Grundbeiträge für Betriebe* und die *Zusatzbeiträge*. Die anderen zwei Elemente – Grundbeitrag für Flächen (Ackerland) und Grundbeitrag für Flächen (Grünland) – gehören in die Kategorie *Zahlungen gebunden an aktuelle Flächengröße und Tierzahl*.

An historische (langfristige) Parameter gebundene Zahlungen (Fläche/Tierzahl/Einnahmen/Einkommen), Produktion nicht erforderlich: Diese Kategorie beinhaltet nur den 1999 eingeführten allgemeinen Flächenbeitrag, der die ergänzenden Direktzahlungen ablöste (siehe oben). Dennoch stellt das Programm einen bedeutenden Anteil der Zahlungen und machte 2013 rund 30 % der Gesamtstützung aus.

Zahlungen auf der Grundlage nichtproduktbezogener Kriterien: Trotz steigender Beträge hat diese Kategorie einen relativ geringen Anteil an der Gesamtstützung. Sie umfasst Beiträge, die im Rahmen einiger Programme aus den Umweltzahlungen gewährt werden, beispielsweise: Extensivgrünland, Buntbrachen, Extensivstreifen, Hecken und Feldgehölze sowie Hochstamm-Obstbäume. Darüber hinaus beinhaltet sie Zahlungen für den Qualitätsbeitrag.

Merkmale der politischen Stützung

Produktbezogenheit

Die Einträge in der PSE-Datenbank enthalten auch Angaben zur Produktbezogenheit der einzelnen Stützungsprogramme, d. h. welche Zahlungen produktbezogen sind und auf welches Produkt sie sich beziehen. Die Analyse in diesem Abschnitt beleuchtet in erster Linie die Auswirkungen der Marktderegulierung (Abschaffung 1999) und den Abbau der Zollbarrieren im Untersuchungszeitraum.

Da sich die umgesetzte Politik von Marktpreisstützung und produktbezogenen Zahlungen löste und zusehends allgemeinere Zahlungen einführte, ging der Anteil an Zahlungen für spezifische Produkte – für einzelne Produkte gewährte Transfers (SCT, *Single Commodity Transfers*) – von 86 % der Gesamtstützungen (1986-88) auf 69 % (1995-97) bzw. 40 % (2011-13) zurück (Abb. 3.6).

Abb. 3.6. Für einzelne Produkte gewährte Transfers nach Produkt

Prozentualer Anteil der betrieblichen Bruttoeinnahmen

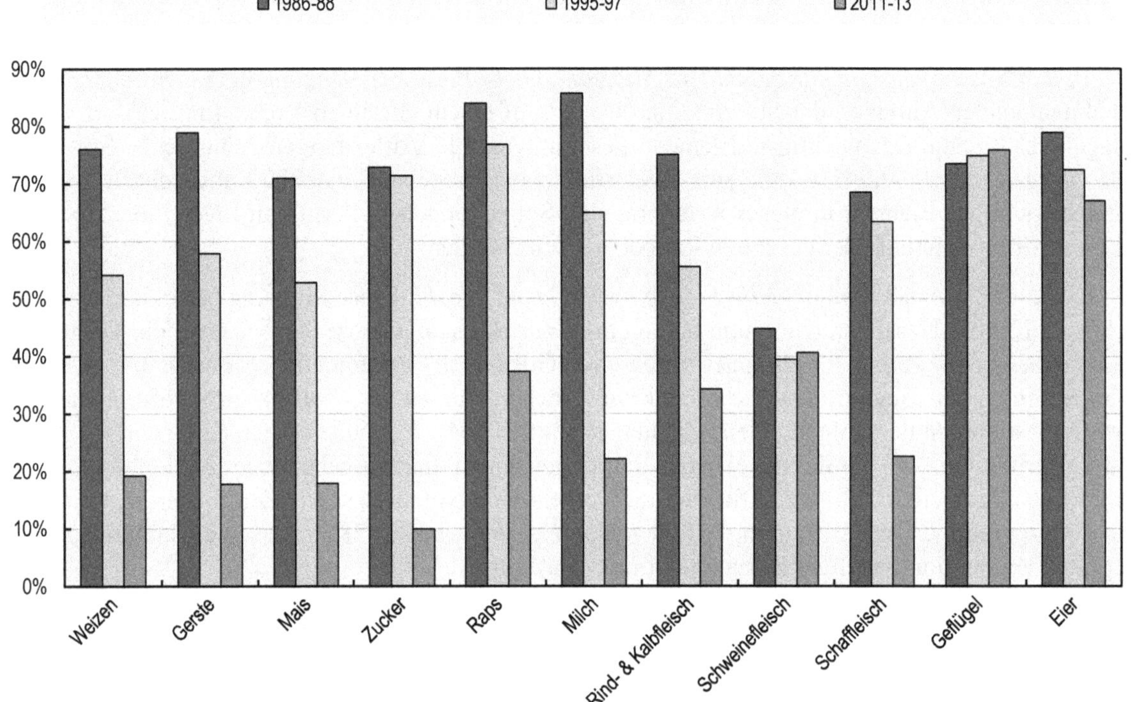

Quelle: OECD (2014), „Producer and Consumer Support Estimates", OECD-Landwirtschaftsstatistik (Datenbank).

Hauptindikatoren für Informationen zu spezifischen Produkten:

1. *Prozentuale SCT*: Anteil der für einzelne Produkte gewährten Transfers an den betrieblichen Bruttoeinnahmen für das spezifische Produkt.
2. *Nominaler Schutzkoeffizient auf der Erzeugerstufe* (Erzeuger-NPC): Verhältnis zwischen dem vom Erzeuger erhaltenen Durchschnittspreis (ab Hof), einschließlich der Zahlungen pro Tonne der aktuellen Produktion, und dem Preis an der Grenze (gemessen ab Hof).
3. *Nominaler Unterstützungskoeffizient auf der Erzeugerstufe* (Erzeuger-NAC): Verhältnis zwischen dem Wert der betrieblichen Bruttoeinnahmen einschließlich Stützung und betrieblicher Bruttoeinnahmen (ab Hof), und dem bewerteten Preis an der Grenze (gemessen ab Hof).
4. *Nominaler Schutzkoeffizient auf der Verbraucherstufe* (Verbraucher-NPC): Verhältnis zwischen dem vom Verbraucher gezahlten Durchschnittspreis (ab Hof) und dem Preis an der Grenze (gemessen ab Hof). Der Verbraucher-NPC ist auch produktspezifisch verfügbar.
5. *Nominaler Unterstützungskoeffizient auf der Verbraucherstufe* (Verbraucher-NAC): Verhältnis zwischen dem Wert der Verbrauchsausgaben für landwirtschaftliche Grunderzeugnisse (ab Hof) und dem bewerteten Preis an der Grenze.

Die Analyse dieser Indikatoren zeigt eine große Veränderung der produktbezogenen Stützungen, was hauptsächlich auf die erhebliche Senkung der Inlandpreise und die dadurch verringerte Differenz zwischen Inland- und Weltmarktpreisen zurückzuführen ist. In den 1980er Jahren lagen die Inlandpreise durchschnittlich 4,5 Mal höher als die Weltmarktpreise, und die für einzelne Produkte gewährten Transfers (SCT) stellten rund 70 bis 80 % der agrarbetrieblichen Bruttoeinnahmen für das spezifische Produkt dar. Mitte der 1990er Jahre reduzierte sich sowohl der Anteil der Preisdifferenz als auch der Anteil gewährter Transfers für einzelne Produkte (SCT) an den Gesamteinnahmen, mit Ausnahme von Geflügelfleisch und Eiern. Dieser Trend setzte sich in der folgenden Periode fort, und in der jüngsten Vergangenheit (2011-13) näherten sich die Preise deutlich dem Weltmarktniveau an. Der mittlere NPC von 1,4 bedeutet, dass die Preise durchschnittlich 40 % über den Weltmarktpreisen liegen (Abb. 3.7), zwischen einzelnen Produkten bestehen aber große Unterschiede. Eine detaillierte Übersicht der prozentualen SCT und des Erzeuger-NPC nach Produkt ist in den Abbildungen 3.6 und 3.8 sowie im Anhang in Tabelle 3.A1.2 zu finden.

In analoger Weise zeigt die Entwicklung des Verbraucher-NPC eine reduzierte Preisdifferenz für den Verbraucher (gemessen ab Hof), was auf eine geringere implizite Besteuerung des Verbrauchers hinweist. Eine detaillierte Übersicht des Verbraucher-NPC nach Produkt ist im Anhang in Tabelle 3.A1.3 zu finden.

Abb. 3.7. Nominaler Schutzkoeffizient auf der Erzeugerstufe (NPC Erzeuger) und nominaler Unterstützungskoeffizient auf der Erzeugerstufe (NAC Erzeuger), 1986-2013

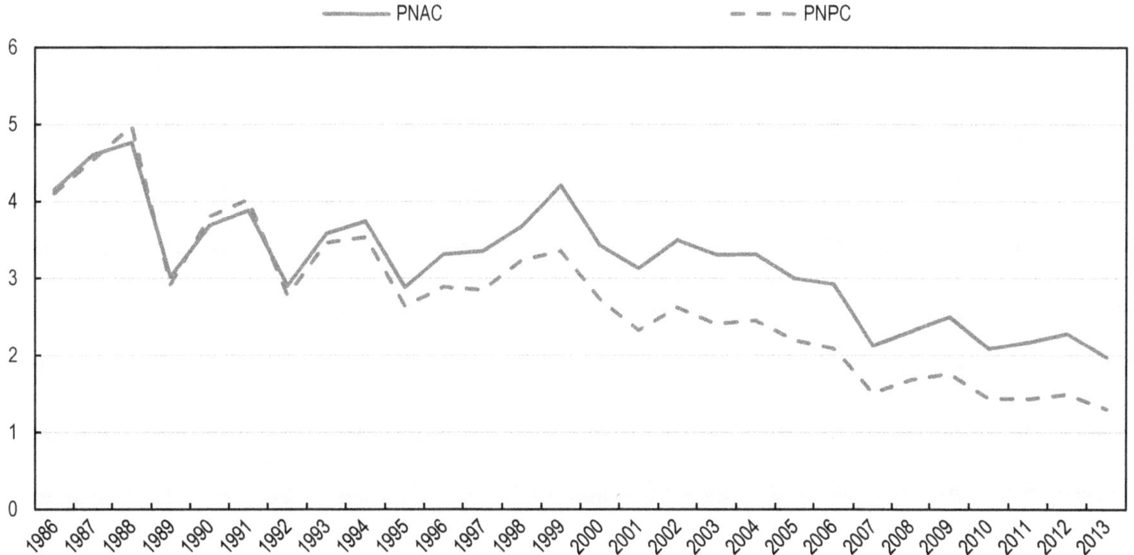

Quelle: OECD (2014), „Producer and Consumer Support Estimates", OECD-Landwirtschaftsstatistik (Datenbank).

Abb. 3.8. Nominaler Schutzkoeffizient auf der Erzeugerstufe nach Produkt

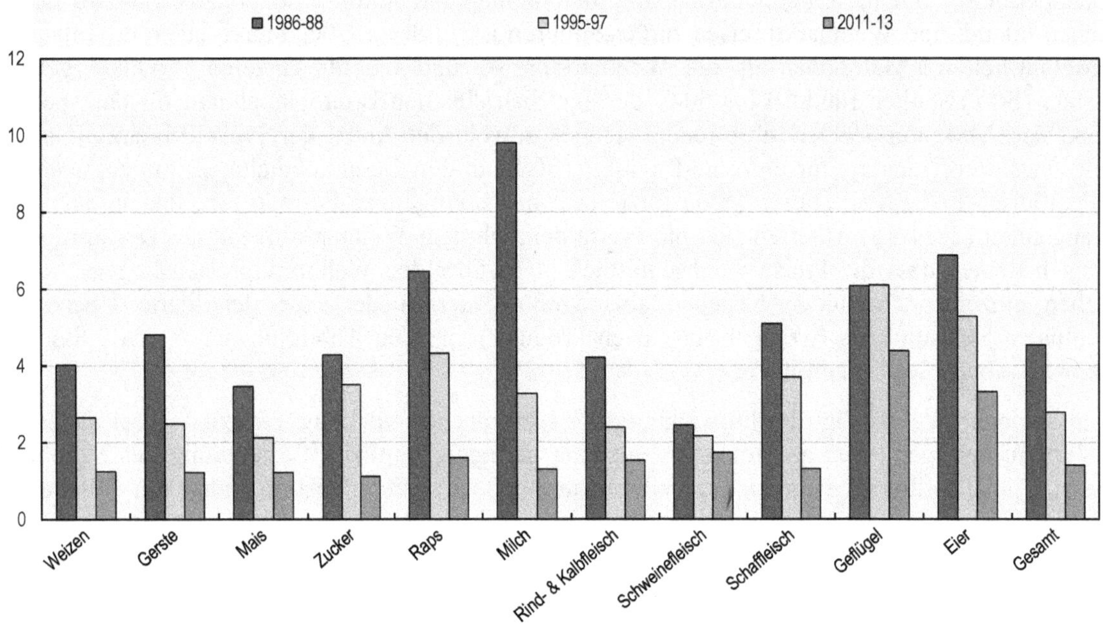

Quelle: OECD (2014), „Producer and Consumer Support Estimates", OECD-Landwirtschaftsstatistik (Datenbank).

Produktions- und handelsverzerrende Stützungsformen

Ein weiterer wichtiger Analysebereich ist das Ausmaß der produktions- und handelsverzerrenden Wirkung der umgesetzten Politik. In der PSE-Klassifizierung sind die produktionsgebundenen Zahlungen (einschließlich MPS) und die an den variablen Vorleistungseinsatz gebundenen Zahlungen (ohne Auflagen) am engsten mit den Entscheidungen der Erzeuger verknüpft und daher potentiell am stärksten produktions- und handelsverzerrend.

In der Schweizer Maßnahmenkombination werden diese Maßnahmen vorrangig durch die Marktpreisstützung und durch produktionsgebundene Zahlungen für Milch für die Käseherstellung repräsentiert. Aufgrund des erheblichen Rückgangs der MPS vom hohen Niveau in den 1980er Jahren hat sich der Anteil der am stärksten produktions- und handelsverzerrenden Maßnahmen sukzessive reduziert (Abb. 3.9). In der Periode 1986-88 lag der Anteil der am stärksten verzerrenden Maßnahmen an der Erzeuger-Gesamtstützung bei 89 %; 1995-97 sank dieser Anteil auf 69 % und 2011-13 auf 41 %.

Stützungen für Umwelt- und Tierwohl

Mit den 1993 eingeführten agrarpolitischen Reformen kamen die ökologischen Direktzahlungen. Diese Beiträge richteten sich an Landwirte, die freiwillig höhere Umwelt- und Tierwohlstandards anwenden als die gesetzlichen Vorschriften. Obwohl diese Zahlungen nur einen geringen Anteil an den gesamten Direktzahlungen ausmachen, geht der Trend nach oben, und ihr Anteil an den Gesamtzahlungen und der Gesamtstützung steigt (Abb. 3.10). Hier sei anzumerken, dass die Tierwohlzahlungen fast so hoch sind wie die agrarökologischen Zahlungen. Da die Tierwohlzahlungen pro Tier bezahlt werden, wirken sie sich stärker auf produktionsbezogene Entscheidungen aus als die meisten agrarökologischen Zahlungen.

Abb. 3.9. Anteil der am stärksten produktions- und handelsverzerrenden Stützungsformen am PSE

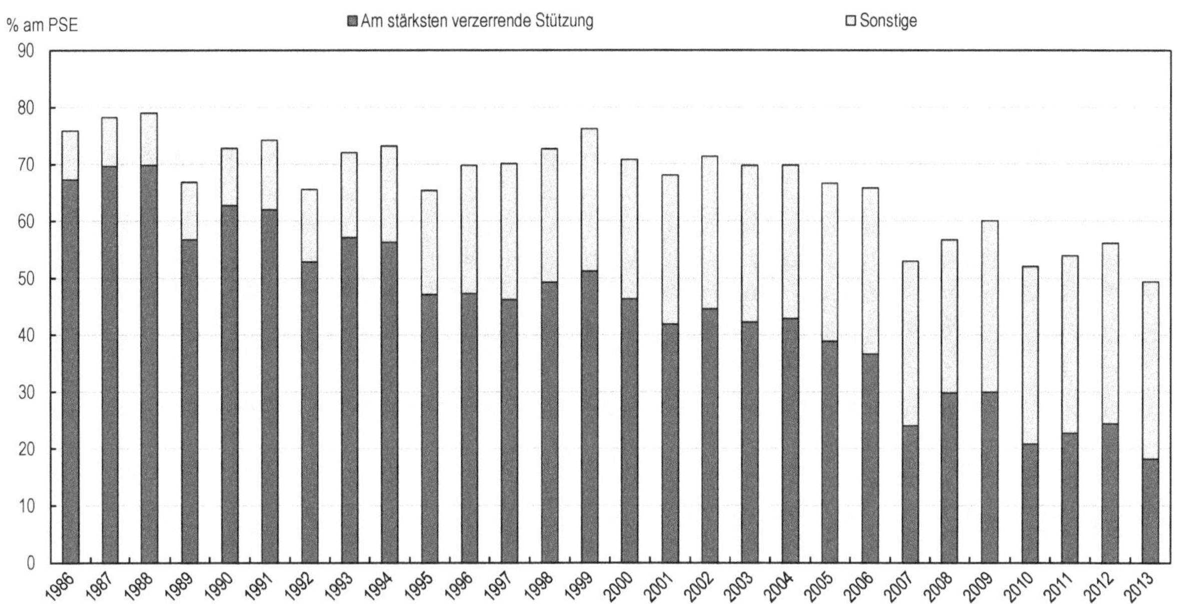

Quelle: OECD (2014), „Producer and Consumer Support Estimates", OECD-Landwirtschaftsstatistik (Datenbank).

Abb. 3.10. Anteil der Umwelt- und Tierwohlzahlungen an den Gesamtzahlungen

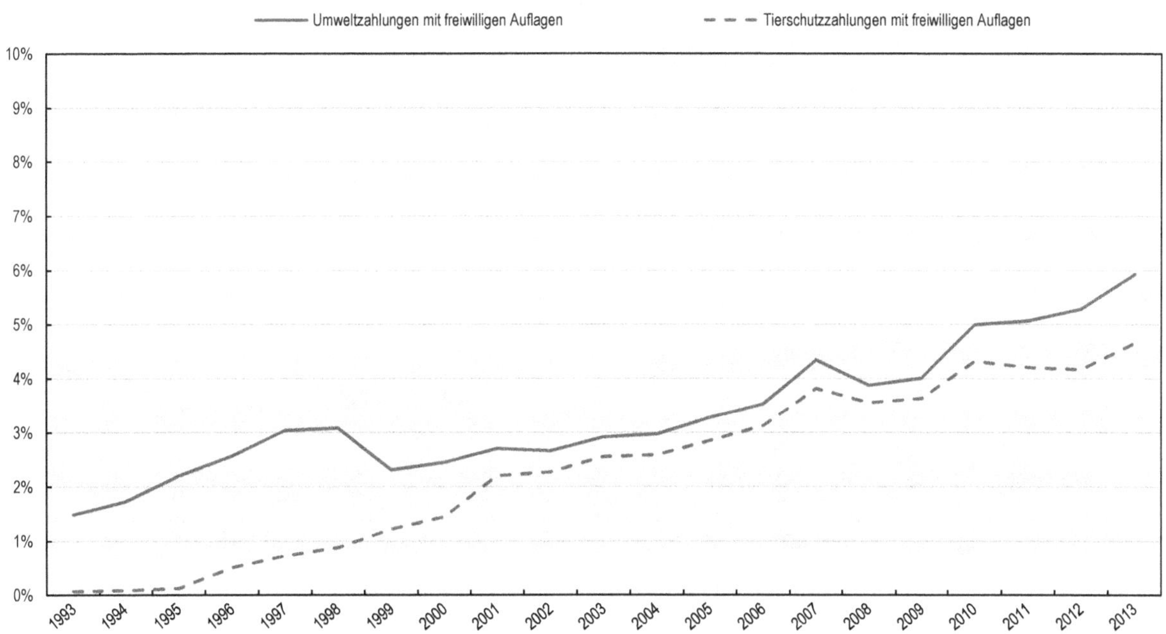

Quelle: OECD (2014), „Producer and Consumer Support Estimates", OECD-Landwirtschaftsstatistik (Datenbank).

Maß der Förderung allgemeiner Dienstleistungen für die Landwirtschaft (GSSE) und Gesamtstützungsmaß (TSE)

Im Gegensatz zum PSE, das als Indikator für direkt an einzelne Agrarbetriebe gerichtete Transfers dient, erfasst das Maß der Förderung allgemeiner Dienstleistungen für die Landwirtschaft (GSSE, *General Services Support Estimate*) alle öffentlichen Ausgaben, die durch die Entwicklung privater oder öffentlicher Dienstleistungen, Institutionen und Infrastrukturen zur Schaffung der Rahmenbedingungen für die landwirtschaftliche Primärerzeugung beitragen. Die GSSE-Transfers haben keine direkten Auswirkungen auf die Einnahmen oder Kosten von Erzeugern bzw. Verbrauchsausgaben, können sich mit der Zeit aber indirekt auf Produktion oder Verbrauch landwirtschaftlicher Rohstoffe auswirken. Zu den GSSE-Ausgaben gehören normalerweise die Finanzierung von Aktivitäten wie das landwirtschaftliche Wissens- und Informationssystem, Inspektions- und Kontrollwesen, Entwicklung und Erhaltung der Infrastruktur, Vermarktung und Absatzförderung usw.

Nominal gesehen folgen die GSSE-Ausgaben in der Periode 1986-2013 einem Abwärtstrend. Die Ausgaben gingen von jährlich 677 Mio. CHF (1986-88) auf 590 Mio. CHF (1995-97) und 500 Mio. CHF (2011-13) zurück. Allerdings verzeichnete das prozentuale GSSE insbesondere ab Mitte der Neunzigerjahre einen Aufwärtstrend, gemessen relativ als Anteil am Gesamtstützungsmaß (TSE). Dies ist auf den Rückgang des PSE zurückzuführen, der schneller vonstattenging als der Rückgang des GSSE. In den Perioden 1986-88 und 1995-97 lag der GSSE-Anteil am TSE stabil bei rund 6,5 %. In der folgenden Periode 2011-13 stieg er auf 8,6 % (Abb. 3.11, Tabelle 3.A1.1 im Anhang).

Abb. 3.11. Niveau und Struktur des Maßes der Förderung allgemeiner Dienstleistungen für die Landwirtschaft (GSSE)

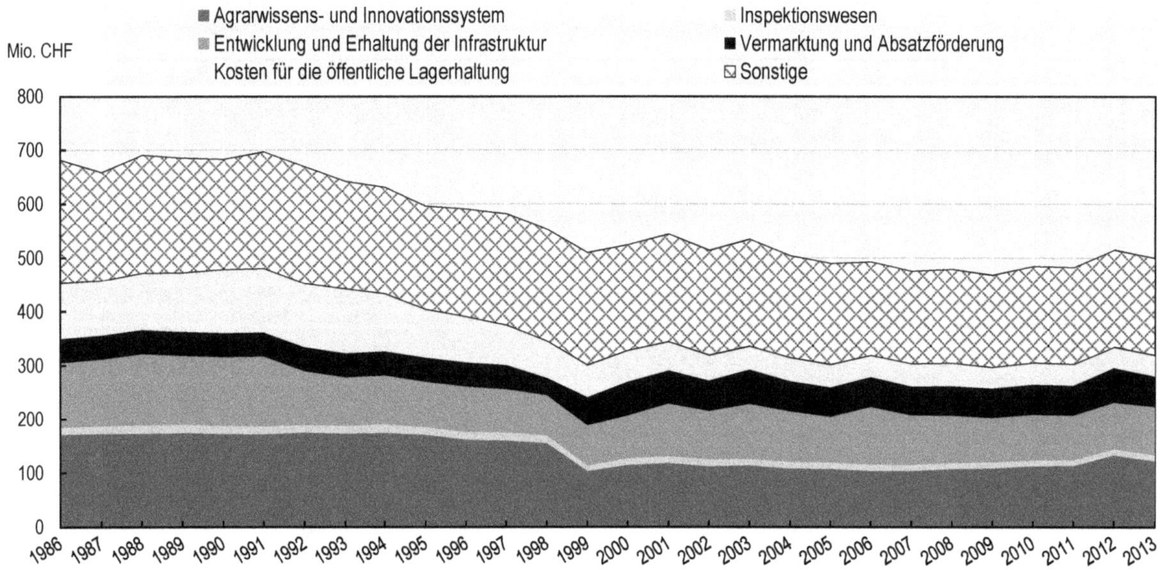

Quelle: OECD (2014), „Producer and Consumer Support Estimates", OECD-Landwirtschaftsstatistik (Datenbank).

In allen GSSE-Hauptkategorien außer „Vermarktung und Absatzförderung" gingen die öffentlichen Ausgaben zurück. Den massivsten Einbruch gab es in der Kategorie „Kosten für die öffentliche Lagerhaltung", der mit dem Abbau der heftigen Interventionen während der 1990er Jahre zusammenhängt.

Das Gesamtstützungsmaß (TSE) umfasst die PSE-Transfers, GSSE-Ausgaben und mögliche Haushaltszahlungen an Verbraucher. Nominal gesehen folgte das TSE in der Periode 1986-2013 einem Abwärtstrend: es ging von jährlich 10,3 Mrd. CHF (1986-88) auf 9 Mrd. CHF (1995-97) und 5,8 Mrd. CHF (2011-13) zurück. Relativ gesehen wird das prozentuale TSE als Anteil des BIP angegeben, um die relative Belastung der Volkswirtschaft darzustellen. Bei dieser relativen Betrachtung trat der Rückgang des TSE deutlicher zutage, welches sich von 3,7 % (1986-88) auf 2,3 % (1995-97) und später 1 % (2011-13) verringerte (Tabelle 3.A1.1 im Anhang). Allerdings war der stärkste Treiber hinter diesem relativen Indikator nicht der Rückgang des TSE selbst, sondern die dynamische Entwicklung in anderen Bereichen der Wirtschaft, insbesondere im Dienstleistungssektor.

Anhang 3.A1

Detaillierte Indikatoren für Agrarstützungen

Tabelle 3.A1.1. Schweiz: Stützungsmaß für die Landwirtschaft

	1986-88	1995-97	2011-13	2011	2012	2013p
Gesamtwert der Produktion (ab Hof)	**9,482**	**8,236**	**6,521**	**6,586**	**6,404**	**6,574**
davon: Anteil Produkte mit MPS (%)	81.5	82.3	69.9	71.2	71.4	67.1
Gesamtwert des Verbrauchs (ab Hof)	**11,394**	**9,557**	**7,899**	**7,902**	**7,746**	**8,048**
Erzeugerstützungsmaß (PSE)	**8,509**	**7,362**	**5,330**	**5,442**	**5,566**	**4,983**
Produktionsgebundene Stützung	7,091	4,918	2,118	2,230	2,356	1,769
Marktpreisstützung[1]	7,049	4,835	1,822	1,938	2,058	1,470
Produktionsgebundene Stützung	42	83	296	292	298	299
An den Vorleistungseinsatz gebundene Zahlungen	563	411	201	198	201	203
Für den Einsatz von Vorleistungen	454	309	81	81	81	81
mit Auflagen	0	180	14	14	13	14
Für Anlageinvestitionen	72	78	119	116	119	121
mit Auflagen	0	0	0	0	0	0
Für Dienstleistungen auf landwirtschaftlichen Betrieben	36	25	1	1	1	1
mit Auflagen	0	0	0	0	0	0
Zahlungen auf der Grundlage aktueller Werte für A/An/R/I, Produktior	612	1,203	1,310	1,309	1,310	1,311
Auf der Grundlage von Einnahmen/Einkommen	15	0			0	0
Auf der Grundlage von Anbaufläche/Tierzahl	597	1,203	1,310	1,309	1,310	1,311
mit Auflagen	340	1,050	1,299	1,297	1,299	1,299
Zahlungen auf der Grundlage langfristiger Werte für A/An/R/I, Produk	28	569	102	102	102	102
Zahlungen auf der Grundlage langfristiger Werte für A/An/R/I, Produk	0	0	1,203	1,218	1,195	1,195
Mit variablen Zahlungssätzen	0	0	0	0	0	0
mit Sonderregelungen für bestimmte Produkte	0	0	0	0	0	0
Mit festen Zahlungssätzen	0	0	1,203	1,218	1,195	1,195
mit Sonderregelungen für bestimmte Produkte	0	0	0	0	0	0
Zahlungen auf der Grundlage nichtproduktbezogener Kriterien	0	61	200	190	205	206
Für die langfristige Stilllegung von Ressourcen	0	0	0	0	0	0
Für spezifische nichtproduktbezogene Leistungen	0	61	200	190	205	206
Auf der Grundlage anderer nichtproduktbezogener Kriterien	0	0	0	0	0	0
Sonstige Zahlungen	216	200	197	196	198	198
Prozentuales PSE	**77.7**	**68.4**	**53.2**	**53.9**	**56.2**	**49.4**
Erzeuger-NPC (Koeff.)	**4.54**	**2.79**	**1.41**	**1.44**	**1.49**	**1.30**
Erzeuger-NAC (Koeff.)	**4.51**	**3.18**	**2.14**	**2.17**	**2.28**	**1.98**
Maß der Förderung allgemeiner Dienstleistungen für die Landwi	**677**	**590**	**499**	**483**	**515**	**500**
Agrarwissens- und Innovationssystem	173	164	123	114	133	123
Inspektionswesen	14	15	11	11	11	11
Entwicklung und Erhaltung der Infrastruktur	126	83	87	83	87	90
Vermarktung und Absatzförderung	45	45	59	55	65	57
Kosten für die öffentliche Lagerhaltung	103	83	39	40	38	39
Sonstige	216	200	180	180	180	180
GSSE-Anteil am TSE (%)	**6.6**	**6.5**	**8.6**	**8.1**	**8.5**	**9.1**
Verbraucherstützungsmaß (CSE)	-7,535	-4,994	-2,133	-2,260	-2,345	-1,792
Transfers vom Verbraucher an den Erzeuger	-7,088	-5,053	-1,660	-1,784	-1,895	-1,301
Andere Transfers vom Verbraucher	-1,767	-1,221	-497	-499	-478	-514
Transfers vom Steuerzahler an den Verbraucher	1,099	1,053	7	5	4	11
Über den Weltmarktpreisen liegende Futtermittelkosten	221	227	17	18	23	11
Prozentuales CSE	**-73.1**	**-58.7**	**-27.1**	**-28.6**	**-30.3**	**-22.3**
Verbraucher-NPC (Koeff.)	**4.50**	**2.91**	**1.38**	**1.41**	**1.44**	**1.29**
Verbraucher-NAC (Koeff.)	**3.74**	**2.42**	**1.37**	**1.40**	**1.43**	**1.29**
Gesamtstützungsmaß (TSE)	**10,285**	**9,005**	**5,836**	**5,930**	**6,085**	**5,494**
Transfers vom Verbraucher	8,855	6,274	2,157	2,283	2,373	1,815
Transfers vom Steuerzahler	3,197	3,952	4,177	4,146	4,190	4,194
Haushaltseinnahmen	-1,767	-1,221	-497	-499	-478	-514
Prozentuales TSE (als Anteil am BIP)	**3.7**	**2.3**	**1.0**	**1.0**	**1.0**	**0.9**
BIP-Deflator (1986-88 = 100)	**100**	**125**	**143**	**142**	**143**	**143**

Hinweis: p = provisorisch. NPC: Nominaler Schutzkoeffizient (*Nominal Protection Coefficient*). NAC: Nominaler Unterstützungskoeffizient (*Nominal Assistance Coefficient*). A/An/R/I: Anbaufläche/Tierzahl/Einnahmen/Einkommen (*Area planted/Animal numbers/Receipts/Income*). 1. Marktpreisstützung (MPS) abzüglich Erzeugerabgaben und über den Weltmarktpreisen liegender Futtermittelkosten. MPS-Produkte für die Schweiz: Weizen, Mais, Gerste, Raps, Zucker, Milch, Rind- und Kalbfleisch, Schaffleisch, Schweinefleisch, Geflügelfleisch und Eier.

Quelle: OECD (2014), „Producer and Consumer Support Estimates“, OECD-Landwirtschaftsstatistik (Datenbank).

Tabelle 3.A1.2. Schweiz: Für einzelne Produkte gewährte Erzeuger-Transfers

Mio. CHF

	1986-88	1995-97	2011-13	2011	2012	2013p
GESAMT						
PSE (Mio. CHF)	8,509	7,362	5,330	5,442	5,566	4,983
Erzeuger-SCT (Mio. CHF)	7,294	5,073	2,130	2,241	2,367	1,781
Anteil Erzeuger-SCT am PSE (%)	85.7	69.0	39.8	41.2	42.5	35.7
Weizen						
Erzeuger-SCT (Mio. CHF)	417	333	48	46	58	39
Prozentuale SCT (%)	76.0	54.1	19.3	17.2	23.1	17.5
Erzeuger-NPC (Koeff.)	4.02	2.66	1.24	1.21	1.30	1.21
Mais						
Erzeuger-SCT (Mio. CHF)	102	63	9	8	13	7
Prozentuale SCT (%)	70.9	52.8	17.9	15.2	23.7	14.8
Erzeuger-NPC (Koeff.)	3.46	2.13	1.22	1.18	1.31	1.17
Gerste						
Erzeuger-SCT (Mio. CHF)	153	102	11	10	14	9
Prozentuale SCT (%)	78.9	57.9	17.8	15.0	22.7	15.6
Erzeuger-NPC (Koeff.)	4.80	2.50	1.22	1.18	1.29	1.19
Raps						
Erzeuger-SCT (Mio. CHF)	80	57	23	25	21	24
Prozentuale SCT (%)	83.9	76.8	37.3	36.7	34.6	40.7
Erzeuger-NPC (Koeff.)	6.45	4.32	1.60	1.58	1.53	1.69
Zucker						
Erzeuger-SCT (Mio. CHF)	95	111	12	8	7	20
Prozentuale SCT (%)	72.9	71.4	9.9	5.4	5.3	19.1
Erzeuger-NPC (Koeff.)	4.28	3.51	1.12	1.06	1.06	1.24
Milch						
Erzeuger-SCT (Mio. CHF)	2,775	2,132	468	479	634	292
Prozentuale SCT (%)	85.7	65.0	22.1	22.0	30.2	14.1
Erzeuger-NPC (Koeff.)	9.80	3.27	1.30	1.29	1.45	1.17
Rind- und Kalbfleisch						
Erzeuger-SCT (Mio. CHF)	1,312	646	398	449	405	340
Prozentuale SCT (%)	75.0	55.5	34.3	38.4	35.0	29.3
Erzeuger-NPC (Koeff.)	4.21	2.40	1.53	1.63	1.54	1.42
Schaffleisch						
Erzeuger-SCT (Mio. CHF)	36	42	9	5	9	12
Prozentuale SCT (%)	68.5	63.4	22.6	13.1	23.9	30.8
Erzeuger-NPC (Koeff.)	5.08	3.70	1.31	1.16	1.32	1.45
Schweinefleisch						
Erzeuger-SCT (Mio. CHF)	717	458	352	391	363	301
Prozentuale SCT (%)	44.8	39.4	40.7	44.3	41.1	36.6
Erzeuger-NPC (Koeff.)	2.45	2.17	1.73	1.83	1.75	1.60
Geflügel						
Erzeuger-SCT (Mio. CHF)	112	133	122	118	124	124
Prozentuale SCT (%)	73.5	74.9	75.9	76.6	75.9	75.1
Erzeuger-NPC (Koeff.)	6.08	6.10	4.38	4.55	4.45	4.15
Eier						
Erzeuger-SCT (Mio. CHF)	185	135	123	134	117	117
Prozentuale SCT (%)	78.9	72.4	67.1	73.6	63.6	63.9
Erzeuger-NPC (Koeff.)	6.87	5.28	3.32	4.10	2.97	2.88
Sonstige Produkte[1]						
Erzeuger-SCT (Mio. CHF)	1,310	862	555	569	601	495
Prozentuale SCT (%)	82.0	65.9	32.0	33.6	37.1	25.3
Erzeuger-NPC (Koeff.)	4.50	2.90	1.27	1.30	1.34	1.18

Hinweis: p = provisorisch. SCT: Für einzelne Produkte gewährte Transfers (*Single Commodity Transfers*). PSE: Erzeugerstützungsmaß (*Producer Support Estimate*). NPC: Nominaler Schutzkoeffizient (*Nominal Protection Coefficient*). 1. Erzeuger-SCT für sonstige Produkte: Gesamte Erzeuger-SCT abzüglich der Erzeuger-SCT für die oben aufgeführten Produkte.

Quelle: OECD (2014), „Producer and Consumer Support Estimates", OECD-Landwirtschaftsstatistik (Datenbank).

Tabelle A3.1.3. Schweiz: Für einzelne Produkte gewährte Verbraucher-Transfers

Mio. CHF

	1986-88	1995-97	2011-13	2011	2012	2013p
GESAMT						
CSE (Mio. CHF)	-7,535	-4,994	-2,133	-2,260	-2,345	-1,792
Verbraucher-SCT (Mio. CHF)	-7,749	-5,115	-2,136	-2,263	-2,348	-1,796
Weizen						
Verbraucher-SCT (Mio. CHF)	-538	-399	-87	-75	-104	-82
Verbraucher-NPC (Koeff.)	4.02	3.10	1.24	1.21	1.30	1.21
Mais						
Verbraucher-SCT (Mio. CHF)	-139	-32	-12	-10	-16	-11
Verbraucher-NPC (Koeff.)	3.46	2.13	1.22	1.18	1.31	1.17
Gerste						
Verbraucher-SCT (Mio. CHF)	-207	-44	-11	-9	-13	-12
Verbraucher-NPC (Koeff.)	4.80	2.50	1.22	1.18	1.29	1.19
Raps						
Verbraucher-SCT (Mio. CHF)	-313	-252	-132	-134	-123	-139
Verbraucher-NPC (Koeff.)	6.45	4.32	1.60	1.58	1.53	1.69
Zucker						
Verbraucher-SCT (Mio. CHF)	-143	-146	-17	-9	-10	-33
Verbraucher-NPC (Koeff.)	4.51	3.51	1.12	1.06	1.06	1.24
Milch						
Verbraucher-SCT (Mio. CHF)	-1,900	-1,102	-175	-189	-336	0
Verbraucher-NPC (Koeff.)	9.85	3.27	1.12	1.12	1.24	1.00
Rind- und Kalbfleisch						
Verbraucher-SCT (Mio. CHF)	-1,382	-712	-442	-502	-448	-375
Verbraucher-NPC (Koeff.)	4.21	2.40	1.53	1.63	1.54	1.42
Schaffleisch						
Verbraucher-SCT (Mio. CHF)	-106	-102	-20	-11	-21	-27
Verbraucher-NPC (Koeff.)	5.08	3.70	1.31	1.16	1.32	1.45
Schweinefleisch						
Verbraucher-SCT (Mio. CHF)	-908	-651	-373	-417	-386	-317
Verbraucher-NPC (Koeff.)	2.45	2.17	1.73	1.83	1.75	1.60
Geflügel						
Verbraucher-SCT (Mio. CHF)	-301	-298	-237	-236	-239	-234
Verbraucher-NPC (Koeff.)	6.08	6.10	4.38	4.55	4.45	4.15
Eier						
Verbraucher-SCT (Mio. CHF)	-399	-299	-235	-261	-224	-220
Verbraucher-NPC (Koeff.)	6.87	5.28	3.32	4.10	2.97	2.88
Sonstige Produkte[1]						
Verbraucher-SCT (Mio. CHF)	-1,414	-1,079	-395	-409	-427	-349
Verbraucher-NPC (Koeff.)	4.34	2.99	1.25	1.27	1.30	1.18

Hinweis: p = provisorisch. SCT: Für einzelne Produkte gewährte Transfers (*Single Commodity Transfers*). CSE: Verbraucherstützungsmaß (*Consumer Support Estimate*). NPC: Nominaler Schutzkoeffizient (*Nominal Protection Coefficient*). 1. Verbraucher-SCT für sonstige Produkte: Gesamte Verbraucher-SCT abzüglich der Verbraucher-SCT für die oben aufgeführten Produkte.

Quelle: OECD (2014), „Producer and Consumer Support Estimates", OECD-Landwirtschaftsstatistik (Datenbank).

Kapitel 4

Auswirkungen der agrarpolitischen Reformen auf die Wirtschafts- und Umweltleistung der Landwirtschaft in der Schweiz

In diesem Kapitel werden die Auswirkungen der agrarpolitischen Reformen auf die Wirtschafts- und Umweltleistung der Landwirtschaft in der Schweiz analysiert. Mit dem OECD-Politikevaluierungsmodell (PEM, Policy Evaluation Model) werden die Auswirkungen politischer Reformen auf Produktion, Handel und Agrarbetriebseinkommen untersucht. In diesem Kapitel wird auch versucht, die ökologischen Auswirkungen politischer Reformen (z. B. auf Nährstoffbilanzen und -überschüsse, Treibhausgasemissionen und Biodiversität) anhand der OECD-Umweltindikatoren und anderer Datenquellen zu beurteilen. Angesichts der hohen Bedeutung von Nachhaltigkeit und Landschaftserhaltung in der Agrarpolitik untersucht die Studie auch, ob sich mithilfe des PEM unter Berücksichtigung der räumlichen Heterogenität die ökologischen Auswirkungen der landwirtschaftlichen und agrarökologischen Politikmaßnahmen bewerten lassen.

Evaluierung der vergangenen agrarpolitischen Reformen in der Schweiz

Im Zuge der gestuften und fortlaufenden Reformen seit Beginn der 1990er Jahre wurde die Marktpreisstützung abgebaut und durch ergänzende Direktzahlungen an Landwirte abgelöst. Gleichzeitig zielten die Maßnahmen durch Regulierung, an Direktzahlungen gebundene Cross-Compliance-Verpflichtungen sowie konkrete Umweltzahlungen auf die Umweltleistung der Landwirtschaft ab. Um die ökonomischen und ökologischen Auswirkungen der Senkung und Neuausrichtung der Agrarstützungen zu beurteilen, werden die Effekte der politischen Veränderungen in diesem Kapitel von den exogenen Faktoren entworren, die den Sektor in den vergangenen zwei Jahrzehnten beeinträchtigt haben. Die Analyse zeigt die Wirkung politischer Anreize auf, die zu spürbaren Veränderungen in Produktionsmenge und -struktur geführt haben (Bevorzugung der Tierproduktion in der Bergregion bei gleichzeitig schwindender Rentabilität der Pflanzenproduktion in der Talregion), und erörtert die ökologischen Begleiterscheinungen.

Kasten 4.1. Das OECD-Politikevaluierungsmodell

Das Politikevaluierungsmodell (PEM, *Policy Evaluation Model*) wurde von der OECD entwickelt, um die Daten in der PSE-Datenbank zu spezifischen wirtschaftlichen Ergebnissen in Relation zu setzen. Ergänzend zu den Informationen in der PSE-Datenbank liefert es eine ökonomische Basisstruktur sowie die zugrundeliegenden Wirtschaftsdaten für die aggregierte Darstellung von sieben OECD-Ländern (Kanada, Mexiko, Japan, Korea, USA und die Schweiz sowie die Europäische Union als geschlossene Region mit den zwei Produktionszonen EU-15 und EU-12).

Das PEM liefert eine statische, partielle Gleichgewichtssicht auf die Auswirkungen der Agrarpolitik. Die Elastizitäten sollen eine mittelfristige Anpassung von etwa fünf Jahren repräsentieren. Das PEM aggregiert die Gesamtproduktion von Weizen, Grobkorn, Ölsaaten, Reis, Milch und Rindfleisch mit einer Kombination aus betriebseigenen Produktions- und zugekauften Vorleistungsfaktoren.

Als Marktmodell ist das PEM so kalibriert, dass sich alle Märkte in jedem Jahr hinsichtlich der beobachteten Preise, Mengen und Stützungsdaten im Gleichgewicht befinden. Politiksimulationen stören dieses Gleichgewicht, indem sie in mindestens einer PSE-Kategorie das Stützungsniveau durch Schocks beeinflussen. Die neue resultierende Modelllösung entspricht einem neuen wirtschaftlichen Gleichgewicht nach dem Schock. Die Ergebnisse werden komparativ-statisch betrachtet. Das Modell kann auf jedes Jahr in der PEM-Datenbank 1986-2012 oder auf alle Jahre gleichzeitig angewendet werden. Bei gleichzeitiger Anwendung auf alle Jahre zeigt das Modell die politischen Auswirkungen auf verschiedene wirtschaftliche Elemente des Modells in den einzelnen Jahren; es handelt sich hingegen nicht um eine dynamische Simulation der Marktentwicklung über die Dauer der Studie. Diese Ansicht ermöglicht eine Schätzung der mittelfristigen politischen Auswirkungen pro Jahr sowie die Beobachtung der Veränderungen dieser mittelfristigen Auswirkungen parallel zur Veränderung des Maßnahmenpakets und der zugrundeliegenden Wirtschaftslage.

Die politischen Maßnahmen werden im PEM gemäß PSE-Klassifizierung implementiert. Jede in dieser Klassifizierung definierte Hauptstützungsform erscheint im Modell mit einer spezifischen Erstauswirkung auf die erzeuger- und verbraucherseitigen Anreizpreise. Das Ziel ist, die Auswirkungen der Stützungsmaßnahmen im Modell genauso zu repräsentieren, wie dies in der Klassifizierung der Stützungsmaßnahmen für das Erzeugerstützungsmaß impliziert ist. Dementsprechend werden an variable Vorleistungen gebundene Zahlungen als Keil zwischen Angebots- und Nachfragepreis von Rohstoffen, flächengebundene Zahlungen zwischen dem Angebots- und Nachfragepreis von Flächen usw. dargestellt. Zahlungen ohne Produktionspflicht oder andere Zahlungen mit wenig spezifischen Kriterien werden mit Preiskeilen dargestellt, die eine gleichmäßige Inflation der Angebotspreise verursachen. Derartige Maßnahmen beeinflussen daher nicht die relative Wahl zwischen geeigneten Rohstoffen oder Flächennutzung.

Im Zuge des Projekts zur Evaluierung der agrarpolitischen Reformen in der Schweiz wurde das Schweizer Modul im PEM aktualisiert und berücksichtigt jetzt drei geografische Regionen (Tal-, Hügel- und Bergregion) und ermöglicht die Generierung ausgewählter Umweltleistungsindikatoren. Wie zuvor sind die Absatz- und Beschaffungsmärkte voll in die Schweiz integriert. Mit dem neuen Schweizer Modul werden jedoch bestimmte Beschaffungsmärkte als regionsspezifisch betrachtet (z. B. Flächen, Rindvieh und anderes betriebseigenes Kapital), um die Produktionsstruktur in jeder Region zu repräsentieren. Die regionale Auflösung und die Umweltbewertung im aktualisierten Schweizer Modul des OECD-PEM sind im technischen Bericht [TAD/CA/APM/WP(2014)28FINAL] dokumentiert.

Allgemeine Informationen zum PEM siehe „Long-Term Trends in Policy Performance“ (Martini 2011).

Um die Auswirkungen der Politikmaßnahmen isoliert zu betrachten, wurde für die Analyse das OECD-Politikevaluierungsmodell (OECD-PEM) herangezogen (Kasten 4.1). Das Schweizer Modul des OECD-PEM wurde in zweierlei Hinsicht erweitert: Da sowohl die Produktionsmerkmale als auch das politische Konzept stark von den geografischen Produktionsbedingungen abhängen, unterschiedet das Schweizer Modul zwischen drei Regionen: Tal, Hügel und Berg.[1] Zweitens berücksichtigt das erweiterte Modul die wichtigsten Umweltleistungsindikatoren.

Perioden der Politikreformen

Die Evaluierung der Agrarpolitik aus zwei Jahrzehnten erfolgt in fünf Zeitabschnitten, die den einzelnen, aufeinanderfolgenden Reformetappen in der Schweiz entsprechen. Diese Perioden lassen sich wie folgt nach den wichtigsten politischen Veränderungen charakterisieren:[2]

1988-92: Vor-Reform-Periode

- Marktpreisstützung ≈ 90 % der Erzeugerstützung
- an den Vorleistungseinsatz gebundene Zahlungen sowie flächen- und tierzahlgebundene Zahlungen für spezifische Produkte

1993-98: Erste Reformetappe (altes Gesetz über die Landwirtschaft, Art. 31a und 31b)

- Ablösung des Mengenbeschränkungssystems durch Zollkontingente
- Deregulierung von Preisgarantien und Produktionskontrollen
- Einführung von Flächenzahlungen auf der Grundlage der aktuellen Produktionsfläche, was zu einem steigenden Anteil dieser Zahlungen an der Erzeugerstützung führt
- moderater Rückgang des PSE-Niveaus

1999-2003: Zweite Reformetappe (AP2002)

- Aufhebung aller staatlichen Preisgarantien und festen Verarbeitungsspannen
- Reform des Direktzahlungssystems, Verlagerung großer Teile der Direktzahlungen auf langfristige Flächenzahlungen
- Einführung der Umweltauflagen (Cross-Compliance-Verpflichtungen)
- starker Rückgang des PSE-Niveaus

2004-07: Dritte Reformetappe (AP2007)

- Beginn der Aufhebung der Milchquote
- keine größeren politischen Veränderungen bei den Direktzahlungen
- nahezu konstantes PSE (Rückgang 2007 reflektiert steigende Weltmarktpreise)

2008-12: Vierte Reformetappe (AP2011)

- Abschaffung der Milchquote (2009)
- Aufhebung von Ausfuhrsubventionen für landwirtschaftliche Primärerzeugnisse (2009)
- Erhöhung der tierzahlgebundenen Zahlungen für raufutterverzehrende Nutztiere
- mäßiger Rückgang des PSE, hauptsächlich aufgrund der geringeren Marktpreisstützung für Milch

- Die Abbildungen 4.1 und 4.2 zeigen, wie sich diese Politikveränderungen auf das Erzeugerstützungsmass, wie es in der PEM-Datenbank berücksichtigt ist, auswirken, einschließlich der Angaben für die drei im Schweizer Modul unterschiedenen Regionen.[3]

Die wirtschaftlichen und ökologischen Auswirkungen dieser politischen Veränderungen werden nacheinander durch Stellen der hypothetischen Was-wäre-wenn-Frage beurteilt: „Was wäre in dieser Periode geschehen, wenn die politischen Veränderungen nicht stattgefunden hätten und stattdessen das Maßnahmenpaket der vorausgehenden Periode in Kraft geblieben wäre?“

Ein Beispiel: Die Auswirkungen der ersten Reformetappe 1993-98 (RP 93-98) werden im Verhältnis zur Referenzpolitik der Vor-Reform-Periode 1988-92 beurteilt.[4] Auf ähnliche Weise werden die Auswirkungen der vierten Reformetappe 2008-12 (RP 08-12) im Vergleich mit der Referenzpolitik des Zeitraums 2004-07 (RP 04-07) beurteilt. Die jeweilige Referenzpolitik wird als „Durchschnittspolitik“‘ während der Referenzperiode konstruiert, um die Auswirkungen exogener Faktoren (z. B. Weltmarktpreise oder Wechselkurs auf der Ebene der Marktpreisstützung) zu glätten. Die Modellsimulation generiert die Auswirkungen der umgesetzten politischen Veränderungen für die einzelnen Jahre innerhalb der Reformperiode, wobei die Ergebnisse jedoch als Mittelwert über die gesamte Reformperiode dargestellt werden, um die politischen Auswirkungen anderer Einflüsse auf den Sektor zu isolieren.

Abb. 4.1. Entwicklung des Erzeugerstützungsmaßes laut OECD-Politikevaluierungsmodell

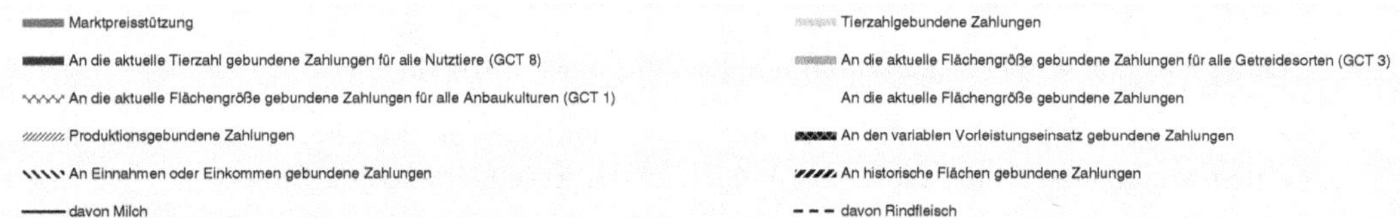

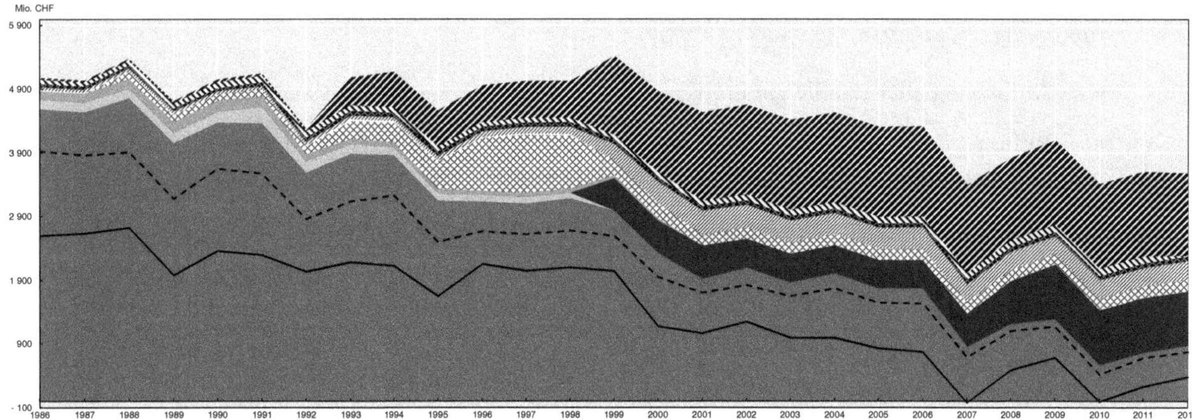

Quelle: Modellsimulation mit dem OECD-Politikevaluierungsmodell.

Abb. 4.2. Entwicklung der Zahlungen laut OECD-Politikevaluierungsmodell nach Region

Talregion

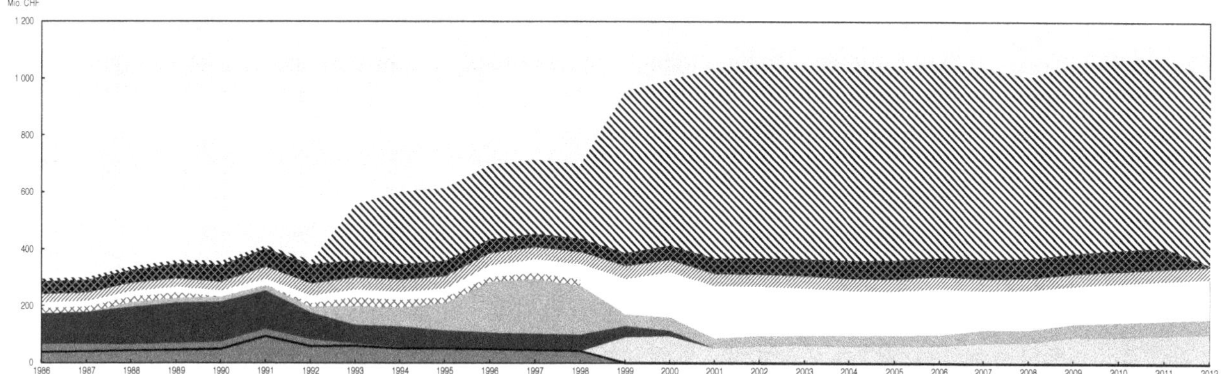

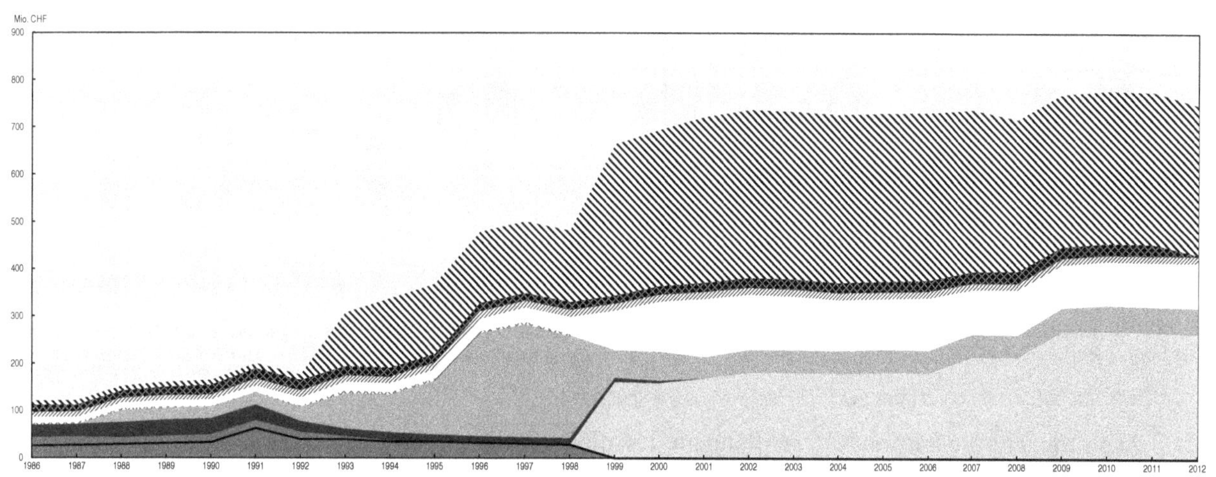

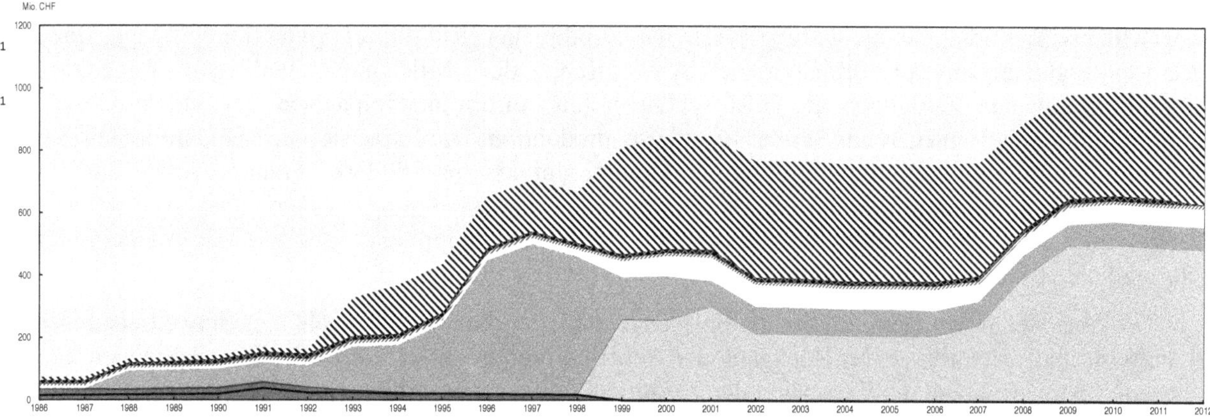

Quelle: Modellsimulation mit dem OECD-Politikevaluierungsmodell.

Wirtschaftliche Auswirkungen der aufeinanderfolgenden Agrarreformen

Der Abbau der Marktpreisstützung für Ackerkulturen, der teilweise durch Direktzahlungen aufgefangen wurde, hat durchgängig einen politischen Anreiz zur Senkung der Produktionsmengen geschaffen, was insbesondere für Weizen und Grobkorn gilt (Abb. 4.3). Die Reform in der Periode 1993-98 brachte zusätzliche Zahlungen auf Grundlage der aktuellen Produktionsfläche und bot den Anreiz, mehr Nutzfläche für die Pflanzenproduktion zu nutzen. Die Pflanzenproduktion wurde extensiver, d.h. mehr Fläche bei geringeren Erträgen. Durch die extensive Pflanzenproduktion verbesserte sich die Umweltleistung der Landwirtschaft, da der Pestizid- und Mineraldüngereinsatz sank. Allerdings schuf die anschließende Umwandlung des Direktzahlungssystems in langfristige Flächenzahlungen, kombiniert mit der Ausweitung tierzahlgebundener Zahlungen, einen Anreiz zur Verschiebung der Nutzfläche von Acker- auf Weideland in den nächsten drei Reformperioden.[5 6]

Abb. 4.3. Simulierte Auswirkungen von vier politischen Reformprogrammen auf den Ackerbau

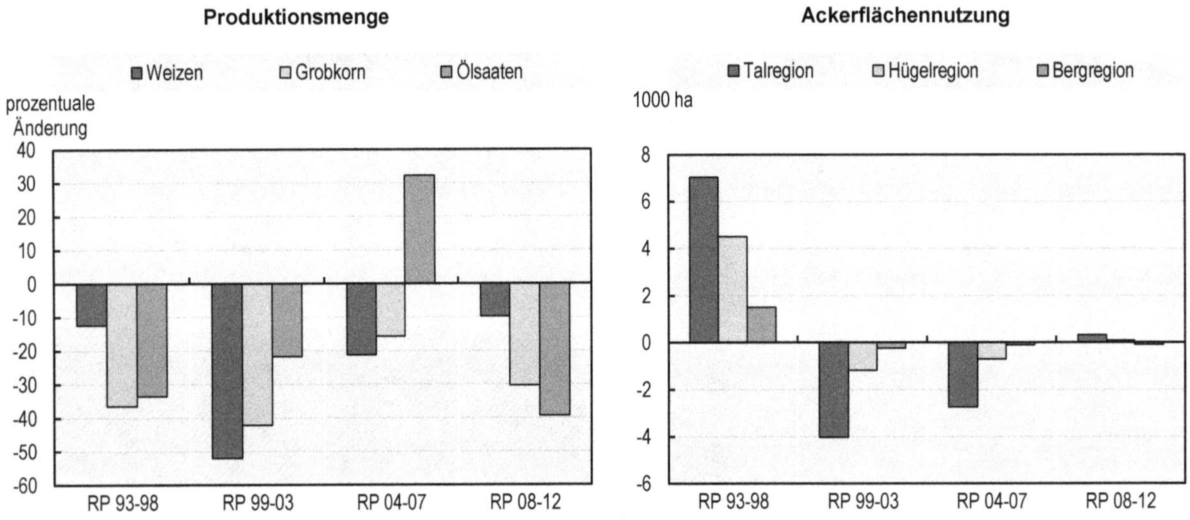

1. Die Auswirkungen der Politikreform werden in Relation zur gemittelten Referenzpolitik in der vorausgehenden Periode simuliert. Beispiel: Die Auswirkungen der RP 08-12 werden im Verhältnis zu einer Referenzpolitik in der RP 04-07 simuliert.

Quelle: Modellsimulation mit dem OECD-Politikevaluierungsmodell.

Auch die Tierproduktion, die seit langem das Ziel massiver Marktinterventionen war, reagierte auf die politischen Veränderungen (Abb. 4.4). Die Milchquote war gültig, bis ihre Aufhebung 2009 abgeschlossen war. Die Aufhebung der staatlichen Preisgarantien für Milch (1999) schwächte den Anreiz zur Milchproduktion und steigerte die relative Rendite der Rindfleischproduktion, die ein stabiles Marktpreisstützungsniveau erhielt. Die Abschaffung der Milchquote und der Anstieg der tierzahlgebundenen Zahlungen ab 2004 erhöhten den Anreiz zur Expansion der Milchproduktion, gleichwohl weniger intensiv als bei der Rindfleischproduktion. Die Expansion der Milchproduktion war gebremst durch das Quotensystem, das die Milchproduktion bis 2009 beschränkte, sowie durch die geringere Elastizität der Milchnachfrage. Die politischen Veränderungen trugen insbesondere in der Hügel- und Bergregion deutlich zur Expansion der Fleischrindproduktion sowie zur Steigerung der Besatzdichte (Anzahl Rinder pro Hektar Weideland) bei.

Solche Veränderungen in Produktionsmenge und -struktur haben auch die Umweltleistung der Landwirtschaft beeinflusst. Der Rückgang der Ackerkulturen bedeutet reduzierte Chemikalieneinträge in diesem Sektor, während die Expansion der Tierproduktion zu einer erhöhten Umweltbelastung durch die Tierhaltung geführt hat. Die ökologischen Auswirkungen der politischen Reformen werden im folgenden Abschnitt detailliert erörtert.

Abb. 4.4. Auswirkungen von vier politischen Reformprogrammen auf die Tierproduktion

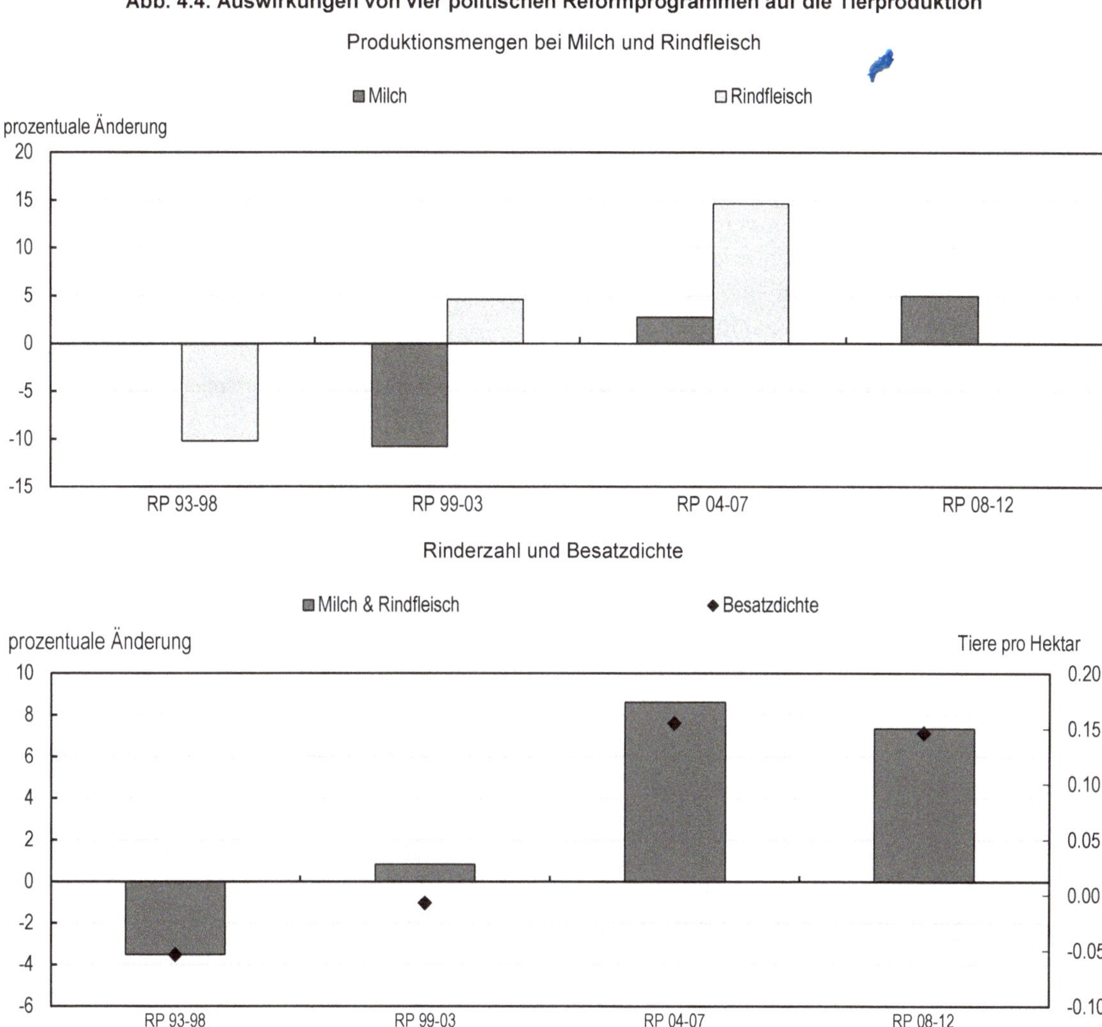

Quelle: Modellsimulation mit dem OECD-Politikevaluierungsmodell.

Die Politikreformen haben wirtschaftliche Konsequenzen für Erzeuger, Verbraucher und Steuerzahler. Die Auswirkungen auf die Erzeuger werden als Veränderung der Produzentenrente ausgedrückt und als über den Opportunitätskosten liegende Rendite für betriebseigene Faktoren (Nutzfläche, Milchquote und gesamtes anderweitiges betriebseigenes Kapital) gemessen.[7] Die finanzielle Last der Stützung entfällt auf Verbraucher und Steuerzahler. Verbraucherseitig werden die Auswirkungen als Veränderung der Konsumentenrente gemessen; die Kosten für den Steuerzahler werden als Veränderung der Staatsausgaben berechnet, die sich aus Direktzahlungen, Ausfuhrsubventionen und Zolleinnahmen zusammensetzen. Zusätzlich zum simulierten Politikszenario, mit dem die Auswirkungen des Politikreformprogramms im Verhältnis zur Politik der vorausgehenden Periode beurteilt werden, wird eine Politiksimulation zur Evaluierung der Wohlfahrtsauswirkungen des jeweils aktuellsten Reformprogramms (RP 08-12) im Verhältnis zur Vor-Reform-Periode 1998-92 durchgeführt, um die Reformauswirkungen insgesamt beurteilen zu können. Die simulierten Auswirkungen sind in Abb. 4.5, 4.6 und 4.7 als „Gesamt" dargestellt).[8]

Abgesehen von der ersten Reformetappe, in der die Marktpreisstützung mit Direktzahlungen aufgefangen wurde (Abb. 4.5), ist die Produzentenrente durch die Politikreformen zurückgegangen.[9] Insgesamt jedoch übersteigt der Rückgang der Stützungskosten (mit Ausnahme der RP 04-07) den Verlust der Produzentenrente. Das bedeutet, dass die nachfolgenden Reformen den vom Erzeuger empfangenen Stützungsanteil verbessern konnten. Dieses Ergebnis besteht selbst unter der alternativen Annahme, dass sämtliche verpachteten Flächen im Besitz von Nichtlandwirten sind und dadurch 30 bis 40 % der flächengebundenen Beihilfen außerhalb des Sektors verteilt werden.

Die vom Verbraucher getragenen Stützungskosten wurden in den letzten zwei Reformjahrzehnten durch den Abbau der Marktpreisstützung konsequent gesenkt (Abb. 4.6). Während die allmähliche Handelsliberalisierung und die Abschaffung der Preisregulierungen in den ersten beiden Reformetappen für niedrigere Verbraucherkosten verantwortlich waren, ist die Reform der Milchquote der Haupttreiber hinter den reduzierten Verbraucherkosten in den späteren Perioden. Andererseits erhöhten sich die Kosten für den Steuerzahler in drei von vier Reformetappen aufgrund der teilweisen Ablösung der Marktpreisstützung durch Direktzahlungen.[10]

Abb. 4.5. Auswirkungen von vier politischen Reformprogrammen auf die Veränderungen von Produzentenrente und Stützungskosten

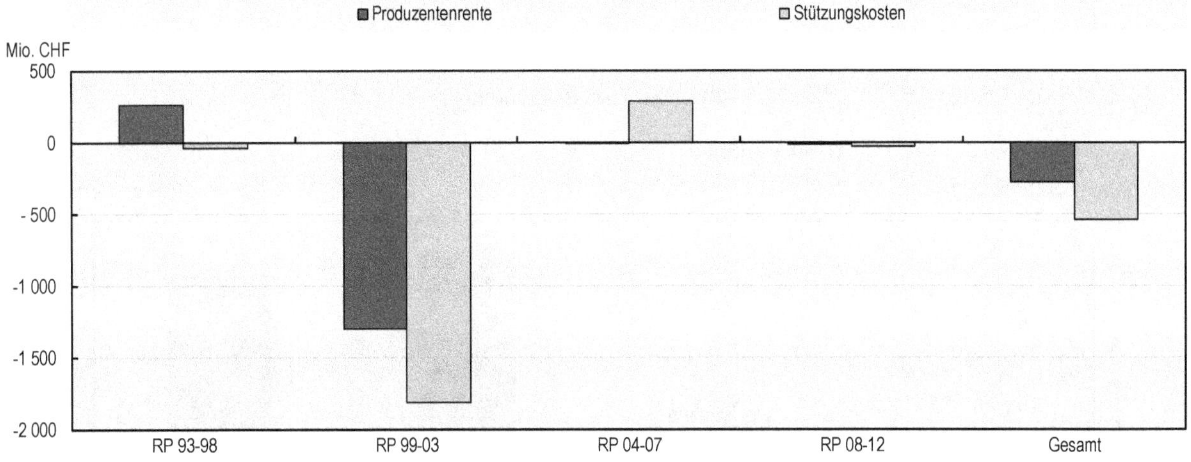

Quelle: Modellsimulation mit dem OECD-Politikevaluierungsmodell.

Abb. 4.6. Auswirkungen von vier politischen Reformprogrammen auf die Veränderungen der Beitragsquellen

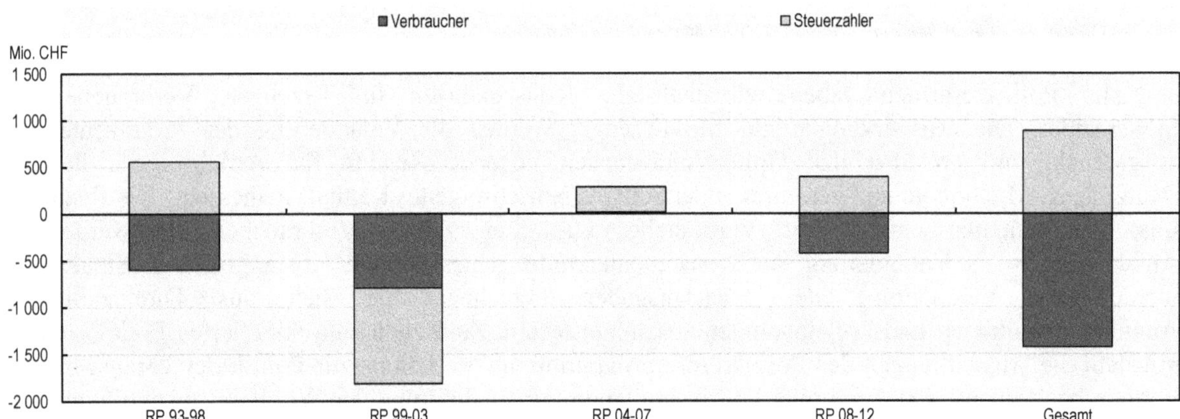

Quelle: Modellsimulation mit dem OECD-Politikevaluierungsmodell.

Die Reformen hatten unterschiedliche Auswirkungen auf die Landwirte in den einzelnen geografischen Regionen (Abb. 4.7). Zahlungen, die auf die geografisch benachteiligte Bergregion abzielten, bewirkten eine Umverteilung wirtschaftlicher Überschüsse von Erzeugern der Talregion zu jenen in der Bergregion. Alle Politikreformprogramme führten zu Nettoverlusten für die Landwirte in der Talregion, während die Erzeuger in der Bergregion bis auf die zweite Reformetappe RP 99-03 Gewinne verzeichneten. Die Netto-Produzentenrente in der Hügelregion wurde durch die Politikreformen weniger beeinflusst als in anderen Regionen (mit Ausnahme der RP 99-03).

Der Verfall der Milchquotenpacht, bedingt durch die Abschaffung der Milchquote 2004-09, stellt in den drei Regionen nahezu den gesamten Verlust der Produzentenrente in den letzten zwei Reformetappen (RP 04-07 und RP 08-11) dar. Andererseits ist der Großteil des erzeugerseitigen Gewinns beim Anstieg der Renten auf den Bodenmärkten, insbesondere während der ersten Reformetappen, zurückzuführen. Die Einführung von an Flächen gebundene Direktzahlungen steigerte die Flächenrendite. In der Bergregion stammt der erzeugerseitige Gewinn in den letzten zwei Reformetappen größtenteils aus der Wertsteigerung des betriebseigenen Kapitals, insbesondere beim Wert betriebseigener Rinder. Die Opportunitätskosten für das Rinderkapital wurden durch höhere tierzahlgebundene Zahlungen angehoben. Diese Änderung wurde in den letzten zwei Reformetappen eingeführt, um die Abschaffung der Milchquote auszugleichen.

Ökologische Evaluierung früherer Politikreformen

Die Verbesserung der Umweltleistung der Landwirtschaft gehört zu den zentralen Themen der Reformpolitik in der Schweiz; das Land hat beider Verringerung der landwirtschaftlich bedingten Umweltbelastung Fortschritte gemacht (Kapitel 2). Frühere Reformen haben, wie oben erörtert, wichtige Veränderungen in der Produktionsstruktur herbeigeführt. Diese Veränderungen führten darüber hinaus zu spürbaren Veränderungen in der Umweltleistung.[11]

Betrieblicher Vorleistungseinsatz

Angesichts des politisch bedingten Rückgangs der Ackerbaukulturen haben alle vier Reformprogramme zu einem geringeren Verbrauch von Chemikalien, Mineraldünger und anderen variablen Betriebsmitteln beigetragen. Der Rückgang ist vorwiegend in der Talregion als Hauptanbaugebiet zu verzeichnen.

Der stärkste Rückgang im Pestizideinsatz ist auf das erste Reformenjahrzehnt zurückzuführen, in dem die massivsten politischen Umstrukturierungen stattfanden (Abb. 4.8). Die RP 93-98 hat schätzungsweise -23 % zum Rückgang des Pestizideinsatzes in der Talregion beigetragen (von 0,67 kt auf 0,51 kt Wirkstoffe), und in der Hügelregion bewirkte die Politik einen Rückgang von 0,11 auf 0,09 kt (20 %). Die folgende Reformetappe RP 99-03 hatte eine noch beeindruckendere Senkung von 45 % in beiden Regionen zur Folge.

Die Wirkung der politischen Veränderungen auf die Senkungsrate beim Pestizideinsatz nahm in den nachfolgenden Jahren etwas ab, zeigt aber bis heute nicht unerhebliche Auswirkungen (alle Ergebnisse siehe Tabellen im Anhang).

Die Resultate für den Düngemittelaufwand in Hauptfrüchten sind ähnlich wie bei den Pestiziden: der Stickstoff- und Phosphorverbrauch geht kontinuierlich zurück, und die größten Rückgänge sind durch die frühen Politikreformen bedingt. In der ersten Reformetappe führten die politischen Veränderungen zu einem Rückgang des Düngemitteleinsatzes in Hauptfrüchten um ca. 23 % (von 43 auf 33 kt Stickstoff) in der Talregion und um weitere -46 % innerhalb der RP 99-03.

Weil die politischen Schocks nur eine begrenzte Ressourcenumverteilung zu alternativen Kulturen (z. B. Zuckerrüben, Kartoffeln, Futter von Intensivwiesen) bewirkten, hatten die Reformen geringe Auswirkungen auf den Mineraldüngeraufwand auf anderen Flächen.

Abb. 4.7. Auswirkungen von vier politischen Reformprogrammen auf die Produzentenrente nach Region

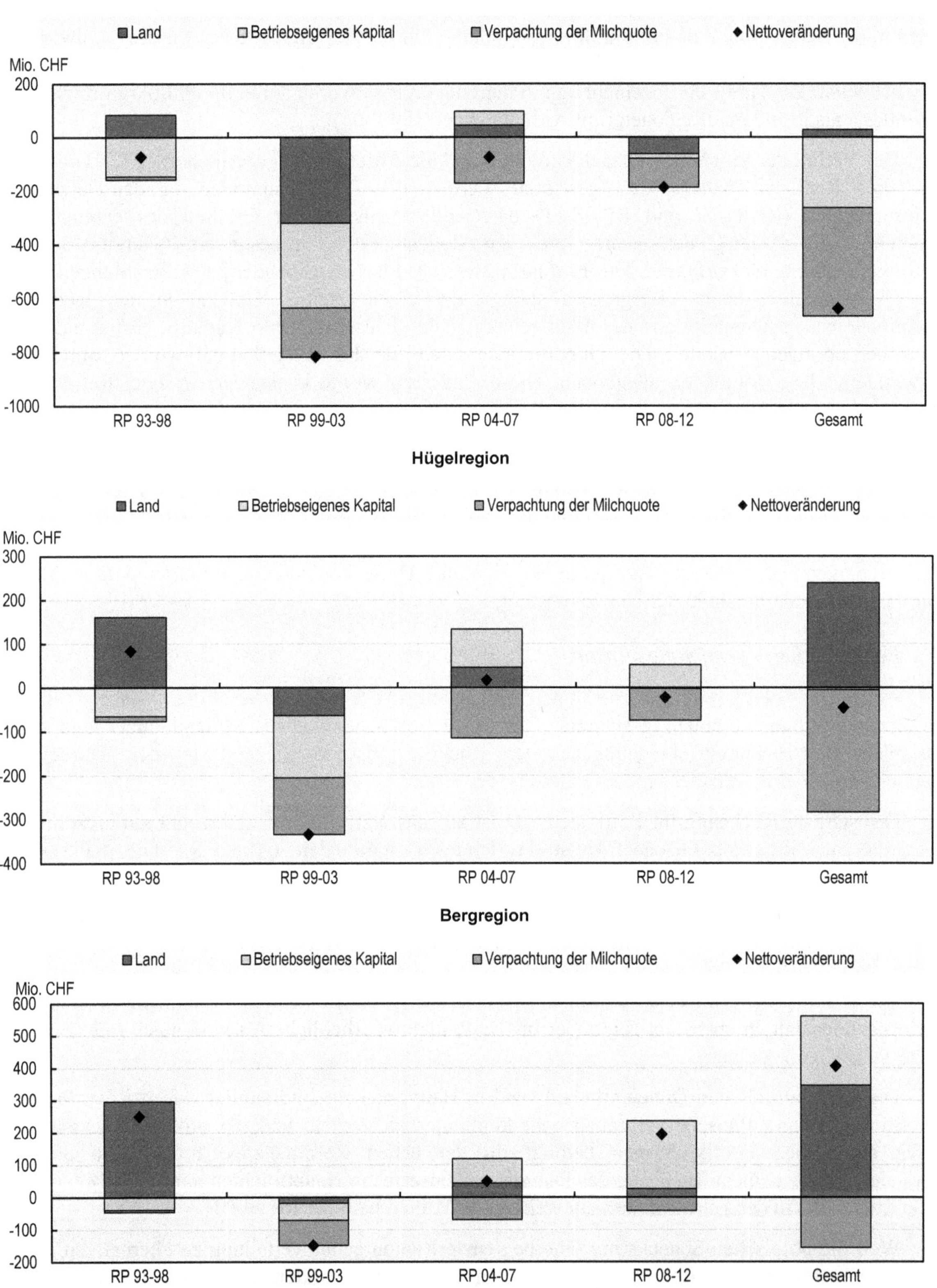

Quelle: Modellsimulation mit dem OECD-Politikevaluierungsmodell.

Abb. 4.8. Auswirkungen von vier politischen Reformen auf den betrieblichen Vorleistungseinsatz (Änderungen in Kilotonnen)

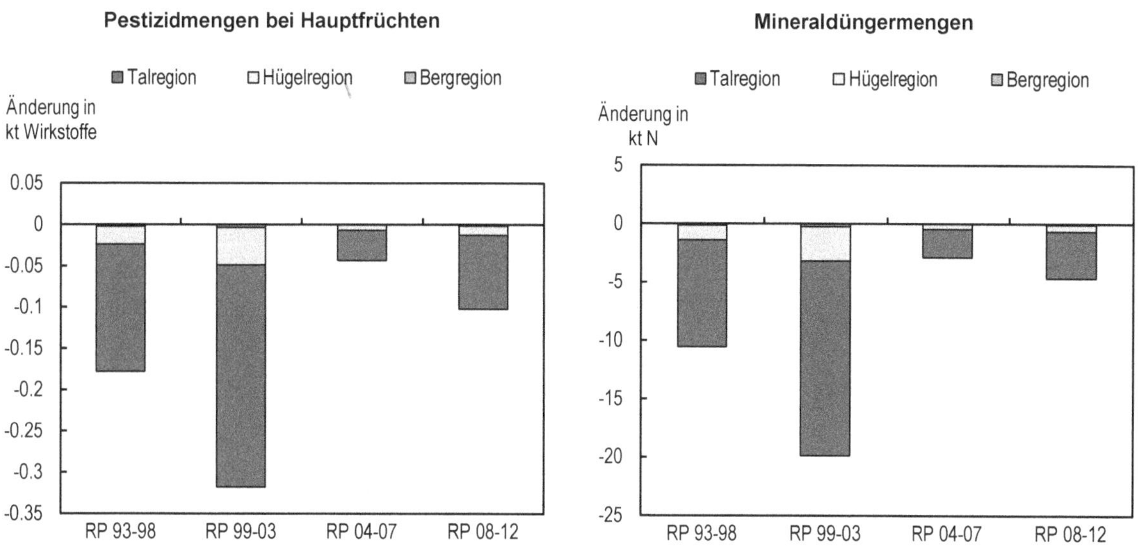

Pestizidmengen bei Hauptfrüchten

Talregion | Hügelregion | Bergregion

Änderung in kt Wirkstoffe

0.05, 0, -0.05, -0.1, -0.15, -0.2, -0.25, -0.3, -0.35

RP 93-98 | RP 99-03 | RP 04-07 | RP 08-12

Mineraldüngermengen

Talregion | Hügelregion | Bergregion

Änderung in kt N

5, 0, -5, -10, -15, -20, -25

RP 93-98 | RP 99-03 | RP 04-07 | RP 08-12

Quelle: Modellsimulation mit dem OECD-Politikevaluierungsmodell.

Wirtschaftsdünger

Die Veränderungen beim Rinderhofdünger hängen direkt mit den Veränderungen des Tierbestandes sowie in gewissem Maße mit der Produktivität der Milchwirtschaftsbetriebe zusammen, verursacht durch einen Anstieg der Stickstoffausscheidung bei älteren Milchkühen.[12]

Mit der RP 93-98 und RP 99-03 nahm die Produktion von Rinderhofdünger aufgrund der politisch bedingten Verringerung der Tierbestände ab; die nachfolgenden politischen Veränderungen führten jedoch zu einem Anstieg der Hofdüngerproduktion (Tabelle 4.1). Diese Entwicklung auf aggregierter Ebene überdeckt Veränderungen auf Untersektor- und regionaler Ebene. Insbesondere in der RP 99-03 wurde der starke Rückgang der Hofdüngerproduktion von älteren Milchkühen teilweise kompensiert durch einen Anstieg des Hofdüngers von Fleischrindern (z. B. Tierbestand mit Mutterkühen und milchgefütterten Kälbern).

Durch den Abbau der Marktpreisstützung für Milch in der RP 99-03 sank die Anzahl an Milchkühen, verbunden mit einen erheblichen Rückgang der Hofdüngerproduktion. Diese Politikreform hat schätzungsweise zu einem 10-prozentigen Rückgang der Hofdüngerproduktion durch Milchkühe geführt, von 80 kt (ohne Reform) auf 72 kt Stickstoff, wobei der Rückgang größtenteils in der Tal- und Hügelregion stattfand.

Durch die nachfolgenden politischen Veränderungen erhöhten sich die Direktzahlungen für raufutterverzehrende Nutztiere, und die Milchquote wurde abgebaut. Diese Maßnahmenkombination schuf einen Anreiz zur Vergrößerung des Milchviehbestands, wodurch die Hofdüngerproduktion anstieg. Der größte Anstieg mit 14 % (1,9 kt) fand in der RP 08-12 in der Bergregion statt.

Bei Fleischrindern sind die Ergebnisse anders. Die Folgen der ersten Reformetappe (RP 93-98) waren die Verringerung der Fleischrinderbestände und ein Rückgang der Hofdüngerproduktion von 37 auf 35 kt Stickstoff. Dieser Rückgang ist in allen Regionen mit rund 6 % identisch. Die drei nachfolgenden Reformetappen förderten die Vergrößerung der Fleischrinderbestände und führten daher zu einer erhöhten Hofdüngerproduktion. In der letzten Reformetappe RP 08-12 war die

Hofdüngerproduktion der Fleischrinder in der Talregion nahezu stabil und in der Hügelregion leicht ansteigend. Der größte Anstieg war in der Bergregion (+1,9 kt bzw. +21 % Stickstoff) zu verzeichnen, was an der Umverteilung der Direktzahlungen in diese Produktionsregion liegt.

Tabelle 4.1. Auswirkungen von vier politischen Reformen auf die Stickstoffbilanz (Änderungen in kt N)

		RP 93-98	RP 99-03	RP 04-07	RP 08-12
Wirtschaftsdünger vom Milchvieh	Talregion	0.21	-3.79	0.59	0.86
	Hügelregion	-0.18	-2.88	0.79	0.98
	Bergregion	-0.10	-1.69	0.59	1.92
	Schweiz	-0.07	-8.35	1.97	3.76
Wirtschaftsdünger vom Fleischrind	Talregion	-1.37	0.67	1.61	0.10
	Hügelregion	-0.60	1.23	1.48	0.78
	Bergregion	-0.25	1.16	0.88	1.93
	Schweiz	-2.22	3.07	3.97	2.82
Wirtschaftsdünger	Talregion	-1.17	-3.12	2.19	0.96
	Hügelregion	-0.78	-1.65	2.27	1.76
	Bergregion	-0.34	-0.52	1.48	3.85
	Schweiz	-2.29	-5.29	5.94	6.57
Bruttostickstoffbilanz	Talregion	-4.99	-7.81	2.38	0.55
	Hügelregion	-1.02	-2.42	2.27	1.77
	Bergregion	-0.31	-0.59	1.49	3.83
	Schweiz	-6.32	-10.82	6.13	6.16

Quelle: Modellsimulation mit dem OECD-Politikevaluierungsmodell.

Stickstoffintensität

Die ersten zwei Reformetappen bewirkten einen Rückgang der landesweiten Gesamtstickstoffintensität, dank der gleichzeitigen Reduzierung von Mineraldünger im Pflanzenbau und tierischer Hofdüngerproduktion. Auf Landesebene trat der stärkste Rückgang in der RP 99-03 ein. Die Politik in der RP 04-07 führte zu einem Anstieg der Hofdüngerproduktion und trieb die Stickstoffintensität außerhalb der Talregion leicht nach oben. Die Politik in der RP 08-12 förderte den Anstieg der Stickstoffemissionen in den Bergen (+ 3,8 kt). Diese Veränderung entspricht fast exakt dem durch den geringeren Düngemitteleinsatz bedingten Rückgang der Stickstoffeinträge in der Talregion, sodass die Gesamtstickstoffeinträge in der Schweiz von der letzten Reform unberührt blieben.

Stickstoffbilanz

Die Bruttostickstoffbilanz (BSB) ist die Differenz zwischen den Einträgen in landwirtschaftlich genutzte Böden und den Austrägen über die bei der Ernte entfernten Pflanzen und Erntegutrückstände. Die Bilanz wird gemäß der Methode „N-Bilanz an der Bodenoberfläche" von OECD-EUROSTAT berechnet. [13]

Die ersten beiden Reformetappen wirkten sich positiv auf die BSB aus, der Stickstoffüberschuss wurde also reduziert (Tabelle 4.1). Der Beitrag politischer Veränderungen zu einer verbesserten Stickstoffbilanz wird auf 6% geschätzt, d.h. einem Rückgang von 111 kt (vor der Reform) auf 105 kt Stickstoff mit der RP 93-98. Das ist hauptsächlich auf den reduzierten Mineraldüngereinsatz zurückzuführen. Durch den zusätzlichen Effekt eines reduzierten Hofdüngeranfalles bei Milchkühen wurde die Bilanz mit der RP 99-03 um 11 % reduziert.

Im Gegenzug führten die letzten zwei Reformen zu einer Verschlechterung des BSB. Zwar konnte durch diese Reformen der Düngemitteleinsatz leicht reduziert werden, aber sie förderten auch erheblich die Hofdüngerproduktion durch Fleischrinder und Milchvieh.

Richtung und Ausmaß der Auswirkungen pro Hektar sind in der ersten und dritten Reformetappe in allen drei Regionen ähnlich: eine Reduktion von 2 bis 8 % bei ersterer bzw. ein Anstieg von 6 bis 9 % bei letzterer (Tabelle 4.2). In den anderen Perioden weist die Bergregion ein besonderes Profil auf. Am auffälligsten ist die heftige Reaktion auf die Politik mit der RP 08-12 in der Bergregion: dort steigt die BSB um 24 % von 55 kg N/ha (vor der Reform) auf 68 kg N/ha an.

Tabelle 4.2. Auswirkungen von vier politischen Reformprogrammen auf die Bruttostickstoffbilanz nach Region (kg N pro ha)

		RP 93-98	RP 99-03	RP 04-07	RP 08-12
Talregion	Keine Reform	126	107	79	84
	Aktuell	116	91	84	85
	Änderung	-10	-15	5	1
Hügelregion	Keine Reform	100	96	79	84
	Aktuell	97	88	88	90
	Änderung	-4	-9	8	6
Bergregion	Keine Reform	65	65	59	55
	Aktuell	64	63	64	68
	Änderung	-1	-2	5	13

Quelle: Modellsimulation mit dem OECD-Politikevaluierungsmodell.

Phosphorbilanz

Die Bruttophosphorbilanz (BPB) wird mit derselben Methode wie die BSB berechnet. Beide Bilanzen zeigen ähnliche Reaktionen auf die politischen Veränderungen in der Vergangenheit. Die BPB zeigte aufgrund politischer Veränderungen einen 4-prozentigen Rückgang von 11,9 kt Phosphor (vor der Reform) auf 11,4 kt mit der RP 93-98 sowie von 8,9 kt auf 7,6 kt mit der RP 99-04 (-15 %). Die darauffolgenden politischen Veränderungen führten zu einem Anstieg der BPB, beispielsweise mit der RP 08-12 von 5,8 auf 7,0 kt (+20 %).

Treibhausgasemissionen

Die im Landwirtschaftssektor hauptsächlich entstehenden Treibhausgasemissionen sind Methan (CH_4) durch Viehhaltung und Distickstoffoxide (N_2O, Lachgas) durch Hofdüngerbewirtschaftung und landwirtschaftlich genutzte Böden.[14] In der Schweiz kommen Methanemissionen ausschließlich aus dem Tiersektor, insbesondere durch Gärung und Verdauung und Hofdüngerbewirtschaftung (88 % der CH_4-Emissionen 2012). Daher ist die Größe der Milchvieh- und Fleischrindbestände der wichtigste Treiber für den Indikator der THG-Emissionen. In gewissem Maße trägt die Produktivität der Milchwirtschaftsbetriebe auch dazu bei, da sich die Emissionen mit zunehmend produzierter Milchmenge pro Milchkuh erhöhen.

Die Politik in der RP 93-98 hatte nur geringe Auswirkungen auf die Emissionen durch Milchkühe (stabil bei rund 102 kt CH_4), konnte jedoch die Emissionen bei Rindfleisch von 42 (vor der Reform) auf 40 kt CH_4 senken. Auf den Milchvieh- und Fleischrindsektor wirkte sich die RP 99-04 gegensätzlich aus, indem sich die Emissionen in ersterem um 10 % verringerten, während sie in letzterem um 10 % stiegen (siehe Anhang C).

Die aktuellen Reformen haben einen Anstieg der Methanemissionen bewirkt; dies liegt an den Direktzahlungen und der Aufhebung der Milchquote, die beide zu einer Vergrößerung der Viehbestände geführt haben (Tabelle 4.3). Dies trifft auf Fleischrinder und Milchkühe sowie auf alle drei Schweizer Regionen zu, tritt in der Bergregion jedoch verstärkt auf.

Tabelle 4.3. Auswirkungen von vier politischen Reformprogrammen auf die THG-Emissionen (Änderung in kt)

		RP 93-98	RP 99-03	RP 04-07	RP 08-12
Methan	Talregion	-1.3	-4.3	2.7	1.3
	Hügelregion	-0.9	-2.4	2.7	2.1
	Bergregion	-0.4	-0.9	1.8	4.8
	Schweiz	-2.6	-7.5	7.2	8.3
Stickoxid	Talregion	-0.3	-0.6	0.0	-0.1
	Hügelregion	-0.1	-0.1	0.1	0.0
	Bergregion	0.0	0.0	0.0	0.1
	Schweiz	-0.4	-0.7	0.1	0.0
GWP (CO2-Äq)	Talregion	-128.0	-271.2	56.1	-5.5
	Hügelregion	-40.6	-91.7	74.9	56.0
	Bergregion	-13.5	-24.3	52.8	138.4
	Schweiz	-182.1	-387.1	183.9	188.8

Quelle: Modellsimulation mit dem OECD-Politikevaluierungsmodell.

Lachgasemissionen stammen aus landwirtschaftlich genutzten Böden und der Hofdüngerbewirtschaftung in der Viehhaltung. Zu den N_2O-Emissionen aus landwirtschaftlich genutzten Böden gehören die direkten Bodenemissionen (Ausbringung von Mineraldünger, Hofdünger und Ernterückständen) und die indirekten Emissionen (Stickstoff aus atmosphärischer Verlagerung, Auswaschung und Oberflächenabfluss, Tierexkremente auf Weideland und Koppeln). Sowohl Tier- als auch Pflanzenproduktion tragen also zu den Lachgasemissionen bei.

Wenig überraschend ist das Profil der Lachgasemissionen jenem der Stickstoffeinträge also ähnlich und weist einen starken Rückgang der Emissionen während der ersten Reformetappen auf, gefolgt von einem Anstieg mit der RP 04-07 und schließlich der Stabilisierung der Emissionen mit der RP 08-12.

Die kumulierte Wirkung der Methan- und Lachgasemissionen auf den Klimawandel wird traditionell mit dem Treibhauspotential (GWP, *Global Warming Potential*) bewertet, das sich aus CO_2-Äquivalenten errechnet.[15] Das Treibhauspotential ging während der ersten zwei Reformetappen von 5950 kt CO_2-Äquivalent (vor der Reform) auf 5768 kt zurück (RP 93-98) und dann von 5870 kt CO_2-Äq. auf 5484 kt (RP 99-03). Die jüngeren Reformetappen führten wiederum zu einem Anstieg des Treibhauspotentials.

Dabei ist zu bedenken, dass das PEM außer Rindvieh keine Tierhaltung berücksichtigt. Einen hohen wirtschaftlichen Stellenwert in der Schweiz haben Schweine (1,544 Mio. Tiere im Jahr 2012, inkl. 0.128 Mio. Säue), Geflügel (9,978 Mio., darunter 2,520 Mio. Legehennen) und Schafe (0,417 Mio. Tiere) (BLW, 2013). Bei den ersten beiden Arten handelt es sich um Monogastrier. Im Gegensatz zu raufutterverzehrenden Tieren leisten sie keinen signifikanten Beitrag zu den Methanemissionen durch Gärung und Verdauung, doch werden Schweineexkremente in der Schweiz nahezu ausnahmslos als Gülle ausgebracht, was bei der Hofdüngerbewirtschaftung hohe Methanemissionen zur Folge hat (Bretchler, 2011). Auch tragen Schweine und Geflügel zu Stickstoffausscheidungen und Lachgasemissionen bei. Im aktuellen PEM wird davon ausgegangen, dass die Ausscheidungen und Emissionen dieser Sektoren im festen Verhältnis zu ihren derzeitigen Referenzwerten stehen. Die Politikreformen wirkten sich zudem auf die intensive Tierproduktion (inkl. Zucht) und ihren Umweltnutzen aus – direkt durch die geänderten Stützungen für die Viehhaltung sowie indirekt durch den Futtermittelmarkt und die Substitution bei der Nachfrage zwischen den Rohstoffen (rotes und weißes Fleisch).

Kasten 4.2. Weitere Studien zur ökologischen Evaluierung der Schweizer Politikreformen

Spiess (2011) berechnet die landesweite Stickstoff- und Phosphorbilanz der Schweizer Landwirtschaft zwischen 1975 und 2008 mithilfe einer Hoftorbilanz-Methode nach den OSPAR-Richtlinien. 2008 zeigte die Hoftorbilanz einen Überschuss von 108 kg N/ha und 5,5 kg P/ha in der Schweizer Landwirtschaft. Diese Zahlen aus der Hoftorbilanz liegen höher als die Ergebnisse der Bodenoberflächenbilanz, die den OECD-Berechnungen zugrundeliegt. Die Hoftorbilanz ist präziser als die Bodenoberflächenbilanz und ergibt allgemein höhere Zahlen zum Nährstoffüberschuss als die Bodenoberflächenbilanz.

Herzog et al. (2008) evaluieren die Auswirkungen der Cross-Compliance-Verpflichtungen (Ökologischer Leistungsnachweis, ÖLN) auf die Stickstoff- und Phosphorbelastung durch die Schweizer Landwirtschaft. Dabei handelt es sich um eine Kombination aus einem Monitoring-System und einer Beurteilung der Kausalzusammenhänge in ausgewählten Fallstudienbereichen. Gemäß der Studie führte die ÖLN-bedingte Verringerung der Stickstoffeinträge aus Mineral- und Wirtschaftsdünger zu einem Rückgang der mittleren Nitratauswaschung um 10 kg N pro ha und Jahr von 49 auf 39 kg N pro ha und Jahr. Durch den Anbau von Zwischenfrüchten wurde die Nitratauswaschung um etwa 5 kg N pro ha und Jahr reduziert. Durch die ÖLN-Gesamtanforderungen reduzierte sich die Nitratauswaschung auf Ackerflächen um 29 % (16 kg pro ha und Jahr). Herzog et al. schätzen, dass die Phosphorbelastung der Oberflächengewässer durch die Landwirtschaft seit der Einführung der ÖLN-Anforderungen um 10 bis 30 % abgenommen hat.

Aviron et al. (2009) haben die Auswirkungen ökologischer Ausgleichsflächen (öAF) auf die Biodiversität landwirtschaftlich genutzter Flächen (Artenreichtum) in drei Regionen in der Zentralschweiz je nach Betriebsform (Ackerbau, Mischbetrieb Ackerbau/Grünland, Grünland) evaluiert. Bei der Evaluierung wurden Wiesen und Wildblumenstreifen berücksichtigt. Zudem wurde der Unterschied zwischen öAF und konventionell bewirtschafteten Feldern hinsichtlich des Vorkommens von Gefäßpflanzen, Schmetterlingen, Laufkäfern und Spinnen evaluiert. Demnach existierten auf öAF-Wiesen mehr Pflanzen-, Laufkäfer- und Schmetterlingsarten, nicht aber mehr Spinnenarten. Auf öAF-Wildblumenstreifen existierten 8 - 60 % mehr Pflanzen-, Laufkäfer- und Spinnenarten als auf Äckern. Allerdings handelte es sich nur bei sehr wenigen Pflanzen- und Gliederfüßerarten um gefährdete Rote-Liste-Arten, wohingegen sieben Laufkäferarten und sieben Schmetterlingsarten in Roten Listen geführt wurden. Demnach kommen öAF insgesamt eher den häufigen als den gefährdeten Arten zugute.

Wirtschaftliche und ökologische Auswirkungen der künftigen Agrarpolitik 2014-17

In diesem Abschnitt werden die möglichen bzw. wahrscheinlichen Auswirkungen der kommenden agrarpolitischen Veränderungen zwischen 2014 und 2017 (AP 2014-17) bewertet. Das Hauptziel dieser Reform ist der Abbau der allgemeinen Flächenzahlungen und die spezifischere Ausrichtung der Direktzahlungen auf politische Zielvorgaben wie Biodiversität, Landschaft und andere öffentliche Leistungen der Landwirtschaft (siehe Übersicht in Kapitel 3).

Die künftigen Zahlungen werden, basierend auf den verfügbaren Informationen, nach der PSE-Methode der OECD klassifiziert und dementsprechend im PEM modelliert. Die Marktpreisstützung, produktionsgebundene Zahlungen und an den variablen Vorleistungseinsatz gebundene Zahlungen werden für die Periode 2014-17 als konstant vorausgesetzt und befinden sich auf dem Niveau von 2012. Abb. 4.9 stellt die Entwicklung des Erzeugerstützungsmaßes im PEM in drei geografischen Regionen dar (regionale Aufgliederung nach Klassifizierung der Erzeugerstützung siehe technischer Bericht [TAD/CA/APM/WP(2014)28FINAL]). Das Niveau der im PEM für 2014-17 modellierten Gesamtzahlungen liegt knapp unter dem 2012er Niveau.[16] In der Talregion werden die gebundenen Zahlungen basierend auf langfristigen Flächenwerten (PSE-Klassifizierung E) zum Teil abgelöst durch an aktuelle Flächen gebundene Zahlungen für alle Anbaukulturen. In der Bergregion lösen weideflächengebundene Zahlungen die tierzahlgebundenen Zahlungen und die gebundenen Zahlungen basierend auf langfristigen Flächenwerten ab.

Die Politiksimulation in diesem Abschnitt untersucht die wirtschaftlichen und ökologischen Auswirkungen der mit der AP2014-17 vorgeschlagenen politischen Veränderungen, wobei 2012 als Referenzjahr dient. Die Ergebnisse werden als durchschnittliche mittelfristige Auswirkungen der künftigen Politik in der Periode 2014-17 dargestellt. Die Ergebnisse zeigen, dass die neue Politik einige bisherige Trends umkehrt: Etwa ist zu erwarten, dass die Viehbestände besonders in der Hügel- und

Bergregion schrumpfen, während sich bei der Pflanzenproduktion nur geringfügige Veränderungen ergeben.

Abb. 4.9. Entwicklung des Erzeugerstützungsmaßes laut OECD-PEM für AP 2014-17

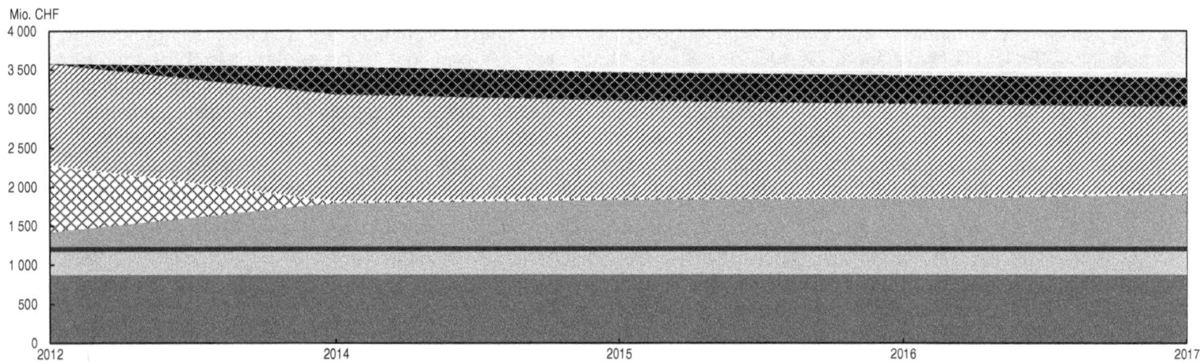

Quelle: Modellsimulation mit dem OECD-Politikevaluierungsmodell.

Die Auswirkungen der künftigen Politik auf die Produktion zeigen sich vorrangig in der Tierhaltung. Die Verlagerung bei den Direktzahlungen von der Anzahl Tiere zu Flächen führt dazu, dass die Erzeuger ihre Flächen extensiver nutzen und die Besatzdichte reduzieren (Abb. 4.10). Insgesamt dürfte die Besatzdichte in der Schweiz von 2,1 auf 1,8 Rinder pro Hektar Weideland zurückgehen. Am stärksten zeigt sich dies in der Hügelregion, wo die Besatzdichte aufgrund schrumpfender Tierzahlen um 20 % von 2,1 auf 1,7 Rinder pro Hektar Weideland sinkt. In der Talregion verlagern sich Zahlungen für die Pflanzenproduktion mit dem neuen Direktzahlungssystem teilweise von langfristigen hin zu aktuellen Flächen. Aufgrund dieser Umstrukturierung wird ein Teil des Weidelands für die Pflanzenproduktion genutzt.

Die politische Verlagerung von tierzahl- zu flächengebundenen Zahlungen führt in der Hügel- und Bergregion zu einer weniger intensiven Tierproduktion, während die Auswirkungen der neuen Politik auf den Ackerbau vernachlässigbar gering sind (durchschnittlicher Anstieg von 1,1 %). Dies entspricht den Ergebnissen des von Agroscope Reckenholz-Tänikon entwickelten SILAS-Modells, das nur einen geringfügigen Anstieg der Getreideproduktion (1,7 %) prognostiziert, wenn man die Lage 2017 mit und ohne Reform der Direktzahlungen vergleicht (Zimmermann et al., 2011).

Die PEM-Simulation zeigt die negativen Auswirkungen der AP 2014-17 auf die Milch- und Rindfleischproduktion mit einem Rückgang von etwa 4,2 % bzw. 8,2 % gegenüber 2012, wobei die Hügelregion den größten Anteil am Rückgang hat (Abb. 4.11).[17] Auch hier entsprechen die Ergebnisse den Simulationen von Agroscope, die einen Rückgang von 2,5 % in der Milchproduktion und 5,3 % bei Rindfleisch berechnen (Zimmermann et al., 2011).

Die meisten Veränderungen in der Umweltleistung werden durch den Tiersektor bestimmt, da die Produktionseffekte auf den Pflanzenbau vernachlässigbar gering sind. Die Veränderungen konzentrieren sich auf die Hügel- und Bergregion. In der Talregion ändert sich wenig an den Stickstoffeinträgen, außer dass es zu einer geringfügigen Senkung der Hofdüngerproduktion durch Milchkühe und einer geringfügigen Erhöhung bei den Fleischrindern kommt.

Abb. 4.10. Auswirkungen der AP 2014-17 auf Tierzahl und Besatzdichte

Tierzahl

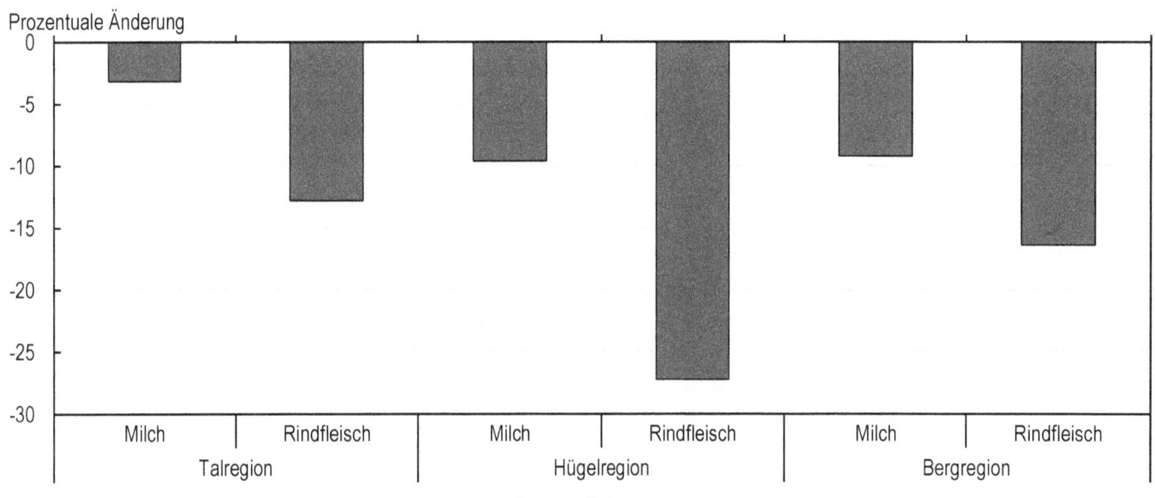

Besatzdichte

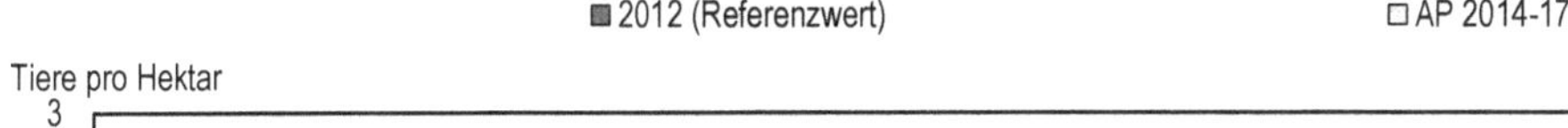

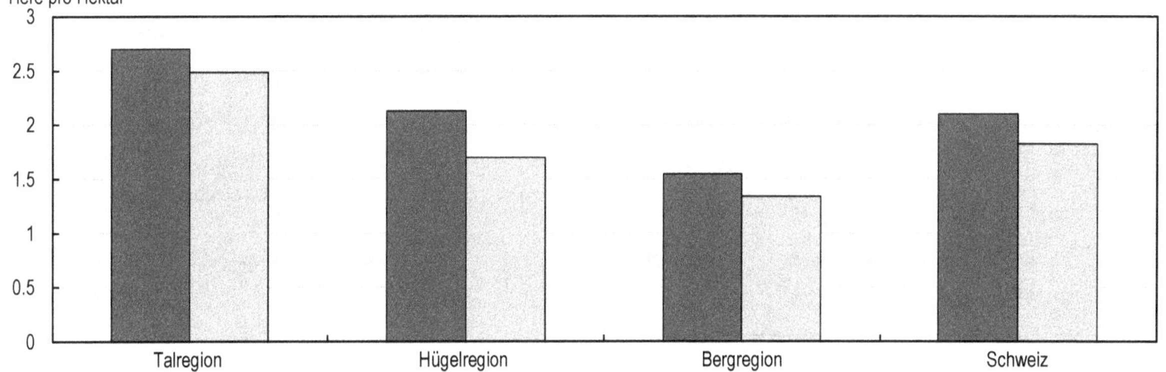

Quelle: Modellsimulation mit dem OECD-Politikevaluierungsmodell.

Abb. 4.11. Auswirkungen der AP 2014-17 auf die Menge der Milch- und Rindfleischproduktion

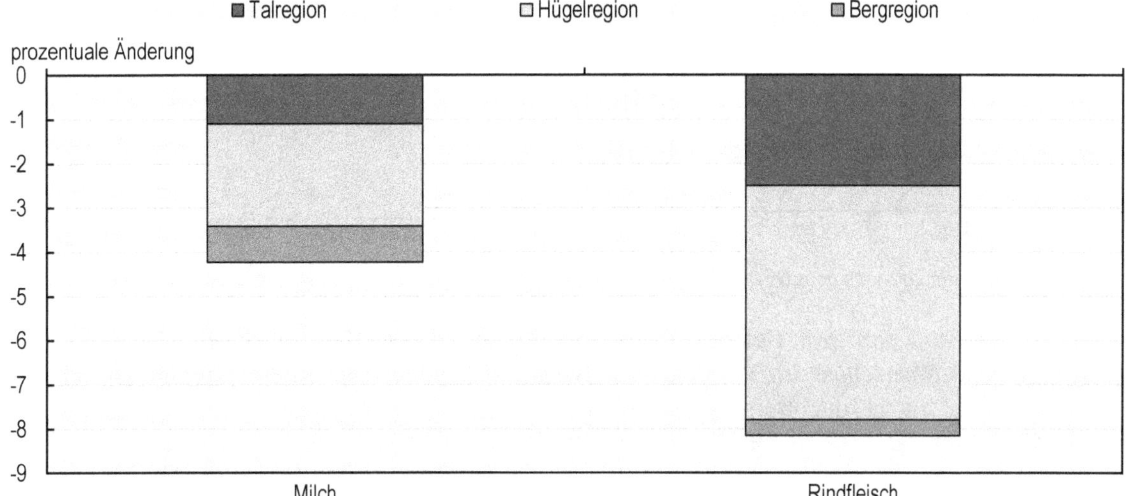

Quelle: Modellsimulation mit dem OECD-Politikevaluierungsmodell.

Die Reform dürfte zu einer Verbesserung der Nährstoffbilanz führen. Relativ wie absolut gesehen wirken sich die Veränderungen stärker auf den Rindfleisch- als auf den Milchsektor aus (Abb. 4.12). Im Mittel könnte die Hofdüngerproduktion durch Fleischrinder während der vierjährigen Periode um 18 % niedriger sein als 2012 (Rückgang von 38 auf 31 kt N). Bei Milchvieh dürfte sich die Hofdüngerproduktion um 6 % von 68 auf 65 kt N reduzieren. Insgesamt wird erwartet, dass der Stickstoffüberschuss um 12 % von 87 kt N (2012) auf 76 kt N sinkt.

Abb. 4.12. Auswirkungen der AP 2014-17 auf ausgewählte Agrarumweltindikatoren

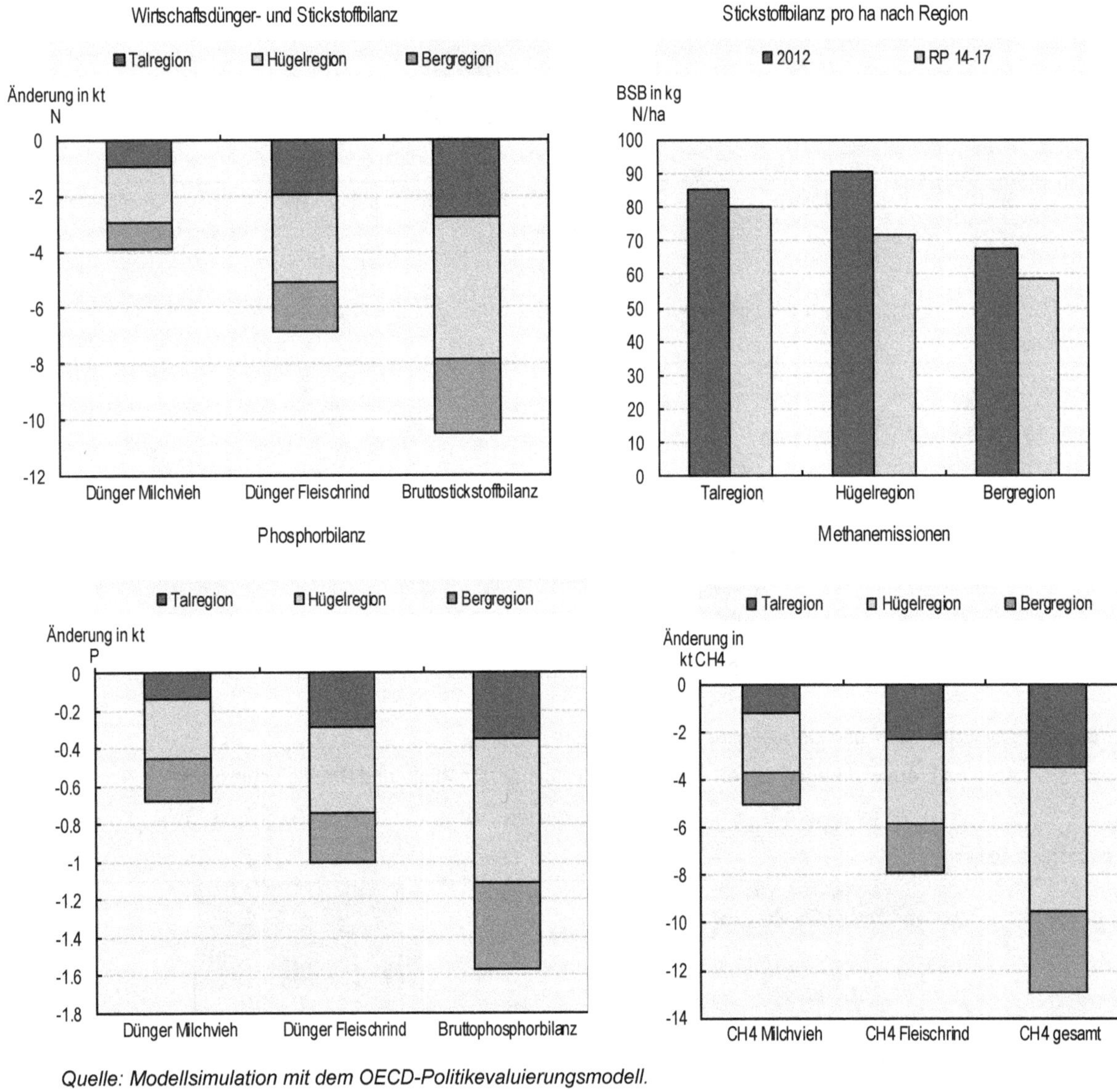

Quelle: Modellsimulation mit dem OECD-Politikevaluierungsmodell.

Mit 90 kg Stickstoff pro Hektar ist die Hügelregion die landwirtschaftliche Region mit dem höchsten Stickstoffüberschuss im Vergleich zur Basis 2012: höher als in der Talregion (85 kg N) und wesentlich höher als in der Bergregion (68 kg N). Gemäß Modellrechnungen reduziert sich der Überschuss mit der AP14-17 in der Hügelregion um 21 % auf 72 kg N, in der Bergregion um 13 % auf 59 kg/ha.

Die Berechnungen weisen zudem auf eine analoge schweizweite Verringerung des Phosphorüberschusses von 6,8 auf 5,2 kt P hin. Auch die Treibhausgasemissionen könnten sinken: der erwartete Rückgang des Tierbestandes würde zu 8 % weniger Methanemissionen (von 160 auf 147 kt CH_4) und 5 % weniger Lachgasemissionen führen. Hinsichtlich des Treibhauspotentials entspricht dies einer Verringerung des CO_2-Äquivalents von 377 kt (von 5600 auf 5223 kt CO_2-Äquiv.). Diese Verringerung liegt in der Größenordnung der durch die Reform AP 99-03 bedingten Veränderungen (-387 kt CO_2-Äquiv.).

Insgesamt verbessern die Reformen die Transfereffizienz des Politikpakets. Die Simulationsergebnisse zeigen, dass mit der AP 2014-17 die Reduktion der Steuerzahlerkosten um 189,5 Mio. CHF im Schnitt den marginalen Rückgang der Produzentenrente (12,6 Mio. CHF) deutlich übersteigt (Abb. 4.13).[18] Die flächengebundenen Zahlungen (Ackerbau, Weideland oder historische Flächen) führen zu einem deutlicheren Anstieg der Produzentenrente als tierzahlgebundene Zahlungen. Dieses Ergebnis besteht selbst unter der alternativen Annahme, dass der Anteil der für Flächen anfallenden Leistungen innerhalb des Landwirtschaftssektors verbleibt. Geht man im Extremfall davon aus, dass sich alle verpachteten Flächen im Besitz von Nichtlandwirten befinden, kann der Rückgang der Produzentenrente bis zu 152,5 Mio. CHF erreichen.[19]

Die Zusammenstellung der Veränderungen in der Produzentenrente nach Region in der Periode 2014-17 zeigt einen marginalen Nettoverlust bei der Produzentenrente in allen drei Regionen (Abb. 4.14). Die Veränderung der Produzentenrente zeigt, dass mit der AP 2014-17 der politische Rahmen aufrecht erhalten wird, um die Stützung auf geografisch benachteiligte Gebiete auszurichten. Außerdem zeigt Abb. 4.14, dass der steigende Flächenwert für den gesamten erzeugerseitigen Gewinn verantwortlich ist. Die Umstrukturierung des Direktzahlungssystems hin zu flächenbezogenen Zahlungen sorgt für eine Umverteilung der Produzentenrente vom betriebseigenen Kapital (vorrangig der Wert des Rindviehbestands) hin zu Flächen, was besonders für die Hügel- und die Bergregion gilt.

Abb. 4.13. Auswirkungen der AP 2014-17 auf Produzentenrente und Steuerzahlerkosten

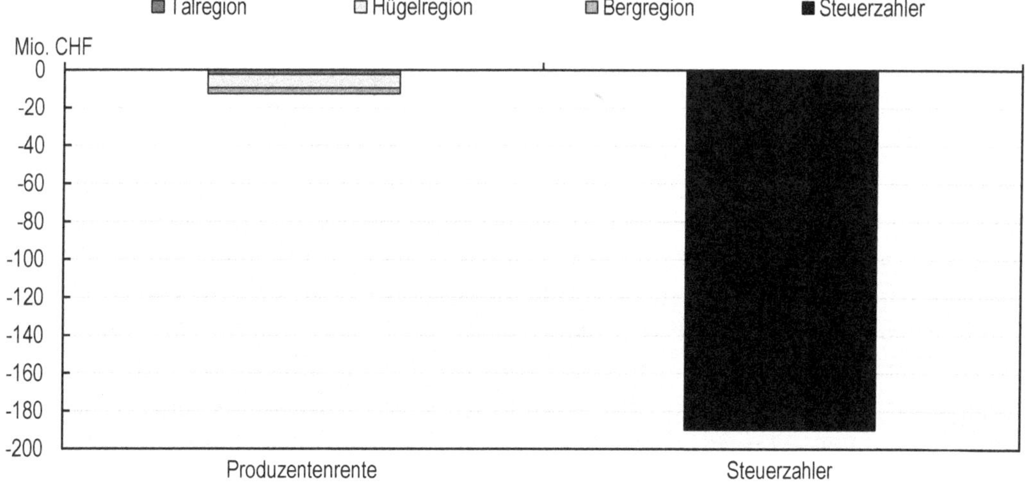

Quelle: Modellsimulation mit dem OECD-Politikevaluierungsmodell.

Abb. 4.14. Auswirkungen der AP 2014-17 auf die Produzentenrente nach Region

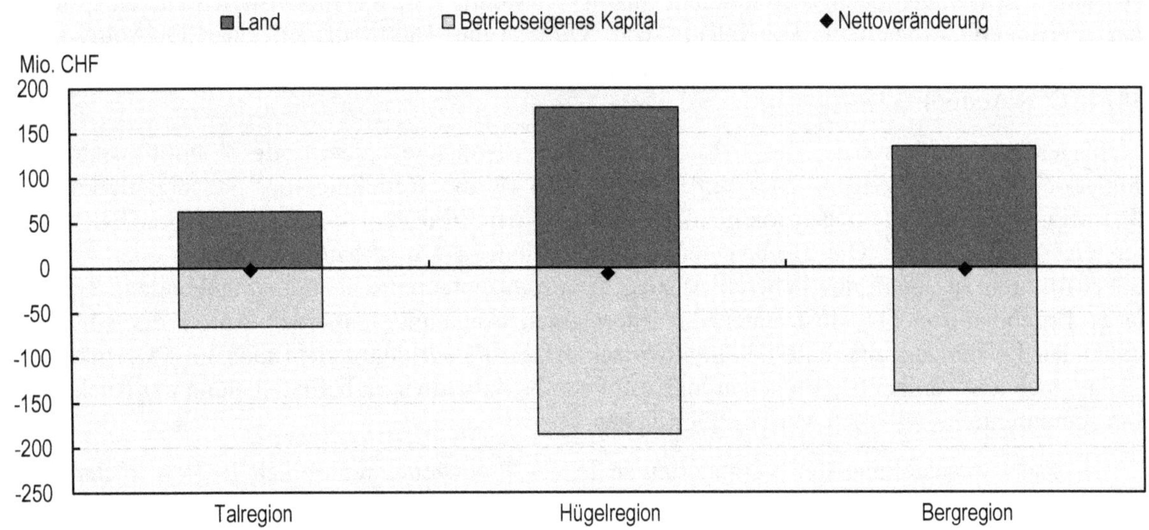

Quelle: Modellsimulation mit dem OECD-Politikevaluierungsmodell.

Wirtschaftliche und ökologische Auswirkungen auf eine weitere Marktintegration mit der Europäischen Union

In diesem Abschnitt werden die Auswirkungen einer hypothetischen Politikreform in Richtung einer weiteren Handelsliberalisierung der Schweizer Märkte für landwirtschaftliche Grunderzeugnisse beurteilt. Konkret wird ein Szenario betrachtet, in dem die Schweizer Landwirtschaftsmärkte mit den EU-Märkten integriert sind, sodass sich die Erzeugerpreise in der Schweiz an den EU-Inlandpreis angleichen.

Die Erzeugerpreisangaben in der PSE-Datenbank (im PEM abgeglichen) zeigen erheblich höhere Erzeugerpreise in der Schweiz gegenüber der EU (Abb. 4.15). Insbesondere die Rindfleischpreise in der Schweiz waren 2010-12 mehr als doppelt so hoch wie die EU-Erzeugerpreise. Auch die an die Schweizer Weizenproduzenten entrichteten Preise liegen weit über den von den EU-Landwirten empfangenen Preisen. Dies liegt in gewissem Masse an Qualitätsunterschieden, da die Produktion von höherwertigem Weizen für den Nahrungsmittelgebrauch in der Schweiz einen größeren Anteil an der Produktion hat.[20] Auch die Schweizer Erzeugerpreise für Grobkorn und Ölsaaten lagen 2010-12 um 50 % über denen in der EU. Milch ist das Produkt mit der geringsten Preislücke zwischen Schweizer und EU-Preisen, und dennoch lag der Schweizer Inlandpreis 2010-12 um 27 % höher.

Das simulierte Politikszenario in diesem Abschnitt basiert auf der Annahme, dass die Schweizer und EU-Märkte für diese Produkte vollständig integriert sind, wobei 2012 als Referenzjahr gilt.[21] Zusätzlich werden beim Alternativszenario Ergänzungszahlungen – in Form einer Erhöhung gebundener Zahlungen basierend auf langfristigen Flächenwerten – eingeführt, um die Auswirkungen solcher Ausgleichszahlungen auf Markt und Wohlfahrt zu untersuchen. Im Alternativszenario werden die Zahlungen basierend auf langfristigen Flächenwerten um 35 % (451 Mio. CHF) erhöht, der regionale Anteil dieser Zahlungskategorie bleibt dabei konstant.

Aufgrund der niedrigeren Rohstoffpreise im Inland dürften die Schweizer Verbraucher rund 1,70 Mrd. CHF gewinnen (Abb. 4.16). Die Gesamtkosten für die Stützung der Erzeuger würden sich um 1,49 Mrd. CHF reduzieren, wenn man den Anstieg der Konsumentenrente, den Rückgang der an die aktuelle Produktion oder an Betriebsmittel gebundenen Zahlungen sowie den Verlust der Zolleinnahmen berücksichtigt. Andererseits wird der Verlust der Produzentenrente auf 1,01 Mrd. CHF geschätzt, was deutlich geringer ist als die Reduktion der Stützungskosten.[22] Verglichen mit den Auswirkungen der bisherigen Politikreformprogramme liegt der Verlust in der Produzentenrente weit unter jenem Wert mit der RP 99-03, als alle staatlichen Preisgarantien und festen Verarbeitungsspannen abgeschafft wurden.

Die Ergänzungszahlung würde den Verlust bei der Produzentenrente auf 573 Mio. CHF verringern. In diesem Fall wären die Kosten für die Erzeugerstützung (ein Anstieg in der Konsumentenrente und eine Verringerung der Steuerzahlergewinne) immer noch 1,05 Mrd. CHF niedriger, was weit über dem Verlust in der Produzentenrente liegt. Die Simulation deutet darauf hin, dass eine weiterführende Handelsliberalisierung mit der EU die Politik bezüglich der Produzentenrente effizienter gestalten und mit oder ohne Ergänzungszahlungen die wirtschaftliche Gesamtwohlfahrt verbessern würde.

Ein wichtiger Nebeneffekt, der in dieser Analyse nicht berücksichtigt ist, ist das Potential der Marktintegration, das den Schweizer Landwirtschaftssektor durch günstigere Beschaffungspreise und einen stärkeren Wettbewerb mit ausländischen Erzeugern wettbewerbsfähiger machen würde. Darüber hinaus würde eine solche Reform zusätzlich die Wettbewerbsfähigkeit der nachgelagerten Schweizer Industrien steigern, da diese Zugang zu günstigeren landwirtschaftlichen Rohstoffen hätten.

Die Auswirkungen der EU-Marktintegration auf die Produktion wären bei Weizen am größten. Ohne Ergänzungszahlungen würde die Weizenproduktion durch das Schliessen der aktuell großen Preislücke dieser Produkte zwischen den Schweizer und EU-Märkten um 12 % sinken (Tabelle 4.4). Die Schätzungen des Produktionsrückganges für Weizen sind höchstwahrscheinlich übertrieben, da die Modellsimulationen ein vollständiges schließen der Preislücke zwischen Schweiz und EU annehmen. Dies ist womöglich nicht ganz realistisch, da der Schweizer Weizen normalerweise eine höhere Qualität hat und einen höheren Preis erzielt als durchschnittlicher EU-Weizen. Durch die Liberalisierung steigt die relative Rentabilität von Grobkorn, Ölsaaten und anderen Ackerfrüchten, sodass sich die Produktion hin zu diesen Produkten verlagern würde.[23] Die Milchproduktion würde um 7 % zurückgehen. Durch Ergänzungszahlungen ließe sich der Rückgang der Inlandproduktion durch eine EU-Marktintegration bis zu einem gewissen Grad begrenzen.

Abb. 4.15. Erzeugerpreise in Schweiz und der Europäischen Union, 2010-12

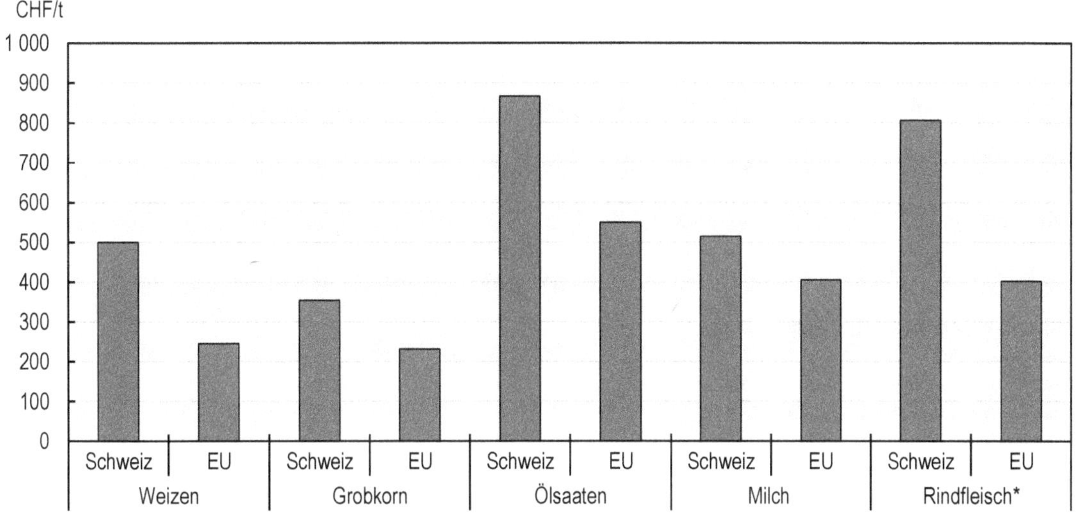

* Angabe des Rindfleischpreises pro 100 kg.

Quelle: Abgleich aus der PSE/CSE-Datenbank der OECD 2013.

Abb. 4.16. Auswirkungen der EU-Marktintegration auf Produzentenrente, Konsumentenrente und Steuerzahlergewinn

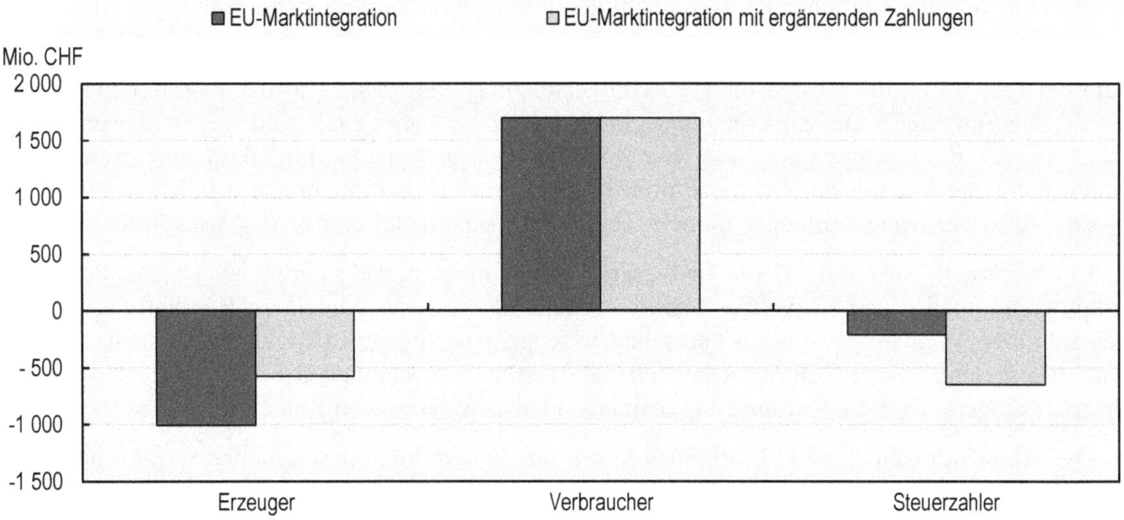

Quelle: Modellsimulation mit dem OECD-Politikevaluierungsmodell.

Durch den niedrigeren Inlandpreis steigt der Verbrauch bei allen Rohstoffen, wodurch die Wareneinfuhr zunimmt. In der Folge würden die Anteile der Inlandproduktion am Verbrauch, abgesehen von Grobkorn, zurückgehen. Insbesondere die Selbstversorgung mit Rindfleisch würde erheblich abnehmen.[24] Analog würde der Anteil der Inlandproduktion am Weizenverbrauch von 52 auf 44 % fallen. Die Schweiz würde zu einem Milch-Nettoimporteur, aber 88 % des Inlandverbrauchs wären selbst bei einer Marktintegration mit der EU weiterhin durch die Inlandproduktion gedeckt.[25]

Die Auswirkungen einer EU-Marktintegration auf die Tierzahlen sind in der Talregion tendenziell grösser als in der Hügel- und Bergregion (Tabelle 4.5). In der Hügel- und Bergregion würde die Zahl an Milchvieh und Fleischrindern nur moderat zurückgehen, da der Umfang der Zahlungen für geografisch benachteiligte Gebiete so hoch ist, dass der Rückgang des Marktumsatzes den Produktionsanreiz kaum beeinflussen würde. In der Folge dürfte sich die Besatzdichte in der Hügel- und Bergregion viel weniger ändern als in der Talregion.

Die Veränderungen in der Produktion würden direkt zu einer verbesserten Umweltleistung des Landwirtschaftssektors führen, wobei die Veränderungen insgesamt vorrangig durch den Tiersektor bedingt wären.

Tabelle 4.4. Auswirkungen einer EU-Marktintegration auf Produktion und Verbrauch

	Weizen	Grobkorn	Ölsaaten	Milch	Rindfleisch
Prozentuale Veränderung der Produktionsmenge					
EU-Marktintegration	-12	9	22	-7	-9
EU-Marktintegration mit ergänzenden Zahlungen	-7	7	16	-7	-5
Anteil der inländischen Produktion am Verbrauch					
Referenzwert (2012)	52	78	18	104	90
EU-Marktintegration	44	90	15	88	43
EU-Marktintegration mit ergänzenden Zahlungen	46	89	15	88	45

Quelle: Modellsimulation mit dem OECD-Politikevaluierungsmodell.

Tabelle 4.5. Auswirkungen einer EU-Marktintegration auf Tierzahl und Besatzdichte

	Referenzwert (2012)	EU-Marktintegration	EU-Marktintegration mit ergänzenden Zahlungen
Prozentuale Veränderung der Tierzahl			
Milch			
Schweiz		-6	-6
Talregion		-8	-8
Hügelregion		-4	-3
Bergregion		-6	-7
Rindfleisch			
Schweiz		-10	-6
Talregion		-17	-14
Hügelregion		-6	-1
Bergregion		-3	3
Besatzdichte (Tiere pro ha)			
Schweiz	2.1	2.0	2.0
Talregion	2.7	2.4	2.4
Hügelregion	2.1	2.1	2.2
Bergregion	1.5	1.6	1.5

Quelle: Modellsimulation mit dem OECD-Politikevaluierungsmodell.

Abb. 4.17. Auswirkungen einer weiterführenden Handelsliberalisierung auf ausgewählte Agrarumweltindikatoren

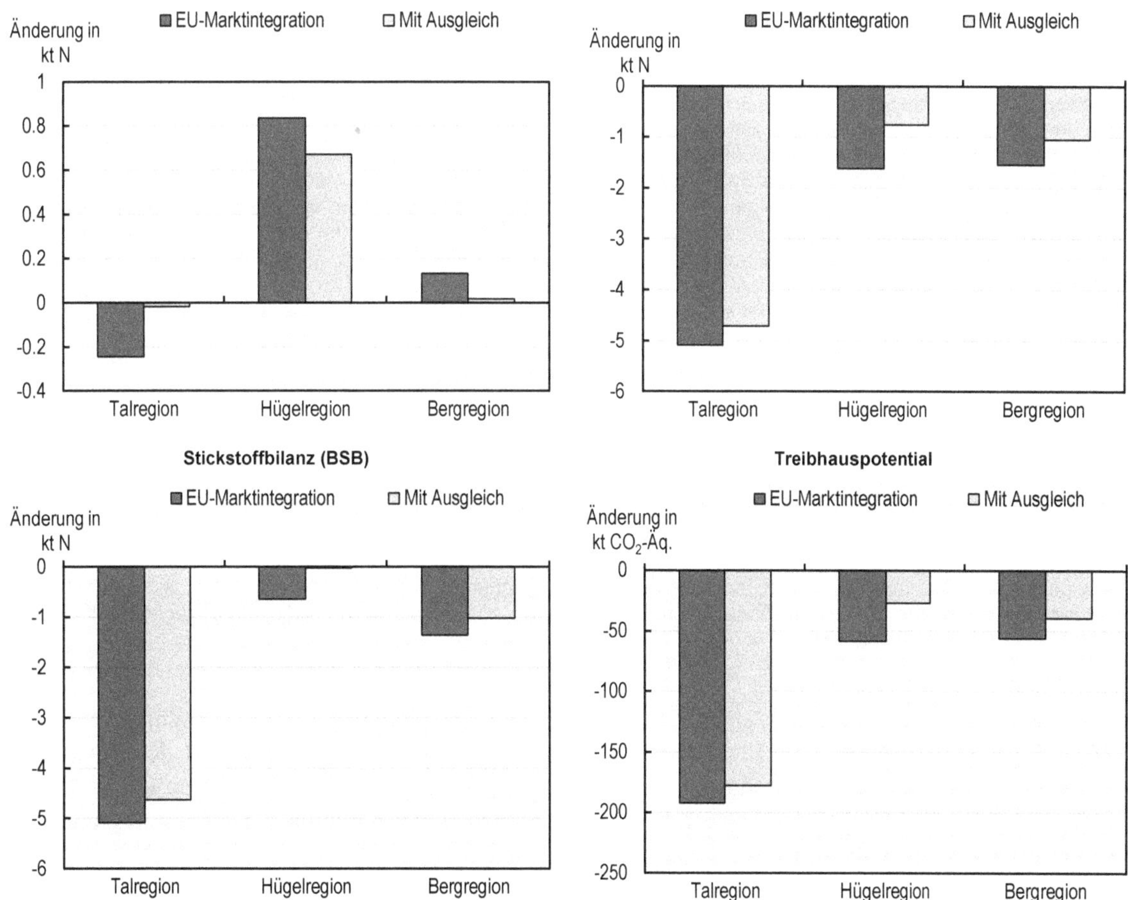

Quelle: Modellsimulation mit dem OECD-Politikevaluierungsmodell.

Kasten 4.3. Weitere quantitative Studien zur EU-Marktintegration

Es gibt noch weitere auf Gleichgewichtsmodellen basierende Studien, in denen die quantitativen Auswirkungen einer EU-Marktintegration auf die Schweizer Landwirtschaft simuliert wurden. Allerdings gibt es zahlreiche Unterschiede zwischen deren Modellannahmen und dem hier verwendeten OECD-PEM. Beispielsweise berücksichtigt das PEM keine Außenwirkungen durch Marktentwicklungen oder Strukturänderungen im Landwirtschaftssektor. Daher lassen sich die Ergebnisse der anderen Simulationen nicht genau mit denen des OECD-PEM vergleichen. An dieser Stelle sollen einige der wichtigsten Studien betrachtet werden.

Agroscope hat eine Studie mit dem SILAS-Modell durchgeführt, um die Auswirkungen eines Freihandelsabkommens zwischen der Schweiz und der EU auf die Produktion und Einkommen in der Landwirtschaft im Jahr 2016 zu evaluieren (Confédération Suisse, 2008). Dort wird angenommen, dass die Rohstoffpreise durch ein solches Abkommen mit denen der vier Schweizer Nachbarländer konvergieren, während die Preislücke bei Vorleistungen schrumpft. Direktzahlungen werden konstant auf dem Niveau der AP2011 gehalten. Die Studie kommt zum Schluss, dass die Milchproduktion steigen würde, während die Pflanzen- und Fleischproduktion zurückginge. Die niedrigeren Rohstoffeinnahmen würden durch die niedrigeren Produktionskosten nicht vollständig ausgeglichen, sodass das Sektoreinkommen um etwa ein Drittel zurückgehen würde. Der Einkommensrückgang wäre in der Talregion stärker als in der Bergregion, da die Direktzahlungen in der Bergregion einen höheren Einnahmenanteil ausmachen sowie Milch und Kalbfleisch durch die Preissenkungen weniger betroffen wären als andere Produkte (Confédération Suisse, 2008).

Ein kürzlich erschienener Bericht zum Milchsektor liefert weitere Politiksimulationen, die auf dem Marktmodell CAPRI der Universität Bonn und dem Agrarsektormodell SWISSland (Agroscope) basieren. Im Freihandelsszenario wird eine vollständige Liberalisierung des Schweizer Milchsektors, nicht aber der anderen Landwirtschaftssektoren wie Pflanzenbau oder Fleisch, angenommen (Confédération Suisse, 2014). Gemäß dem CAPRI-Modell würde die Liberalisierung des Milchsektors ohne zusätzliche Ausgleichsmassnahmen (Szenario „S_0") zu einem Rückgang des Inlandpreises für Butter und Sahne um 40 % bzw. für Vollmilchpulver um 30 % führen. Der Käsepreis würde leicht steigen (+3 %), der Preis für Magermilchpulver stabil bleiben. Der leichte Anstieg des Erzeugerpreises für Käse entstünde im Szenario „S_0" durch die Aufhebung der „Verkäsungszulage", die in der Schweiz als Stützung für die Käseproduktion dient. Die Simulationen zur Evaluierung der Auswirkungen auf die Produktion gehen von einem progressiven 20-prozentigen Abbau der Preislücke für betriebliche Vorleistungen zwischen der Schweiz und der EU aus. Im Jahr 2025, also nach den Sektoranpassungen, wären die Milchmengen gegenüber der Situation ohne Marktöffnung um 6 % reduziert, wobei dieser Rückgang die Talregion stärker beträfe. Das SWISSland-Modell zeigt einen Rückgang der Milchkühe um etwa 4 %. Aufgrund reduzierter Preise und Mengen würde der Umsatz aus der Milchproduktion bei einem vollständigen Freihandelsabkommen im Milchsektor ohne Stützungsmassnahmen um 640 Mio. CHF schrumpfen, was den Gewinn der Milchproduzenten und -industrien entsprechend reduzieren würde. Angesichts des Anstiegs der Konsumentenrente werden die Auswirkungen der Liberalisierung auf die Wohlfahrt insgesamt positiv eingeschätzt (176 Mio. CHF). Die Analyse zeigt, dass sich der Einkommensrückgang der Milchproduzenten stark abmildern liesse, wenn innerhalb des aktuellen Rahmens weiterhin Beihilfen an den Milchsektor gezahlt würden.

Zwei Studien der ETH Zürich basieren auf dem Agrarsektormodell S_INTAGRAL, mit dem sich die Auswirkungen verschiedener Erzeugerpreisszenarien auf Flächennutzung, Viehhaltung und Treibhausgasemission bis 2020 evaluieren lassen. Peter et al. (2009) zeigen, dass die Treibhausgasemissionen bei einem Freihandelsabkommen mit der EU etwa 4 % niedriger sein könnten. Allerdings würden längerfristige Strukturanpassungen im Landwirtschaftssektor (bis 2020) eine Umkehr des Emissionstrends bewirken, bis sich das Emissionsniveau wieder im Bereich des Referenzwerts stabilisieren würde. Eine genauere Analyse zeigt einen durch das Liberalisierungsszenario bedingten Anstieg der CH_4-Emissionen durch Gärung und Verdauung bei Pflanzenfressern (gegenüber dem Status Quo), was über niedrigere CH_4-Emissionen durch die Hofdüngerbewirtschaftung sowie niedrigere N_2O-Emissionen landwirtschaftlicher Böden ausgeglichen wird (Hartmann et al., 2009, S. 19). Laut diesen Studien läge die Anzahl Kühe und Rinder nach einer Sektoranpassung an die Liberalisierung insgesamt bei beiden Szenarien recht eng beieinander.

Der Mineraldüngerverbrauch dürfte leicht zurückgehen (Abb. 4.17). Die Hofdüngerproduktion würde spürbar von 140 auf 130 kt Stickstoff sinken (-7 %). Für den Milchsektor ist der Rückgang in allen drei Regionen ähnlich, während die Hofdüngerproduktion durch Fleischrinder in der Hügel- und Bergregion stärker sinkt als in der Talregion. Die Konsequenz einer weiteren EU-Marktintegration wäre eine Verbesserung der BSB durch 10 kt weniger Stickstoffüberschuss in der Schweiz.

Der Nährstoffüberschuss pro Hektar reduzierte sich um 6 kg Stickstoff in der Tal- und Hügelregion sowie um bis zu 10 kg in der Bergregion. Dieselbe Verbesserung der Nährstoffbilanz gilt für Phosphor.

Abschließend sei erwähnt, dass sich das Treibhauspotential um 7 % von 5600 auf 5222 kt CO_2-Äquivalten reduzieren würde.

Endnoten

1. Die Definition von Talregion, Hügelregion und Bergregion entspricht den landwirtschaftlichen Regionen des Schweizer Bundesamts für Statistik.

2. Definition der agrarpolitischen Reformetappen in der Schweiz siehe Hofer, E. (2009) „Die Reform der Agrarpolitik im Überblick (1982-2007)", Bundesamt für Landwirtschaft. Aus Gründen der Übersichtlichkeit sind die vier Reformperioden in Kapitel 3 nach ihren Gültigkeitsjahren benannt: RP 93-98, RP 99-03, RP 04-07 und RP 08-12.

3. Es ist zu beachten, dass im OECD-PEM nicht alle PSE-Kategorien berücksichtigt werden. Das Modell berücksichtigt nur fünf Produktaggregate (Weizen, Grobkorn, Ölsaaten, Milch und Rindfleisch) und lässt Zahlungen auf der Grundlage nichtproduktbezogener Kriterien, an den variablen Vorleistungseinsatz gebundene Zahlungen mit Auflagen sowie bestimmte an die aktuelle Flächengrösse/Tierzahl gebundene Zahlungen unberücksichtigt, deren Produkt oder Produktgruppe nicht vom PEM abgedeckt wird. Obgleich die tierzahlgebundenen Zahlungen für alle Nutztiere (GCT 7) nicht vom PEM berücksichtigt werden, werden die Zahlungen für „Viehhaltung unter erschwerten Bedingungen" und „regelmäßigen Auslauf im Freien" berücksichtigt unter der Annahme, dass die Zahlungen nur auf der Rinderzahl beruhen. Analog wird angenommen, dass die an die aktuelle Anbaufläche für Getreide und Ölsaaten (GCT 10) sowie für alle Kulturen außer Wein (GCT 11) gebundenen Zahlungen gewährt werden basierend auf der Anbaufläche für alle Kulturen (GCT 1).

4. In diesem Fall wurden die Faktorsubventionsspannen der Politikmaßnahmen in den einzelnen Jahren der Referenz-Reformetappe (RP 93-98) in der PEM Politiksimulation durch eine gemittelte Faktorsubventionsspanne während der vorausgehenden Periode (1988-92) ersetzt. Die Auswirkungen der RP 93-98 werden als durchschnittliche Auswirkungen dargestellt, die sich aus den Simulationen der einzelnen Jahre zwischen 1993 und 1998 ergaben.

5. Bei der Simulation der Ergebnisse geht das PEM davon aus, dass die politischen Veränderungen nicht stattgefunden haben und stattdessen das Maßnahmenpaket der vorausgehenden Periode in Kraft geblieben ist. Dabei werden, mit Ausnahme der modellierten Maßnahmen, exogene Veränderungen nicht berücksichtigt. Die Parameter des Modells werden so kalibriert, dass sie das mittelfristige (etwa 5 Jahre) Gleichgewicht der Märkte simulieren. Daher stimmen die simulierten Auswirkungen nicht zwingend mit den beobachteten Veränderungen in Produktion, Flächennutzung, Tierzahl und Umweltleistung überein.

6. Außerdem sind bei der Auswertung der Simulationsergebnisse mehrere Einschränkungen des PEM zu berücksichtigen. Erstens modelliert das PEM nur fünf Produktaggregate (Weizen, Grobkorn, Ölsaaten, Milch und Rindfleisch) sowie eine Untergruppe an Zahlungen, die in PSE-Daten um geschlüsselt ist. Zweitens beruhen die Simulationsergebnisse auf dem angenommenen Angebot-Nachfrage-Verhältnis, wobei die Annäherung an die Beschaffungs- und Absatzmärkte bei konstanter Elastizität mithilfe linearer Gleichungen erreicht wird. Drittens werden gegenwärtige Regulierungsmaßnahmen oder Cross-Compliance-Verpflichtungen mit Zahlungsberechtigungen

(z. B. Ökologischer-Leistungsnachweis) nicht explizit modelliert. Weitere Informationen zum OECD-PEM sind in Kasten 3.1 und im technischen Bericht zu finden.

7. Das OECD-PEM unterscheidet nicht zwischen betriebseigenen und gepachteten Flächen. Bei den Simulationsergebnissen wird davon ausgegangen, dass sich die Flächen im Besitz des Landwirts befinden. Um jedoch zu bestimmen, wer vom Wert des flächengebundenen Programms profitiert, lässt sich dies mithilfe durchschnittlicher Pachtpreise aufteilen in Landwirte mit eigenen Flächen und Landbesitzer, die an Landwirte verpachten. Die von Agroscope bereitgestellten FADN-Umfragedaten zeigen, dass der Anteil verpachteter Flächen in der Talregion 1990-2012 stabil bei 41 bis 45 % lag. In der Hügel- und Bergregion ist der Anteil verpachteter Flächen niedriger: 35 bis 40 % in der Hügelregion und 33 bis 41 % in der Bergregion. Das bedeutet, dass 60 bis 70 % des Anstiegs der flächengebundenen Produzentenrente den Landwirten zuzurechnen ist und der Rest den Landbesitzern, die i.d.R. keine Landwirtschaft betreiben. Dieser Wert ist als Untergrenze zu betrachten, da es unter den Landwirten wahrscheinlich vereinzelte Pachtverträge gibt, bei denen Landbesitzer *und* Pächter als Landwirte tätig sind und jegliche Rente damit im Landwirtschaftssektor bleibt.

8. „Gesamt“ repräsentiert die Wohlfahrtsauswirkungen der RP 08-12 mit der Politik aus der Vor-Reform-Periode als Referenz. Daher entspricht dieser Wert nicht zwingend den summierten Auswirkungen von vier Politikreformprogrammen, deren jeweilige Referenzpolitik in der vorausgehenden Reformperiode stattfand.

9. Das OECD-PEM modelliert nicht explizit die durch Betriebsaufgaben und -gründungen bedingten Strukturveränderungen. Eine geringere Produzentenrente kann zur Aufgabe wirtschaftlich nicht lebensfähiger Betriebe führen. In der Realität ist 2000-12 die Anzahl Betriebe pro Jahr um 1,8 % zurückgegangen. Die Rückgangsrate der Produzentenrente pro Betrieb liegt höchstwahrscheinlich unter dem Sektorniveau.

10. Die geringeren verbraucherseitigen Stützungskosten lassen sich auch als Anstieg der Konsumentenrente auslegen. Analog bedeuten die höheren Stützungskosten für die Steuerzahler eine reduzierte Steuerzahlerwohlfahrt.

11. Die PEM-Studie beurteilt nicht die direkten Auswirkungen der Politikreformen auf den Erhalt von Biodiversität bzw. Landschaftsqualität und -diversität, die ebenso zu den wichtigen Zielvorgaben der Schweizer Politik zählen. Die Auswirkungen auf die Biodiversität werden im Abschlussbericht anhand veröffentlichter Studien erörtert.

12. Für die in den Faktormärkten nicht modellierten Tierkategorien (z. B. Schweine, Geflügel, Schafe) werden in jeder Region konstante Hofdüngermengen angenommen.

13. Dieselbe Methode mit den Koeffizienten werden in der vorliegenden Studie sowie vom Schweizer Bundesamt für Statistik (BFS) für die Berechnung der Nährstoffbilanzen im OECD-Handbuch der Agrarumweltindikatoren (OECD, 2013a) angewandt. Allerdings gelten in dieser Studie andere Referenzwerte, da hier nur die drei offiziellen Landwirtschaftsregionen (Tal-, Hügel- und Bergregion) berücksichtigt werden, während das BFS auch die als nichtlandwirtschaftlich klassifizierten BSB-Flächen (Sömmerungsgebiete) einschließt (Kohler, 2014). Diesem Schlussbericht liegt ein technischer Bericht bei, in dem die Methoden der ökologischen Evaluierung, die Verweise und die Datenquellen vermerkt sind (OECD, 2014).

14. Bei dieser Studie wurde die Methodik nach IPCC-Stufe 3 mit länderspezifischen Koeffizienten aus dem Schweizer Treibhausgasinventar 1990-2010 (Bretscher, 2012; FOEN, 2012) und bei Milchvieh mit den um die Milchproduktivität bereinigten Koeffizienten angewandt. Zum Zwecke der Einheitlichkeit werden die N2O-Emissionen aus landwirtschaftlichen Böden aus den Stickstoffeinträgen der BSB berechnet (z. B. Mineraldünger, Dung, Ablagerung) (siehe OECD, 2014).

15. Bei einem Zeithorizont von 100 Jahren betragen die Äquivalente 21 t CO2 pro Tonne CH4 bzw. 310 bei N2O (UNFCC, 2014).

16. Das hochgerechnete mittlere Jahresbudget für Direktzahlungen in den Jahren 2014 und 2017 beträgt 2785 Mio. CHF, also etwas weniger als 2012 (2804 Mio. CHF). Der im PEM modellierte Gesamtbetrag der Zahlungen stimmt nicht mit diesen Zahlen überein, da das Modell bestimmte Direktzahlungen (z. B. Zahlungen auf der Grundlage nichtproduktbezogener Kriterien) nicht berücksichtigt.

17. Bei der Simulation der politischen Auswirkungen auf die Produktion werden alle exogenen Faktoren, abgesehen von den politischen Veränderungen, als konstant auf 2012er Niveau vorausgesetzt. In der Praxis können die Produktionszahlen aufgrund höherer Weltmarktpreise oder einer geänderten Nachfragestruktur in der Schweiz oder in Übersee steigen.

18. Auch wenn das Budget für die Landwirtschaft in der Periode 2014-17 konstant bleiben dürfte, reduzieren sich die im OECD-PEM modellierten Steuerzahlerkosten aufgrund der teilweisen Verlagerung hin zu Zahlungen auf der Grundlage nichtproduktbezogener Kriterien, die im Modell nicht berücksichtigt werden.

19. Der Anteil verpachteter Flächen betrug 2012 in der Talregion 43 %, in der Hügelregion 37 % und in der Bergregion 35 % (Quelle: Agroscope, FADN Schweiz).

20. Die Erzeugerpreise für Weizen, Grobkorn und Ölsaaten (Abb. 3.15) wurden mithilfe der PSE/CSE-Datenbank gemäß PEM-Produktgruppendefinition abgeglichen (siehe Tabelle 1 des technischen Berichts. Bei diesen Preisen handelt es sich um zusammengesetzte Preise unterschiedlicher Weizen-, Grobkorn- und Ölsaatenarten für Futter- und Nichtfutterzwecke.

21. Die Simulation bringt den Binnenmarktpreis in der Schweiz und der EU auf dasselbe Niveau. In der Praxis jedoch könnte der Schweizer Marktpreis bei bestimmten Produkten höher bleiben, was auf Faktoren wie Qualitätsunterschiede oder Verbraucherpräferenzen zugunsten einheimischer Produkte zurückzuführen wäre.

22. Der Verlust in der Produzentenwohlfahrt könnte auf ganze 754 Mio. CHF sinken, sofern sich die gesamte verpachtete Fläche im Besitz von Nichtlandwirten befände.

23. Das Simulationsergebnis zeigt leicht positive Auswirkungen auf die Grobkorn- und Ölsaatenproduktion, da eine relative Rentabilitätssteigerung von Grobkorn und Ölsaaten bei den Ackerfrüchten zu einer Verlagerung der Flächennutzung von Weizen hin zu eben diesen Kulturen führen würde. Im Modell wird davon ausgegangen, dass die Flächenzahlungen für Ölsaaten auf dem Niveau von 2012 bleiben.

24. Dies resultiert v.a. aus einem Anstieg des Inlandverbrauchs aufgrund des um ca. 50 % niedrigeren Inlandpreises. Wird alternativ davon ausgegangen, dass die Nachfrage nach Rindfleisch weniger elastisch auf Preisänderungen reagiert, läge die Selbstversorgungsrate bei Rindfleisch mit Ergänzungszahlungen bei 59 % und ohne bei 62 %.

25. Bei der Simulation wurde angenommen, dass die Inlandnachfrage nach Flüssigmilch vollständig durch die Inlandproduktion gedeckt wird. Der Importanstieg bei Milch im PEM findet in Form von Milchverarbeitungserzeugnissen (MMP, Käse und Butter).

Quellen

Aviron, S., H. Nitsch, P. Jeanneret, S. Buholzer, H. Luka, L. Pfiffner, S. Pozzi, B. Schüpbach, T. Walter und F. Herzog (2009), „Ecological cross-compliance promotes farmland biodiversity in Switzerland“, *Frontiers in Ecology and Environment*, Ausg. 7, S. 247-252.

Bretscher, D. (2012), „Agricultural CH4 and N2O emissions in Switzerland QA/QC“, Ettenhausen, Agroscope Reckenholz Tänikon Research Station (ART).

Confédération Suisse (2014), „Ouverture sectorielle réciproque du marché avec l'UE pour tous les produits laitiers“, Rapport du Conseil fédéral, Confédération Suisse: 112, Bern.

Confédération Suisse (2012), „Évaluation et répercussions de l'accord de libre-échange du fromage entre la Suisse et l'UE“. Résumé de l'évaluation effectuée par BAKBASEL sur mandat de l'Office fédéral de l'agriculture, Confédération Suisse, Bundesamt für Landwirtschaft: 6, Bern.

Confédération Suisse (2008), Négociations Suisse-UE pour un accord de libre-échange dans le domaine agro-alimentaire (ALEA); Négociations Suisse-UE pour un accord dans le domaine de la santé publique (ASP). Résultats de l'exploration et analyse. Bern, Confédération Suisse, Eidgenössisches Departement des Innern (EDI), Eidgenössisches Departement für auswärtige Angelegenheiten (EDA), Eidgenössisches Departement für Wirtschaft (WBF): 45.

Eurostat (2013), „Methodology and Handbook Eurostat/OECD. Nutrient Budgets. EU-27, Norway, Switzerland“, Version 1.02, Commission européenne, Eurostat: 112, Luxemburg.

FOEN (2012), „Switzerland's Greenhouse Gas Inventory 1990–2010. National Inventory Report 2012 including reporting elements under the Kyoto Protocol“. Vorlage vom 13. April 2012 zum Rahmenübereinkommen der Vereinten Nationen über Klimaänderungen (United Nations Framework Convention on Climate Change) sowie zum Kyoto-Protokoll. Bern, Bundesamt für Landwirtschaft.

Hartmann, M., R. Huber, S. Peter und B. Lehmann (2009), „Strategies to mitigate greenhouse gas and nitrogen emissions in Swiss agriculture: the application of an integrated sector model“. IED-Arbeitspapier 9: 28, ETH Zürich.

Herzog, F., V. Prasuhn, E. Spiess und W. Richner (2008), „Environmental cross-compliance mitigates nitrogen and phosphorus pollution from Swiss agriculture“, *Environmental Science and Policy*, Ausg. 2, S. 655-668.

IPCC (2006), *IPCC Guidelines for National Greenhouse Gas Inventories*, Intergovernmental Panel on Climate Change (IPCC, Zwischenstaatlicher Ausschuss für Klimaänderungen).

Kohler, F. (2014b), „Metadata template nutrient budgets“, Bundesamt für Statistik, Bern.

Martini, R. (2011), „Long Term Trends in Agricultural Policy Impacts“, *OECD Food, Agriculture and Fisheries Papers*, Nr. 45, OECD Publishing, Paris, http://dx.doi.org/10.1787/5kgdp5zw179q-en.

OECD (2014), Assessing the environmental impacts of agricultural policies with PEM: framework and application to Switzerland [TAD/CA/APM/WP(2014)28/FINAL], Paris, Frankreich, OECD.

OECD (2013a), *OECD-Handbuch der Agrarumweltindikatoren*, OECD Publishing, Paris, DOI: 10.1787/9789264186217-en

OECD (2013b), *Agricultural Policy Monitoring and Evaluation 2013: OECD-Länder und aufstrebende Volkswirtschaften*, OECD Publishing, Paris, DOI: 10.1787/agr_pol-2013-en

BLW (2013), „Agrarbericht 2013“, Bundesamt für Landwirtschaft, Bern.

Peter, S., M. Hartmann, M. Weber, B. Lehmann und W. Hediger (2009), „THG 2020 – Möglichkeiten und Grenzen zur Vermeidung landwirtschaftlicher Treibhausgase in der Schweiz“, ETH Zürich, Institut für Umweltentscheidungen: 142, Zürich.

Spiess, E. (2011), „Nitrogen, phosphorus and potassium balances and cycles of Swiss agriculture from 1975 to 2008“, *Nutrient Cycling in Agroecosystems*, Ausg. 91, S. 351-365.

UNFCCC (2014), Global Warming Potential referenced to the updated decay response for the Bern carbon cycle model and future CO2 atmospheric concentrations held constant at current levels, http://unfccc.int/ghg_data/items/3825.php (Stand 20. Januar 2014).

Zimmermann, A., A. Möhring, G. Mack, S. Mann, A. Ferjani und M.-P. Gennaio Franscini (2011), „Les conséquences d'une réforme du système des paiements directs : Simulations à l'aide de modèles SILAS et SWISSland“. Rapport ART 744. Agroscope Reckenholz-Tänikon ART: 16.

Anhang 4.A1

Ökologische Evaluierung der verschiedenen Politikreformen

Tabelle 4.A1.1. Ökologische Evaluierung der verschiedenen Politikreformen: Schweiz

Variable	Region	Einheit	RP 93-98 Aktuell	RP 99-03 Aktuell	RP 04-07 Aktuell	RP 08-12 Aktuell	RP 93-98 Keine Reform	RP 99-03 Keine Reform	RP 04-07 Keine Reform	RP 08-12 Keine Reform	RP 93-98 Änderung	RP 99-03 Änderung	RP 04-07 Änderung	RP 08-12 Änderung	RP 93-98 Proz. Änd.	RP 99-03 Proz. Änd.	RP 04-07 Proz. Änd.	RP 08-12 Proz. Änd.
Chemikalienmengen (Hauptfrüchte)	CHE	1000 t N	0.61	0.39	0.38	0.35	0.78	0.71	0.42	0.46	-0.18	-0.32	-0.04	-0.10	-23%	-45%	-10%	-22%
N-Mineraldüngermengen (Hauptfrüchte)	CHE	1000 t N	39.61	24.16	20.57	18.08	50.96	44.45	23.48	22.88	-11.35	-20.30	-2.91	-4.80	-22%	-46%	-12%	-21%
N-Mineraldüngermengen (andere Flächen)	CHE	1000 t N	22.24	24.29	24.73	26.00	21.44	23.87	24.68	25.90	0.80	0.41	0.05	0.11	4%	2%	0%	0%
N-Mineraldüngermengen (gesamt)	CHE	1000 t N	61.85	48.44	45.31	44.09	72.40	68.33	48.17	48.78	-10.55	-19.88	-2.86	-4.69	-15%	-29%	-6%	-10%
Biologische N-Fixierung	CHE	1000 t N	31.40	32.28	32.62	32.61	31.86	31.89	32.42	32.62	-0.46	0.39	0.20	-0.01	-1%	1%	1%	0%
Atmosphärische N-Ablagerungen	CHE	1000 t N	20.50	20.44	20.31	20.11	20.47	20.42	20.31	20.11	0.03	0.02	0.01	0.00	0%	0%	0%	0%
N-Wirtschaftsdünger vom Milchvieh	CHE	1000 t N	75.52	71.84	69.25	68.94	75.58	80.20	67.28	65.18	-0.07	-8.35	1.97	3.76	0%	-10%	3%	6%
N-Wirtschaftsdünger vom Fleischrind	CHE	1000 t N	34.65	33.47	35.22	38.07	36.86	30.40	31.25	35.25	-2.22	3.07	3.97	2.82	-6%	10%	13%	8%
N-Wirtschaftsdünger von anderen Tieren	CHE	1000 t N	34.57	32.67	33.22	33.38	34.57	32.67	33.22	33.38	0.00	0.00	0.00	0.00	0%	0%	0%	0%
N-Wirtschaftsdünger gesamt	CHE	1000 t N	144.73	137.98	137.69	140.38	147.02	143.27	131.75	133.81	-2.29	-5.29	5.94	6.57	-2%	-4%	5%	5%
N-Einträge	CHE	1000 t N	258.48	239.15	235.93	237.19	271.75	263.91	232.64	235.31	-13.27	-24.76	3.29	1.87	-5%	-9%	1%	1%
N-Aufnahme (Hauptfrüchte)	CHE	1000 t N	21.17	17.40	17.99	17.13	27.98	33.05	21.47	21.59	-6.80	-15.64	-3.48	-4.45	-24%	-47%	-16%	-21%
N-Aufnahme (andere Flächen)	CHE	1000 t N	132.41	132.71	132.99	133.44	132.56	131.00	132.35	133.26	-0.14	1.70	0.63	0.17	0%	1%	0%	0%
N-Aufnahme (gesamt)	CHE	1000 t N	153.59	150.11	150.98	150.57	160.53	164.05	153.83	154.85	-6.95	-13.94	-2.85	-4.28	-4%	-8%	-2%	-3%
Bruttostickstoffbilanz	CHE	1000 t N	104.89	89.04	84.95	86.62	111.21	99.86	78.82	80.46	-6.32	-10.82	6.13	6.16	-6%	-11%	8%	8%
P-Mineraldüngermengen (Hauptfrüchte)	CHE	1000 t P	6.61	4.03	3.43	3.02	8.51	7.42	3.92	3.82	-1.89	-3.39	-0.49	-0.80	-22%	-46%	-12%	-21%
P-Mineraldüngermengen (andere Flächen)	CHE	1000 t P	3.54	3.60	3.61	3.75	3.23	3.52	3.63	3.72	0.32	0.08	-0.01	0.04	10%	2%	0%	1%
P-Mineraldüngermengen (gesamt)	CHE	1000 t P	10.16	7.63	7.04	6.77	11.73	10.94	7.54	7.54	-1.58	-3.31	-0.50	-0.77	-13%	-30%	-7%	-10%
Atmosphärische P-Ablagerungen	CHE	1000 t P	0.39	0.31	0.30	0.29	0.39	0.31	0.30	0.29	0.00	0.00	0.00	0.00	0%	0%	0%	0%
P-Wirtschaftsdünger vom Milchvieh	CHE	1000 t P	11.93	10.69	10.34	10.23	11.95	11.85	10.05	9.62	-0.02	-1.16	0.29	0.61	0%	-10%	3%	6%
P-Wirtschaftsdünger vom Fleischrind	CHE	1000 t P	5.03	4.93	5.19	5.57	5.35	4.48	4.61	5.16	-0.32	0.45	0.59	0.41	-6%	10%	13%	8%
P-Wirtschaftsdünger von anderen Tieren	CHE	1000 t P	9.33	9.28	9.78	9.78	9.33	9.28	9.78	9.78	0.00	0.00	0.00	0.00	0%	0%	0%	0%
P-Wirtschaftsdünger gesamt	CHE	1000 t P	26.29	24.90	25.31	25.58	26.63	25.61	24.43	24.56	-0.34	-0.71	0.88	1.02	-1%	-3%	4%	4%
P-Einträge	CHE	1000 t P	36.83	32.85	32.65	32.64	38.75	36.87	32.27	32.39	-1.92	-4.02	0.38	0.26	-5%	-11%	1%	1%
P-Aufnahme (Hauptfrüchte)	CHE	1000 t P	4.19	3.42	3.56	3.39	5.64	6.42	4.23	4.33	-1.45	-3.00	-0.66	-0.95	-26%	-47%	-16%	-22%
P-Aufnahme (andere Flächen)	CHE	1000 t P	21.27	21.84	21.99	22.26	21.26	21.57	21.89	22.23	0.01	0.27	0.10	0.03	0%	1%	0%	0%
P-Aufnahme (gesamt)	CHE	1000 t P	25.46	25.26	25.55	25.64	26.89	27.99	26.12	26.56	-1.44	-2.73	-0.57	-0.92	-5%	-10%	-2%	-3%
Bruttophosphorbilanz	CHE	1000 t P	11.38	7.59	7.10	7.00	11.85	8.88	6.16	5.83	-0.48	-1.29	0.94	1.17	-4%	-15%	15%	20%
CH_4 aus der enterogenen Fermentation (Milchvieh	CHE	1000 t CH4	85.82	80.94	79.30	81.36	85.90	90.26	77.10	77.12	-0.08	-9.32	2.19	4.25	0%	-10%	3%	6%
CH_4 Dungbewirtschaftung (Milchvieh)	CHE	1000 t CH4	16.29	15.39	15.41	15.96	16.31	17.16	14.99	15.12	-0.02	-1.77	0.42	0.83	0%	-10%	3%	6%
CH_4-Emissionen (Milchvieh)	CHE	1000 t CH4	102.11	96.32	94.71	97.32	102.21	107.42	92.09	92.24	-0.10	-11.10	2.61	5.08	0%	-10%	3%	6%
CH_4 aus der enterogenen Fermentation (Fleischrin	CHE	1000 t CH4	35.53	34.63	36.00	38.78	37.77	31.45	31.94	35.91	-2.24	3.18	4.06	2.87	-6%	10%	13%	8%
CH_4 Dungbewirtschaftung (Fleischrind)	CHE	1000 t CH4	4.40	4.20	4.54	5.02	4.67	3.82	4.03	4.65	-0.27	0.38	0.51	0.37	-6%	10%	13%	8%
CH_4-Emissionen (Fleischrind)	CHE	1000 t CH4	39.93	38.83	40.53	43.80	42.44	35.26	35.96	40.55	-2.51	3.57	4.57	3.24	-6%	10%	13%	8%
CH_4-Emissionen (Rindvieh)	CHE	1000 t CH4	142.04	135.16	135.24	141.12	144.65	142.68	128.06	132.79	-2.61	-7.53	7.19	8.32	-2%	-5%	6%	6%
CH_4, andere Tiere	CHE	1000 t CH4	18.31	18.52	19.43	19.31	18.31	18.52	19.43	19.31	0.00	0.00	0.00	0.00	0%	0%	0%	0%
CH_4-Emissionen (gesamt)	CHE	1000 t CH4	160.35	153.68	154.67	160.42	162.96	161.20	147.48	152.10	-2.61	-7.53	7.19	8.32	-2%	-5%	5%	5%
N_2O Dungbewirtschaftung	CHE	1000 t N2O	1.34	1.17	1.09	1.11	1.36	1.19	1.05	1.06	-0.03	-0.02	0.05	0.05	-2%	-2%	5%	4%
N_2O direkte Bodenemissionen	CHE	1000 t N2O	3.95	3.57	3.52	3.54	4.22	4.06	3.52	3.59	-0.28	-0.49	0.00	-0.05	-7%	-12%	0%	-2%
N_2O, Weideland und Koppeln	CHE	1000 t N2O	0.51	0.76	0.82	0.84	0.52	0.79	0.79	0.81	-0.01	-0.03	0.04	0.04	-2%	-4%	5%	5%
N_2O, atmosphärische Ablagerungen	CHE	1000 t N2O	0.32	0.32	0.32	0.32	0.32	0.32	0.32	0.32	0.00	0.00	0.00	0.00	0%	0%	0%	0%
N_2O, Auswaschung und Oberflächenabfluss	CHE	1000 t N2O	1.62	1.46	1.44	1.45	1.72	1.66	1.41	1.43	-0.10	-0.20	0.02	0.01	-6%	-12%	2%	1%
N_2O-Emissionen (gesamt)	CHE	1000 t N2O	7.74	7.28	7.19	7.25	8.16	8.02	7.09	7.21	-0.41	-0.74	0.11	0.05	-5%	-9%	2%	1%
Treibhauspotential	CHE	1000 t CO_2-Äq.	5768.22	5483.65	5477.70	5617.13	5950.36	5870.77	5293.80	5428.30	-182.14	-387.12	183.90	188.83	-3%	-7%	3%	3%

Quelle: Modellsimulation mit dem OECD-Politikevaluierungsmodell.

Tabelle 4.A1.2. Ökologische Evaluierung der AP 14-17 und der weiteren Reformen: Schweiz

			2012	RP 14-17	EU-Marktintegration	Mit Ausgleich	RP 14-17	EU-Marktintegration	Mit Ausgleich	RP 14-17	EU-Marktintegration	Mit Ausgleich
Variable	**Region**	**Einheit**	**Aktuell**	**Reform**	**Reform**	**Reform**	**Änderung**	**Änderung**	**Änderung**	**Proz. Änd.**	**Proz. Änd.**	**Proz. Änd.**
Chemikaliermengen (Hauptfrüchte)	CHE	1000 t N	0.34	0.34	0.34	0.34	0.00	0.00	0.00	0%	1%	1%
N-Mineraldüngermengen (Hauptfrüchte)	CHE	1000 t N	17.76	17.86	17.60	17.80	0.09	-0.16	0.04	1%	-1%	0%
N-Mineraldüngermengen (andere Flächen)	CHE	1000 t N	26.23	26.31	27.12	26.86	0.08	0.89	0.63	0%	3%	2%
N-Mineraldüngermengen (gesamt)	CHE	1000 t N	43.99	44.17	44.71	44.66	0.17	0.72	0.67	0%	2%	2%
Biologische N-Fixierung	CHE	1000 t N	32.54	32.35	31.81	32.01	-0.19	-0.72	-0.53	-1%	-2%	-2%
Atmosphärische N-Ablagerungen	CHE	1000 t N	20.06	20.05	19.92	20.00	-0.01	-0.15	-0.06	0%	-1%	0%
N-Wirtschaftsdünger vom Milchvieh	CHE	1000 t N	68.44	64.55	63.89	64.05	-3.89	-4.55	-4.40	-6%	-7%	-6%
N-Wirtschaftsdünger vom Fleischrind	CHE	1000 t N	37.69	30.85	34.01	35.58	-6.85	-3.68	-2.11	-18%	-10%	-6%
N-Wirtschaftsdünger von anderen Tieren	CHE	1000 t N	33.26	33.26	33.26	33.26	0.00	0.00	0.00	0%	0%	0%
N-Wirtschaftsdünger gesamt	CHE	1000 t N	139.39	128.65	131.16	132.88	-10.74	-8.24	-6.51	-8%	-6%	-5%
N-Einträge	CHE	1000 t N	235.98	225.22	227.60	229.56	-10.76	-8.38	-6.43	-5%	-4%	-3%
N-Aufnahme (Hauptfrüchte)	CHE	1000 t N	16.55	16.69	16.15	16.41	0.14	-0.40	-0.13	1%	-2%	-1%
N-Aufnahme (andere Flächen)	CHE	1000 t N	132.85	132.44	131.95	132.24	-0.41	-0.90	-0.60	0%	-1%	0%
N-Aufnahme (gesamt)	CHE	1000 t N	149.39	149.13	148.10	148.66	-0.27	-1.29	-0.74	0%	-1%	0%
Bruttostickstoffbilanz	CHE	1000 t N	86.59	76.10	79.50	80.90	-10.49	-7.09	-5.69	-12%	-8%	-7%
P-Mineraldüngermengen (Hauptfrüchte)	CHE	1000 t P	2.96	2.98	2.94	2.97	0.02	-0.03	0.01	1%	-1%	0%
P-Mineraldüngermengen (andere Flächen)	CHE	1000 t P	3.75	3.80	4.12	4.03	0.05	0.37	0.28	1%	10%	7%
P-Mineraldüngermengen (gesamt)	CHE	1000 t P	6.71	6.78	7.05	7.00	0.07	0.34	0.29	1%	5%	4%
Atmosphärische P-Ablagerungen	CHE	1000 t P	0.29	0.29	0.29	0.29	0.00	0.00	0.00	0%	-1%	0%
P-Wirtschaftsdünger vom Milchvieh	CHE	1000 t P	10.21	9.53	9.58	9.60	-0.68	-0.64	-0.61	-7%	-6%	-6%
P-Wirtschaftsdünger vom Fleischrind	CHE	1000 t P	5.51	4.51	4.98	5.20	-1.00	-0.54	-0.31	-18%	-10%	-6%
P-Wirtschaftsdünger von anderen Tieren	CHE	1000 t P	9.65	9.65	9.65	9.65	0.00	0.00	0.00	0%	0%	0%
P-Wirtschaftsdünger gesamt	CHE	1000 t P	25.37	23.69	24.20	24.45	-1.68	-1.18	-0.92	-7%	-5%	-4%
P-Einträge	CHE	1000 t P	32.38	30.76	31.54	31.74	-1.61	-0.84	-0.64	-5%	-3%	-2%
P-Aufnahme (Hauptfrüchte)	CHE	1000 t P	3.27	3.30	3.23	3.27	0.03	-0.04	0.00	1%	-1%	0%
P-Aufnahme (andere Flächen)	CHE	1000 t P	22.30	22.23	22.15	22.21	-0.06	-0.15	-0.09	0%	-1%	0%
P-Aufnahme (gesamt)	CHE	1000 t P	25.57	25.53	25.38	25.48	-0.04	-0.18	-0.09	0%	-1%	0%
Bruttophosphorbilanz	CHE	1000 t P	6.81	5.23	6.16	6.26	-1.57	-0.65	-0.55	-23%	-10%	-8%
CH_4 aus der enterogenen Fermentation (Milchvieh)	CHE	1000 t CH4	81.28	77.08	75.72	75.94	-4.21	-5.56	-5.34	-5%	-7%	-7%
CH_4 Dungbewirtschaftung (Milchvieh)	CHE	1000 t CH4	15.94	15.11	14.85	14.89	-0.82	-1.09	-1.05	-5%	-7%	-7%
CH_4-Emissionen (Milchvieh)	CHE	1000 t CH4	97.22	92.19	90.56	90.83	-5.03	-6.66	-6.38	-5%	-7%	-7%
CH_4 aus der enterogenen Fermentation (Fleischrind)	CHE	1000 t CH4	38.53	31.53	34.77	36.37	-6.99	-3.76	-2.15	-18%	-10%	-6%
CH_4 Dungbewirtschaftung (Fleischrind)	CHE	1000 t CH4	5.01	4.10	4.52	4.73	-0.91	-0.49	-0.28	-18%	-10%	-6%
CH_4-Emissionen (Fleischrind)	CHE	1000 t CH4	43.54	35.63	39.29	41.10	-7.90	-4.25	-2.43	-18%	-10%	-6%
CH_4-Emissionen (Rindvieh)	CHE	1000 t CH4	140.76	127.82	129.85	131.94	-12.94	-10.90	-8.82	-9%	-8%	-6%
CH_4, andere Tiere	CHE	1000 t CH4	19.17	19.17	19.17	19.17	0.00	0.00	0.00	0%	0%	0%
CH_4-Emissionen (gesamt)	CHE	1000 t CH4	159.93	146.99	149.03	151.11	-12.94	-10.90	-8.82	-8%	-7%	-6%
N_2O Dungbewirtschaftung	CHE	1000 t N2O	1.11	1.02	1.05	1.06	-0.08	-0.06	-0.04	-7%	-5%	-4%
N_2O direkte Bodenemissionen	CHE	1000 t N2O	3.53	2.98	3.01	3.03	-0.54	-0.52	-0.50	-15%	-15%	-14%
N_2O, Weideland und Koppeln	CHE	1000 t N2O	0.84	0.78	0.79	0.80	-0.06	-0.05	-0.04	-8%	-6%	-5%
N_2O, atmosphärische Ablagerungen	CHE	1000 t N2O	0.32	0.32	0.31	0.31	0.00	0.00	0.00	0%	-1%	0%
N_2O, Auswaschung und Oberflächenabfluss	CHE	1000 t N2O	1.44	1.36	1.38	1.39	-0.08	-0.06	-0.05	-6%	-4%	-3%
N_2O-Emissionen (gesamt)	CHE	1000 t N2O	7.23	6.46	6.54	6.60	-0.77	-0.69	-0.63	-11%	-10%	-9%
Treibhauspotential	CHE	1000 t CO_2-Äq	5599.54	5222.15	5293.04	5355.80	-377.39	-306.51	-243.74	-7%	-5%	-4%

Quelle: Modellsimulation mit dem OECD-Politikevaluierungsmodell.

Tabelle 4.A1.3. Ökologische Evaluierung der verschiedenen Politikreformen: Talregion

Table A3.3. Ökologische Evaluierung historischer Politikreformen: Talregion

Variable	Region	Einheit	RP 93-98 Aktuell	RP 99-03 Aktuell	RP 04-07 Aktuell	RP 08-12 Aktuell	RP 93-98 Keine Reforn	RP 99-03 Keine Reforn	RP 04-07 Keine Reforn	RP 08-12 Keine Reforn	RP 93-98 Änderung	RP 99-03 Änderung	RP 04-07 Änderung	RP 08-12 Änderung	RP 93-98 Proz. Änd.	RP 99-03 Proz. Änd.	RP 04-07 Proz. Änd.	RP 08-12 Proz. Änd.
Chemikalienmengen (Hauptfrüchte)	chp	1000 t N	0.09	0.05	0.05	0.04	0.11	0.10	0.05	0.05	-0.02	-0.05	-0.01	-0.01	-20%	-45%	-13%	-20%
N-Mineraldüngermengen (Hauptfrüchte)	chp	1000 t N	5.88	3.49	2.74	2.34	7.35	6.44	3.19	2.90	-1.47	-2.95	-0.45	-0.57	-20%	-46%	-14%	-20%
N-Mineraldüngermengen (andere Flächen)	chp	1000 t N	5.55	6.20	6.39	6.70	5.36	6.20	6.40	6.69	0.19	0.00	-0.01	0.01	4%	0%	0%	0%
N-Mineraldüngermengen (gesamt)	chp	1000 t N	11.43	9.69	9.13	9.03	12.71	12.64	9.59	9.59	-1.27	-2.95	-0.46	-0.56	-10%	-23%	-5%	-6%
Biologische N-Fixierung	chp	1000 t N	9.60	9.98	10.11	10.17	9.75	9.93	10.08	10.17	-0.15	0.05	0.03	0.00	-2%	0%	0%	0%
Atmosphärische N-Ablagerungen	chp	1000 t N	5.13	5.08	5.05	5.00	5.12	5.07	5.05	5.00	0.01	0.00	0.00	0.00	0%	0%	0%	0%
N-Wirtschaftsdünger vom Milchvieh	chp	1000 t N	23.93	23.03	22.54	22.10	24.10	25.90	21.75	21.13	-0.18	-2.88	0.79	0.98	-1%	-11%	4%	5%
N-Wirtschaftsdünger vom Fleischrind	chp	1000 t N	10.02	9.89	10.59	11.44	10.62	8.66	9.11	10.66	-0.60	1.23	1.48	0.78	-6%	14%	16%	7%
N-Wirtschaftsdünger von anderen Tieren	chp	1000 t N	9.57	8.88	9.08	9.11	9.57	8.88	9.08	9.11	0.00	0.00	0.00	0.00	0%	0%	0%	0%
N-Wirtschaftsdünger gesamt	chp	1000 t N	43.52	41.79	42.22	42.66	44.30	43.44	39.95	40.90	-0.78	-1.65	2.27	1.76	-2%	-4%	6%	4%
N-Einträge	chp	1000 t N	69.68	66.53	66.51	66.86	71.87	71.08	64.67	65.67	-2.19	-4.55	1.84	1.20	-3%	-6%	3%	2%
N-Aufnahme (Hauptfrüchte)	chp	1000 t N	3.27	2.61	2.51	2.31	4.21	4.90	3.01	2.89	-0.94	-2.29	-0.50	-0.58	-22%	-47%	-17%	-20%
N-Aufnahme (andere Flächen)	chp	1000 t N	39.34	39.64	39.84	39.83	39.57	39.48	39.77	39.82	-0.23	0.16	0.08	0.01	-1%	0%	0%	0%
N-Aufnahme (gesamt)	chp	1000 t N	42.62	42.25	42.35	42.14	43.78	44.38	42.78	42.71	-1.17	-2.13	-0.43	-0.58	-3%	-5%	-1%	-1%
Bruttostickstoffbilanz	chp	1000 t N	27.07	24.28	24.16	24.72	28.09	26.70	21.89	22.95	-1.02	-2.42	2.27	1.77	-4%	-9%	10%	8%
Bruttostickstoffbilanz pro Hektar	chp	kg N/ha	96.67	87.55	87.55	90.47	100.30	96.27	79.34	83.99	-3.63	-8.72	8.21	6.48	-4%	-9%	10%	8%
P-Mineraldüngermengen (Hauptfrüchte)	chp	1000 t P	0.98	0.58	0.46	0.39	1.23	1.07	0.53	0.48	-0.24	-0.49	-0.07	-0.09	-20%	-46%	-14%	-20%
P-Mineraldüngermengen (andere Flächen)	chp	1000 t P	0.65	0.62	0.62	0.63	0.57	0.63	0.62	0.62	0.08	-0.01	-0.01	0.00	13%	-1%	-1%	1%
P-Mineraldüngermengen (gesamt)	chp	1000 t P	1.63	1.21	1.07	1.02	1.80	1.71	1.16	1.11	-0.17	-0.50	-0.08	-0.09	-9%	-29%	-7%	-8%
Atmosphärische P-Ablagerungen	chp	1000 t P	0.10	0.08	0.08	0.08	0.10	0.08	0.08	0.08	0.00	0.00	0.00	0.00	0%	0%	0%	0%
P-Wirtschaftsdünger vom Milchvieh	chp	1000 t P	3.69	3.35	3.26	3.23	3.72	3.73	3.15	3.08	-0.02	-0.38	0.12	0.15	-1%	-10%	4%	5%
P-Wirtschaftsdünger vom Fleischrind	chp	1000 t P	1.45	1.46	1.56	1.67	1.54	1.28	1.34	1.56	-0.09	0.18	0.22	0.11	-6%	14%	16%	7%
P-Wirtschaftsdünger von anderen Tieren	chp	1000 t P	2.50	2.46	2.64	2.63	2.50	2.46	2.64	2.63	0.00	0.00	0.00	0.00	0%	0%	0%	0%
P-Wirtschaftsdünger gesamt	chp	1000 t P	7.64	7.27	7.47	7.54	7.76	7.47	7.13	7.27	-0.11	-0.20	0.33	0.26	-1%	-3%	5%	4%
P-Einträge	chp	1000 t P	9.37	8.56	8.61	8.63	9.65	9.25	8.36	8.46	-0.28	-0.70	0.25	0.17	-3%	-8%	3%	2%
P-Aufnahme (Hauptfrüchte)	chp	1000 t P	0.66	0.52	0.50	0.46	0.86	0.97	0.60	0.58	-0.20	-0.45	-0.10	-0.12	-24%	-46%	-16%	-21%
P-Aufnahme (andere Flächen)	chp	1000 t P	6.55	6.69	6.75	6.79	6.59	6.66	6.73	6.79	-0.03	0.03	0.01	0.00	0%	0%	0%	0%
P-Aufnahme (gesamt)	chp	1000 t P	7.21	7.21	7.25	7.25	7.45	7.63	7.33	7.37	-0.23	-0.42	-0.08	-0.12	-3%	-6%	-1%	-2%
Bruttophosphorbilanz	chp	1000 t P	2.16	1.35	1.37	1.38	2.21	1.62	1.03	1.08	-0.05	-0.28	0.34	0.29	-2%	-17%	33%	27%
Bruttophosphorbilanz pro Hektar	chp	kg P/ha	7.73	4.85	4.96	5.04	7.89	5.85	3.74	3.97	-0.16	-1.00	1.22	1.07	-2%	-17%	33%	27%
CH_4 aus der enterogenen Fermentation (Milchvie	chp	1000 t CH4	27.12	25.82	25.48	26.10	27.31	29.02	24.65	25.06	-0.20	-3.20	0.83	1.04	-1%	-11%	3%	4%
CH_4 Dungbewirtschaftung (Milchvieh)	chp	1000 t CH4	5.15	4.91	4.95	5.12	5.19	5.52	4.79	4.91	-0.04	-0.61	0.16	0.20	-1%	-11%	3%	4%
CH_4-Emissionen (Milchvieh)	chp	1000 t CH4	32.26	30.73	30.43	31.22	32.50	34.54	29.44	29.97	-0.24	-3.81	0.99	1.25	-1%	-11%	3%	4%
CH_4 aus der enterogenen Fermentation (Fleischri	chp	1000 t CH4	10.27	10.21	10.82	11.63	10.88	8.94	9.30	10.84	-0.60	1.27	1.51	0.79	-6%	14%	16%	7%
CH_4 Dungbewirtschaftung (Fleischrind)	chp	1000 t CH4	1.27	1.24	1.36	1.50	1.35	1.08	1.17	1.40	-0.07	0.15	0.19	0.10	-5%	14%	16%	7%
CH_4-Emissionen (Fleischrind)	chp	1000 t CH4	11.55	11.45	12.18	13.13	12.22	10.02	10.47	12.24	-0.68	1.43	1.71	0.89	-6%	14%	16%	7%
CH_4-Emissionen (Rindvieh)	chp	1000 t CH4	43.81	42.18	42.61	44.35	44.72	44.56	39.92	42.21	-0.91	-2.39	2.69	2.14	-2%	-5%	7%	5%
CH_4, andere Tiere	chp	1000 t CH4	4.90	4.93	5.22	5.19	4.90	4.93	5.22	5.19	0.00	0.00	0.00	0.00	0%	0%	0%	0%
CH_4-Emissionen (gesamt)	chp	1000 t CH4	48.71	47.11	47.83	49.54	49.62	49.50	45.14	47.40	-0.91	-2.39	2.69	2.14	-2%	-5%	6%	5%
N_2O Dungbewirtschaftung	chp	1000 t N2O	0.40	0.34	0.32	0.33	0.41	0.35	0.31	0.31	-0.01	-0.01	0.02	0.01	-2%	-2%	6%	4%
N_2O direkte Bodenemissionen	chp	1000 t N2O	1.03	0.97	0.96	0.97	1.08	1.05	0.95	0.96	-0.04	-0.08	0.01	0.00	-4%	-8%	1%	0%
N_2O, Weideland und Koppeln	chp	1000 t N2O	0.15	0.23	0.25	0.26	0.16	0.24	0.24	0.25	0.00	-0.01	0.01	0.01	-2%	-4%	6%	4%
N_2O, atmosphärische Ablagerungen	chp	1000 t N2O	0.08	0.08	0.08	0.08	0.08	0.08	0.08	0.08	0.00	0.00	0.00	0.00	0%	0%	0%	0%
N_2O, Auswaschung und Oberflächenabfluss	chp	1000 t N2O	0.43	0.40	0.40	0.41	0.45	0.44	0.39	0.40	-0.02	-0.04	0.01	0.01	-4%	-8%	4%	2%
N_2O-Emissionen (gesamt)	chp	1000 t N2O	2.10	2.03	2.02	2.03	2.17	2.16	1.96	2.00	-0.07	-0.13	0.06	0.04	-3%	-6%	3%	2%
Treibhauspotential	chp	1000 t CO_2-Äq.	1673.59	1617.30	1630.97	1670.84	1714.20	1708.97	1556.04	1614.86	-40.61	-91.66	74.93	55.98	-2%	-5%	5%	3%

Quelle: Modellsimulation mit dem OECD-Politikevaluierungsmodell.

Tabelle 4.A1.4. Ökologische Evaluierung der AP 14-17 und der weiteren Reformen: Talregion

			2012	RP 14-17	EU-Marktintegration	Mit Ausgleich	RP 14-17	EU-Marktintegration	Mit Ausgleich	RP 14-17	EU-Marktintegration	Mit Ausgleich
Variable	Region	Einheit	Aktuell	Reform	Reform	Reform	Änderung	Änderung	Änderung	Proz. Änd.	Proz. Änd.	Proz. Änd.
Chemikalienmengen (Hauptfrüchte)	chp	1000 t N	0.29	0.29	0.28	0.29	0.00	0.01	0.00	0%	-3%	-1%
N-Mineraldüngermengen (Hauptfrüchte)	chp	1000 t N	15.26	15.33	14.49	14.85	-0.07	0.76	0.41	0%	-5%	-3%
N-Mineraldüngermengen (andere Flächen)	chp	1000 t N	18.17	18.21	18.68	18.56	-0.04	-0.52	-0.39	0%	3%	2%
N-Mineraldüngermengen (gesamt)	chp	1000 t N	33.42	33.54	33.18	33.40	-0.12	0.24	0.02	0%	-1%	0%
Biologische N-Fixierung	chp	1000 t N	16.28	16.12	16.16	16.16	0.16	0.12	0.12	-1%	-1%	-1%
Atmosphärische N-Ablagerungen	chp	1000 t N	9.86	9.86	9.80	9.84	0.00	0.06	0.03	0%	-1%	0%
N-Wirtschaftsdünger vom Milchvieh	chp	1000 t N	30.73	29.80	28.34	28.27	0.93	2.38	2.46	-3%	-8%	-8%
N-Wirtschaftsdünger vom Fleischrind	chp	1000 t N	15.54	13.55	12.84	13.29	1.99	2.70	2.25	-13%	-17%	-14%
N-Wirtschaftsdünger von anderen Tieren	chp	1000 t N	18.77	18.77	18.77	18.77	0.00	0.00	0.00	0%	0%	0%
N-Wirtschaftsdünger gesamt	chp	1000 t N	65.03	62.11	59.95	60.32	2.92	5.08	4.71	-4%	-8%	-7%
N-Einträge	chp	1000 t N	124.60	121.64	119.09	119.73	2.96	5.51	4.87	-2%	-4%	-4%
N-Aufnahme (Hauptfrüchte)	chp	1000 t N	14.16	14.28	13.20	13.60	-0.12	0.96	0.56	1%	-7%	-4%
N-Aufnahme (andere Flächen)	chp	1000 t N	68.12	67.80	68.66	68.44	0.32	-0.54	-0.33	0%	1%	0%
N-Aufnahme (gesamt)	chp	1000 t N	82.28	82.08	81.85	82.05	0.20	0.42	0.23	0%	-1%	0%
Bruttostickstoffbilanz	chp	1000 t N	42.33	39.56	37.24	37.68	2.76	5.09	4.64	-7%	-12%	-11%
Bruttostickstoffbilanz pro Hektar	chp	kg N/ha	85.40	79.83	75.13	76.03	5.57	10.27	9.37	-7%	-12%	-11%
P-Mineraldüngermengen (Hauptfrüchte)	chp	1000 t P	2.55	2.56	2.42	2.48	-0.01	0.13	0.07	0%	-5%	-3%
P-Mineraldüngermengen (andere Flächen)	chp	1000 t P	3.03	3.07	3.22	3.18	-0.04	-0.19	-0.15	1%	6%	5%
P-Mineraldüngermengen (gesamt)	chp	1000 t P	5.58	5.63	5.64	5.66	-0.06	-0.06	-0.08	1%	1%	1%
Atmosphärische P-Ablagerungen	chp	1000 t P	0.14	0.14	0.14	0.14	0.00	0.00	0.00	0%	-1%	0%
P-Wirtschaftsdünger vom Milchvieh	chp	1000 t P	4.50	4.35	4.15	4.14	0.14	0.34	0.36	-3%	-8%	-8%
P-Wirtschaftsdünger vom Fleischrind	chp	1000 t P	2.27	1.98	1.88	1.94	0.29	0.39	0.33	-13%	-17%	-14%
P-Wirtschaftsdünger von anderen Tieren	chp	1000 t P	4.97	4.97	4.97	4.97	0.00	0.00	0.00	0%	0%	0%
P-Wirtschaftsdünger gesamt	chp	1000 t P	11.74	11.30	11.00	11.05	0.43	0.74	0.68	-4%	-6%	-6%
P-Einträge	chp	1000 t P	17.45	17.07	16.77	16.85	0.38	0.68	0.60	-2%	-4%	-3%
P-Aufnahme (Hauptfrüchte)	chp	1000 t P	2.79	2.82	2.64	2.71	-0.02	0.15	0.08	1%	-5%	-3%
P-Aufnahme (andere Flächen)	chp	1000 t P	10.90	10.85	10.99	10.96	0.05	-0.10	-0.06	0%	1%	1%
P-Aufnahme (gesamt)	chp	1000 t P	13.69	13.67	13.64	13.67	0.02	0.05	0.02	0%	0%	0%
Bruttophosphorbilanz	chp	1000 t P	3.76	3.41	3.13	3.18	0.35	0.62	0.58	-9%	-17%	-15%
Bruttophosphorbilanz pro Hektar	chp	kg P/ha	7.58	6.87	6.32	6.41	0.71	1.26	1.17	-9%	-17%	-15%
CH_4 aus der enterogenen Fermentation (Milchvieh)	chp	1000 t CH4	37.43	36.45	34.42	34.32	0.98	3.01	3.11	-3%	-8%	-8%
CH_4 Dungbewirtschaftung (Milchvieh)	chp	1000 t CH4	7.34	7.15	6.75	6.73	0.19	0.59	0.61	-3%	-8%	-8%
CH_4-Emissionen (Milchvieh)	chp	1000 t CH4	44.77	43.60	41.17	41.05	1.17	3.60	3.72	-3%	-8%	-8%
CH_4 aus der enterogenen Fermentation (Fleischrind)	chp	1000 t CH4	15.85	13.82	13.10	13.55	2.03	2.75	2.30	-13%	-17%	-14%
CH_4 Dungbewirtschaftung (Fleischrind)	chp	1000 t CH4	2.06	1.79	1.70	1.76	0.26	0.36	0.30	-13%	-17%	-14%
CH_4-Emissionen (Fleischrind)	chp	1000 t CH4	17.91	15.62	14.80	15.32	2.29	3.11	2.59	-13%	-17%	-14%
CH_4-Emissionen (Rindvieh)	chp	1000 t CH4	62.68	59.22	55.97	56.37	3.47	6.71	6.31	-6%	-11%	-10%
CH_4, andere Tiere	chp	1000 t CH4	10.18	10.18	10.18	10.18	0.00	0.00	0.00	0%	0%	0%
CH_4-Emissionen (gesamt)	chp	1000 t CH4	72.87	69.40	66.15	66.55	3.47	6.71	6.31	-5%	-9%	-9%
N_2O Dungbewirtschaftung	chp	1000 t N2O	0.51	0.49	0.47	0.47	0.02	0.04	0.03	-5%	-7%	-7%
N_2O direkte Bodenemissionen	chp	1000 t N2O	1.93	1.89	1.87	1.88	0.03	0.05	0.05	-2%	-3%	-2%
N_2O, Weideland und Koppeln	chp	1000 t N2O	0.39	0.37	0.36	0.36	0.02	0.03	0.03	-4%	-8%	-7%
N_2O, atmosphärische Ablagerungen	chp	1000 t N2O	0.15	0.15	0.15	0.15	0.00	0.00	0.00	0%	-1%	0%
N_2O, Auswaschung und Oberflächenabfluss	chp	1000 t N2O	0.77	0.75	0.73	0.74	0.02	0.04	0.04	-3%	-5%	-5%
N_2O-Emissionen (gesamt)	chp	1000 t N2O	3.75	3.66	3.59	3.61	0.09	0.16	0.15	-2%	-4%	-4%
Treibhauspotential	chp	1000 t CO_2-Äq.	2694.04	2592.36	2502.01	2516.10	101.68	192.03	177.93	-4%	-7%	-7%

Quelle: Modellsimulation mit dem OECD-Politikevaluierungsmodell.

Tabelle 4.A1.5. Ökologische Evaluierung der verschiedenen Politikreformen: Hügelregion

			RP 93-98	RP 99-03	RP 04-07	RP 08-12	RP 93-98	RP 99-03	RP 04-07	RP 08-12	RP 93-98	RP 99-03	RP 04-07	RP 08-12	RP 93-98	RP 99-03	RP 04-07	RP 08-12
Variable	Region	Einheit	Aktuell	Aktuell	Aktuell	Aktuell	Keine Reform	Keine Reform	Keine Reform	Keine Reform	Änderung	Änderung	Änderung	Änderung	Proz. Änd.	Proz. Änd.	Proz. Änd.	Proz. Änd.
Chemikalienmengen (Hauptfrüchte)	chh	1000 t N	0.09	0.05	0.05	0.04	0.11	0.10	0.05	0.05	-0.02	-0.05	-0.01	-0.01	-20%	-45%	-13%	-20%
N-Mineraldüngermengen (Hauptfrüchte)	chh	1000 t N	5.88	3.49	2.74	2.34	7.35	6.44	3.19	2.90	-1.47	-2.95	-0.45	-0.57	-20%	-46%	-14%	-20%
N-Mineraldüngermengen (andere Flächen)	chh	1000 t N	5.55	6.20	6.39	6.70	5.36	6.20	6.40	6.69	0.19	0.00	-0.01	0.01	4%	0%	0%	0%
N-Mineraldüngermengen (gesamt)	chh	1000 t N	11.43	9.69	9.13	9.03	12.71	12.64	9.59	9.59	-1.27	-2.95	-0.46	-0.56	-10%	-23%	-5%	-6%
Biologische N-Fixierung	chh	1000 t N	9.60	9.98	10.11	10.17	9.75	9.93	10.08	10.17	-0.15	0.05	0.03	0.00	-2%	0%	0%	0%
Atmosphärische N-Ablagerungen	chh	1000 t N	5.13	5.08	5.05	5.00	5.12	5.07	5.05	5.00	0.01	0.00	0.00	0.00	0%	0%	0%	0%
N-Wirtschaftsdünger vom Milchvieh	chh	1000 t N	23.93	23.03	22.54	22.10	24.10	25.90	21.75	21.13	-0.18	-2.88	0.79	0.98	-1%	-11%	4%	5%
N-Wirtschaftsdünger vom Fleischrind	chh	1000 t N	10.02	9.89	10.59	11.44	10.62	8.66	9.11	10.66	-0.60	1.23	1.48	0.78	-6%	14%	16%	7%
N-Wirtschaftsdünger von anderen Tieren	chh	1000 t N	9.57	8.88	9.08	9.11	9.57	8.88	9.08	9.11	0.00	0.00	0.00	0.00	0%	0%	0%	0%
N-Wirtschaftsdünger gesamt	chh	1000 t N	43.52	41.79	42.22	42.66	44.30	43.44	39.95	40.90	-0.78	-1.65	2.27	1.76	-2%	-4%	6%	4%
N-Einträge	chh	1000 t N	69.68	66.53	66.51	66.86	71.87	71.08	64.67	65.67	-2.19	-4.55	1.84	1.20	-3%	-6%	3%	2%
N-Aufnahme (Hauptfrüchte)	chh	1000 t N	3.27	2.61	2.51	2.31	4.21	4.90	3.01	2.89	-0.94	-2.29	-0.50	-0.58	-22%	-47%	-17%	-20%
N-Aufnahme (andere Flächen)	chh	1000 t N	39.34	39.64	39.84	39.83	39.57	39.48	39.77	39.82	-0.23	0.16	0.08	0.01	-1%	0%	0%	0%
N-Aufnahme (gesamt)	chh	1000 t N	42.62	42.25	42.35	42.14	43.78	44.38	42.78	42.71	-1.17	-2.13	-0.43	-0.58	-3%	-5%	-1%	-1%
Bruttostickstoffbilanz	chh	1000 t N	27.07	24.28	24.16	24.72	28.09	26.70	21.89	22.95	-1.02	-2.42	2.27	1.77	-4%	-9%	10%	8%
Bruttostickstoffbilanz pro Hektar	chh	kg N/ha	96.67	87.55	87.55	90.47	100.30	96.27	79.34	83.99	-3.63	-8.72	8.21	6.48	-4%	-9%	10%	8%
P-Mineraldüngermengen (Hauptfrüchte)	chh	1000 t P	0.98	0.58	0.46	0.39	1.23	1.07	0.53	0.48	-0.24	-0.49	-0.07	-0.09	-20%	-46%	-14%	-20%
P-Mineraldüngermengen (andere Flächen)	chh	1000 t P	0.65	0.62	0.62	0.63	0.57	0.63	0.62	0.62	0.08	-0.01	-0.01	0.00	13%	-1%	-1%	1%
P-Mineraldüngermengen (gesamt)	chh	1000 t P	1.63	1.21	1.07	1.02	1.80	1.71	1.16	1.11	-0.17	-0.50	-0.08	-0.09	-9%	-29%	-7%	-8%
Atmosphärische P-Ablagerungen	chh	1000 t P	0.10	0.08	0.08	0.08	0.10	0.08	0.08	0.08	0.00	0.00	0.00	0.00	0%	0%	0%	0%
P-Wirtschaftsdünger vom Milchvieh	chh	1000 t P	3.69	3.35	3.26	3.23	3.72	3.73	3.15	3.08	-0.02	-0.38	0.12	0.15	-1%	-10%	4%	5%
P-Wirtschaftsdünger vom Fleischrind	chh	1000 t P	1.45	1.46	1.56	1.67	1.54	1.28	1.34	1.56	-0.09	0.18	0.22	0.11	-6%	14%	16%	7%
P-Wirtschaftsdünger von anderen Tieren	chh	1000 t P	2.50	2.46	2.64	2.63	2.50	2.46	2.64	2.63	0.00	0.00	0.00	0.00	0%	0%	0%	0%
P-Wirtschaftsdünger gesamt	chh	1000 t P	7.64	7.27	7.47	7.54	7.76	7.47	7.13	7.27	-0.11	-0.20	0.33	0.26	-1%	-3%	5%	4%
P-Einträge	chh	1000 t P	9.37	8.56	8.61	8.63	9.65	9.25	8.36	8.46	-0.28	-0.70	0.25	0.17	-3%	-8%	3%	2%
P-Aufnahme (Hauptfrüchte)	chh	1000 t P	0.66	0.52	0.50	0.46	0.86	0.97	0.60	0.58	-0.20	-0.45	-0.10	-0.12	-24%	-46%	-16%	-21%
P-Aufnahme (andere Flächen)	chh	1000 t P	6.55	6.69	6.75	6.79	6.59	6.66	6.73	6.79	-0.03	0.03	0.01	0.00	0%	0%	0%	0%
P-Aufnahme (gesamt)	chh	1000 t P	7.21	7.21	7.25	7.25	7.45	7.63	7.33	7.37	-0.23	-0.42	-0.08	-0.12	-3%	-6%	-1%	-2%
Bruttophosphorbilanz	chh	1000 t P	2.16	1.35	1.37	1.38	2.21	1.62	1.03	1.08	-0.05	-0.28	0.34	0.29	-2%	-17%	33%	27%
Bruttophosphorbilanz pro Hektar	chh	kg P/ha	7.73	4.85	4.96	5.04	7.89	5.85	3.74	3.97	-0.16	-1.00	1.22	1.07	-2%	-17%	33%	27%
CH_4 aus der enterogenen Fermentation (Milchvieh)	chh	1000 t CH4	27.12	25.82	25.48	26.10	27.31	29.02	24.65	25.06	-0.20	-3.20	0.83	1.04	-1%	-11%	3%	4%
CH_4 Dungbewirtschaftung (Milchvieh)	chh	1000 t CH4	5.15	4.91	4.95	5.12	5.19	5.52	4.79	4.91	-0.04	-0.61	0.16	0.20	-1%	-11%	3%	4%
CH_4-Emissionen (Milchvieh)	chh	1000 t CH4	32.26	30.73	30.43	31.22	32.50	34.54	29.44	29.97	-0.24	-3.81	0.99	1.25	-1%	-11%	3%	4%
CH_4 aus der enterogenen Fermentation (Fleischrind)	chh	1000 t CH4	10.27	10.21	10.82	11.63	10.88	8.94	9.30	10.84	-0.60	1.27	1.51	0.79	-6%	14%	16%	7%
CH_4 Dungbewirtschaftung (Fleischrind)	chh	1000 t CH4	1.27	1.24	1.36	1.50	1.35	1.08	1.17	1.40	-0.07	0.15	0.19	0.10	-5%	14%	16%	7%
CH_4-Emissionen (Fleischrind)	chh	1000 t CH4	11.55	11.45	12.18	13.13	12.22	10.02	10.47	12.24	-0.68	1.43	1.71	0.89	-6%	14%	16%	7%
CH_4-Emissionen (Rindvieh)	chh	1000 t CH4	43.81	42.18	42.61	44.35	44.72	44.56	39.92	42.21	-0.91	-2.39	2.69	2.14	-2%	-5%	7%	5%
CH_4, andere Tiere	chh	1000 t CH4	4.90	4.93	5.22	5.19	4.90	4.93	5.22	5.19	0.00	0.00	0.00	0.00	0%	0%	0%	0%
CH_4-Emissionen (gesamt)	chh	1000 t CH4	48.71	47.11	47.83	49.54	49.62	49.50	45.14	47.40	-0.91	-2.39	2.69	2.14	-2%	-5%	6%	5%
N_2O Dungbewirtschaftung	chh	1000 t N2O	0.40	0.34	0.32	0.33	0.41	0.35	0.31	0.31	-0.01	-0.01	0.02	0.01	-2%	-2%	6%	4%
N_2O direkte Bodenemissionen	chh	1000 t N2O	1.03	0.97	0.96	0.97	1.08	1.05	0.95	0.96	-0.04	-0.08	0.01	0.00	-4%	-8%	1%	0%
N_2O, Weideland und Koppeln	chh	1000 t N2O	0.15	0.23	0.25	0.26	0.16	0.24	0.24	0.25	0.00	-0.01	0.01	0.01	-2%	-4%	6%	4%
N_2O, atmosphärische Ablagerungen	chh	1000 t N2O	0.08	0.08	0.08	0.08	0.08	0.08	0.08	0.08	0.00	0.00	0.00	0.00	0%	0%	0%	0%
N_2O, Auswaschung und Oberflächenabfluss	chh	1000 t N2O	0.43	0.40	0.40	0.41	0.45	0.44	0.39	0.40	-0.02	-0.04	0.01	0.01	-4%	-8%	4%	2%
N_2O-Emissionen (gesamt)	chh	1000 t N2O	2.10	2.03	2.02	2.03	2.17	2.16	1.96	2.00	-0.07	-0.13	0.06	0.04	-3%	-6%	3%	2%
Treibhauspotential	chh	1000 t CO_2-Äq.	1673.59	1617.30	1630.97	1670.84	1714.20	1708.97	1556.04	1614.86	-40.61	-91.66	74.93	55.98	-2%	-5%	5%	3%

Quelle: Modellsimulation mit dem OECD-Politikevaluierungsmodell.

Tabelle 4.A1.6. Ökologische Evaluierung der verschiedenen Politikreformen: Hügelregion

			2012	RP 14-17	EU-Marktintegration	Mit Ausgleich	RP 14-17	EU-Marktintegration	Mit Ausgleich	RP 14-17	EU-Marktintegration	Mit Ausgleich
Variable	Region	Einheit	Aktuell	Reform	Reform	Reform	Änderung	Änderung	Änderung	Proz. Änd.	Proz. Änd.	Proz. Änd.
Chemikalienmengen (Hauptfrüchte)	chh	1000 t N	0.04	0.04	0.05	0.05	0.00	-0.01	-0.01	0%	24%	19%
N-Mineraldüngermengen (Hauptfrüchte)	chh	1000 t N	2.32	2.33	2.87	2.76	0.00	-0.55	-0.44	0%	24%	19%
N-Mineraldüngermengen (andere Flächen)	chh	1000 t N	6.74	6.74	7.02	6.97	0.00	-0.29	-0.23	0%	4%	3%
N-Mineraldüngermengen (gesamt)	chh	1000 t N	9.06	9.07	9.89	9.73	-0.01	-0.83	-0.67	0%	9%	7%
Biologische N-Fixierung	chh	1000 t N	10.14	10.14	9.61	9.74	0.00	0.53	0.40	0%	-5%	-4%
Atmosphärische N-Ablagerungen	chh	1000 t N	4.98	4.98	4.93	4.95	0.00	0.05	0.03	0%	-1%	-1%
N-Wirtschaftsdünger vom Milchvieh	chh	1000 t N	21.90	19.87	20.96	21.31	2.03	0.93	0.59	-9%	-4%	-3%
N-Wirtschaftsdünger vom Fleischrind	chh	1000 t N	11.32	8.24	10.64	11.15	3.08	0.68	0.17	-27%	-6%	-1%
N-Wirtschaftsdünger von anderen Tieren	chh	1000 t N	9.04	9.04	9.04	9.04	0.00	0.00	0.00	0%	0%	0%
N-Wirtschaftsdünger gesamt	chh	1000 t N	42.26	37.15	40.65	41.50	5.11	1.61	0.76	-12%	-4%	-2%
N-Einträge	chh	1000 t N	66.44	61.34	65.08	65.92	5.10	1.36	0.51	-8%	-2%	-1%
N-Aufnahme (Hauptfrüchte)	chh	1000 t N	2.24	2.25	2.76	2.66	-0.01	-0.53	-0.42	0%	24%	19%
N-Aufnahme (andere Flächen)	chh	1000 t N	39.57	39.56	38.32	38.66	0.00	1.25	0.91	0%	-3%	-2%
N-Aufnahme (gesamt)	chh	1000 t N	41.80	41.81	41.08	41.32	-0.01	0.72	0.49	0%	-2%	-1%
Bruttostickstoffbilanz	chh	1000 t N	24.64	19.53	23.99	24.61	5.11	0.64	0.03	-21%	-3%	0%
Bruttostickstoffbilanz pro Hektar	chh	kg N/ha	90.47	71.71	88.10	90.37	18.76	2.37	0.10	-21%	-3%	0%
P-Mineraldüngermengen (Hauptfrüchte)	chh	1000 t P	0.39	0.39	0.48	0.46	0.00	-0.09	-0.07	0%	24%	19%
P-Mineraldüngermengen (andere Flächen)	chh	1000 t P	0.62	0.62	0.78	0.74	0.00	-0.16	-0.13	0%	26%	20%
P-Mineraldüngermengen (gesamt)	chh	1000 t P	1.01	1.01	1.26	1.20	0.00	-0.25	-0.20	0%	25%	20%
Atmosphärische P-Ablagerungen	chh	1000 t P	0.07	0.07	0.07	0.07	0.00	0.00	0.00	0%	-1%	-1%
P-Wirtschaftsdünger vom Milchvieh	chh	1000 t P	3.23	2.92	3.09	3.14	0.31	0.13	0.09	-10%	-4%	-3%
P-Wirtschaftsdünger vom Fleischrind	chh	1000 t P	1.66	1.20	1.56	1.63	0.45	0.10	0.02	-27%	-6%	-1%
P-Wirtschaftsdünger von anderen Tieren	chh	1000 t P	2.60	2.60	2.60	2.60	0.00	0.00	0.00	0%	0%	0%
P-Wirtschaftsdünger gesamt	chh	1000 t P	7.48	6.72	7.25	7.37	0.76	0.23	0.11	-10%	-3%	-1%
P-Einträge	chh	1000 t P	8.56	7.80	8.58	8.65	0.76	-0.02	-0.09	-9%	0%	1%
P-Aufnahme (Hauptfrüchte)	chh	1000 t P	0.44	0.44	0.55	0.53	0.00	-0.11	-0.08	0%	24%	19%
P-Aufnahme (andere Flächen)	chh	1000 t P	6.78	6.78	6.58	6.63	0.00	0.21	0.15	0%	-3%	-2%
P-Aufnahme (gesamt)	chh	1000 t P	7.23	7.23	7.13	7.16	0.00	0.10	0.07	0%	-1%	-1%
Bruttophosphorbilanz	chh	1000 t P	1.33	0.57	1.45	1.49	0.76	-0.12	-0.15	-57%	9%	12%
Bruttophosphorbilanz pro Hektar	chh	kg P/ha	4.90	2.11	5.33	5.47	2.79	-0.43	-0.57	-57%	9%	12%
CH_4 aus der enterogenen Fermentation (Milchvieh)	chh	1000 t CH4	26.09	23.98	24.90	25.35	2.11	1.19	0.75	-8%	-5%	-3%
CH_4 Dungbewirtschaftung (Milchvieh)	chh	1000 t CH4	5.12	4.70	4.88	4.97	0.41	0.23	0.15	-8%	-5%	-3%
CH_4-Emissionen (Milchvieh)	chh	1000 t CH4	31.21	28.68	29.78	30.32	2.53	1.43	0.89	-8%	-5%	-3%
CH_4 aus der enterogenen Fermentation (Fleischrind)	chh	1000 t CH4	11.53	8.39	10.84	11.36	3.14	0.69	0.17	-27%	-6%	-1%
CH_4 Dungbewirtschaftung (Fleischrind)	chh	1000 t CH4	1.50	1.09	1.41	1.47	0.41	0.09	0.02	-27%	-6%	-1%
CH_4-Emissionen (Fleischrind)	chh	1000 t CH4	13.03	9.48	12.25	12.84	3.55	0.78	0.19	-27%	-6%	-1%
CH_4-Emissionen (Rindvieh)	chh	1000 t CH4	44.24	38.16	42.03	43.16	6.08	2.21	1.08	-14%	-5%	-2%
CH_4, andere Tiere	chh	1000 t CH4	5.16	5.16	5.16	5.16	0.00	0.00	0.00	0%	0%	0%
CH_4-Emissionen (gesamt)	chh	1000 t CH4	49.40	43.32	47.19	48.32	6.08	2.21	1.08	-12%	-4%	-2%
N_2O Dungbewirtschaftung	chh	1000 t N2O	0.32	0.29	0.31	0.32	0.04	0.01	0.00	-12%	-3%	-1%
N_2O direkte Bodenemissionen	chh	1000 t N2O	0.96	0.91	0.95	0.96	0.05	0.01	0.00	-5%	-1%	0%
N_2O, Weideland und Koppeln	chh	1000 t N2O	0.25	0.22	0.24	0.25	0.03	0.01	0.00	-12%	-4%	-2%
N_2O, atmosphärische Ablagerungen	chh	1000 t N2O	0.08	0.08	0.08	0.08	0.00	0.00	0.00	0%	-1%	-1%
N_2O, Auswaschung und Oberflächenabfluss	chh	1000 t N2O	0.40	0.36	0.40	0.40	0.04	0.01	0.00	-10%	-2%	0%
N_2O-Emissionen (gesamt)	chh	1000 t N2O	2.02	1.86	1.99	2.01	0.16	0.04	0.01	-8%	-2%	-1%
Treibhauspotential	chh	1000 t CO_2-Äq.	1664.79	1487.08	1606.39	1638.06	177.71	58.40	26.74	-11%	-4%	-2%

Quelle: Modellsimulation mit dem OECD-Politikevaluierungsmodell.

Tabelle 4.A1.7. Ökologische Evaluierung der verschiedenen Politikreformen: Bergregion

Variable	Region	Einheit	RP 93-98 Aktuell	RP 99-03 Aktuell	RP 04-07 Aktuell	RP 08-12 Aktuell	RP 93-98 Keine Reform	RP 99-03 Keine Reform	RP 04-07 Keine Reform	RP 08-12 Keine Reform	RP 93-98 Änderung	RP 99-03 Änderung	RP 04-07 Änderung	RP 08-12 Änderung	RP 93-98 Proz. Änd.	RP 99-03 Proz. Änd.	RP 04-07 Proz. Änd.	RP 08-12 Proz. Änd.
Chemikalienmengen (Hauptfrüchte)	chm	1000 t N	0.01	0.00	0.00	0.00	0.01	0.01	0.00	0.01	0.00	0.00	0.00	0.00	-23%	-42%	6%	-28%
N-Mineraldüngermengen (Hauptfrüchte)	chm	1000 t N	0.50	0.30	0.24	0.19	0.65	0.52	0.23	0.27	-0.15	-0.22	0.00	-0.08	-23%	-43%	2%	-29%
N-Mineraldüngermengen (andere Flächen)	chm	1000 t N	1.05	1.30	1.30	1.32	1.02	1.31	1.31	1.32	0.03	-0.01	0.00	0.00	3%	0%	0%	0%
N-Mineraldüngermengen (gesamt)	chm	1000 t N	1.55	1.60	1.54	1.51	1.67	1.83	1.54	1.59	-0.12	-0.23	0.00	-0.08	-7%	-13%	0%	-5%
Biologische N-Fixierung	chm	1000 t N	6.06	6.27	6.26	6.15	6.08	6.27	6.26	6.15	-0.02	0.01	0.00	0.00	0%	0%	0%	0%
Atmosphärische N-Ablagerungen	chm	1000 t N	5.15	5.25	5.25	5.21	5.14	5.25	5.25	5.21	0.00	0.00	0.00	0.00	0%	0%	0%	0%
N-Wirtschaftsdünger vom Milchvieh	chm	1000 t N	16.35	15.61	15.42	15.78	16.44	17.29	14.83	13.86	-0.10	-1.69	0.59	1.92	-1%	-10%	4%	14%
N-Wirtschaftsdünger vom Fleischrind	chm	1000 t N	9.43	9.65	10.32	10.95	9.68	8.48	9.44	9.02	-0.25	1.16	0.88	1.93	-3%	14%	9%	21%
N-Wirtschaftsdünger von anderen Tieren	chm	1000 t N	5.13	5.85	5.74	5.59	5.13	5.85	5.74	5.59	0.00	0.00	0.00	0.00	0%	0%	0%	0%
N-Wirtschaftsdünger gesamt	chm	1000 t N	30.91	31.10	31.49	32.33	31.25	31.62	30.01	28.47	-0.34	-0.52	1.48	3.85	-1%	-2%	5%	14%
N-Einträge	chm	1000 t N	43.66	44.23	44.54	45.20	44.15	44.97	43.06	41.42	-0.48	-0.75	1.48	3.78	-1%	-2%	3%	9%
N-Aufnahme (Hauptfrüchte)	chm	1000 t N	0.30	0.22	0.18	0.15	0.40	0.39	0.19	0.22	-0.10	-0.17	-0.01	-0.06	-24%	-43%	-7%	-29%
N-Aufnahme (andere Flächen)	chm	1000 t N	25.21	25.77	25.74	25.32	25.29	25.75	25.74	25.31	-0.08	0.02	0.01	0.01	0%	0%	0%	0%
N-Aufnahme (gesamt)	chm	1000 t N	25.51	25.99	25.92	25.47	25.69	26.14	25.93	25.53	-0.18	-0.15	-0.01	-0.06	-1%	-1%	0%	0%
Bruttostickstoffbilanz	chm	1000 t N	18.15	18.24	18.62	19.72	18.46	18.83	17.13	15.89	-0.31	-0.59	1.49	3.83	-2%	-3%	9%	24%
Bruttostickstoffbilanz pro Hektar	chm	kg N/ha	63.55	62.53	63.80	68.14	64.61	64.55	58.70	54.90	-1.05	-2.02	5.10	13.24	-2%	-3%	9%	24%
P-Mineraldüngermengen (Hauptfrüchte)	chm	1000 t P	0.08	0.05	0.04	0.03	0.11	0.09	0.04	0.04	-0.02	-0.04	0.00	-0.01	-23%	-43%	2%	-29%
P-Mineraldüngermengen (andere Flächen)	chm	1000 t P	0.11	0.10	0.09	0.10	0.11	0.10	0.09	0.10	0.01	0.00	0.00	0.00	8%	-2%	-1%	-1%
P-Mineraldüngermengen (gesamt)	chm	1000 t P	0.20	0.15	0.13	0.13	0.21	0.19	0.13	0.14	-0.02	-0.04	0.00	-0.01	-7%	-20%	0%	-10%
Atmosphärische P-Ablagerungen	chm	1000 t P	0.10	0.09	0.08	0.08	0.10	0.09	0.08	0.08	0.00	0.00	0.00	0.00	0%	0%	0%	0%
P-Wirtschaftsdünger vom Milchvieh	chm	1000 t P	2.92	2.64	2.58	2.50	2.93	2.88	2.49	2.17	-0.01	-0.24	0.09	0.34	0%	-8%	4%	16%
P-Wirtschaftsdünger vom Fleischrind	chm	1000 t P	1.37	1.42	1.52	1.60	1.41	1.25	1.39	1.32	-0.04	0.17	0.13	0.28	-3%	14%	9%	21%
P-Wirtschaftsdünger von anderen Tieren	chm	1000 t P	2.11	2.27	2.25	2.16	2.11	2.27	2.25	2.16	0.00	0.00	0.00	0.00	0%	0%	0%	0%
P-Wirtschaftsdünger gesamt	chm	1000 t P	6.40	6.34	6.35	6.27	6.45	6.41	6.13	5.65	-0.05	-0.07	0.22	0.62	-1%	-1%	4%	11%
P-Einträge	chm	1000 t P	6.70	6.57	6.57	6.48	6.76	6.68	6.34	5.87	-0.07	-0.11	0.22	0.61	-1%	-2%	4%	10%
P-Aufnahme (Hauptfrüchte)	chm	1000 t P	0.07	0.05	0.04	0.03	0.09	0.08	0.04	0.05	-0.02	-0.04	0.00	-0.01	-25%	-43%	-7%	-30%
P-Aufnahme (andere Flächen)	chm	1000 t P	4.49	4.63	4.64	4.61	4.50	4.63	4.64	4.61	-0.01	0.00	0.00	0.00	0%	0%	0%	0%
P-Aufnahme (gesamt)	chm	1000 t P	4.56	4.68	4.68	4.65	4.59	4.71	4.68	4.66	-0.04	-0.03	0.00	-0.01	-1%	-1%	0%	0%
Bruttophosphorbilanz	chm	1000 t P	2.14	1.90	1.89	1.83	2.17	1.97	1.66	1.21	-0.03	-0.07	0.23	0.62	-1%	-4%	14%	51%
Bruttophosphorbilanz pro Hektar	chm	kg P/ha	7.50	6.51	6.46	6.33	7.60	6.76	5.68	4.19	-0.10	-0.25	0.77	2.14	-1%	-4%	14%	51%
CH_4 aus der enterogenen Fermentation (Milchvieh)	chm	1000 t CH4	18.86	17.80	17.49	17.75	18.97	19.69	16.82	15.56	-0.11	-1.89	0.67	2.19	-1%	-10%	4%	14%
CH_4 Dungbewirtschaftung (Milchvieh)	chm	1000 t CH4	3.58	3.38	3.40	3.48	3.60	3.74	3.27	3.05	-0.02	-0.36	0.13	0.43	-1%	-10%	4%	14%
CH_4-Emissionen (Milchvieh)	chm	1000 t CH4	22.44	21.19	20.89	21.23	22.57	23.43	20.09	18.62	-0.13	-2.24	0.80	2.61	-1%	-10%	4%	14%
CH_4 aus der enterogenen Fermentation (Fleischrind)	chm	1000 t CH4	9.67	10.07	10.57	11.19	9.92	8.85	9.66	9.22	-0.25	1.22	0.90	1.98	-2%	14%	9%	21%
CH_4 Dungbewirtschaftung (Fleischrind)	chm	1000 t CH4	1.20	1.22	1.33	1.45	1.23	1.08	1.22	1.20	-0.03	0.15	0.11	0.26	-2%	14%	9%	21%
CH_4-Emissionen (Fleischrind)	chm	1000 t CH4	10.87	11.29	11.90	12.65	11.14	9.93	10.88	10.41	-0.28	1.36	1.02	2.23	-2%	14%	9%	21%
CH_4-Emissionen (Rindvieh)	chm	1000 t CH4	33.30	32.48	32.79	33.88	33.71	33.36	30.97	29.03	-0.40	-0.88	1.82	4.85	-1%	-3%	6%	17%
CH_4, andere Tiere	chm	1000 t CH4	3.93	4.05	4.01	3.90	3.93	4.05	4.01	3.90	0.00	0.00	0.00	0.00	0%	0%	0%	0%
CH_4-Emissionen (gesamt)	chm	1000 t CH4	37.23	36.53	36.81	37.78	37.64	37.41	34.99	32.93	-0.40	-0.88	1.82	4.85	-1%	-2%	5%	15%
N_2O Dungbewirtschaftung	chm	1000 t N2O	0.32	0.30	0.28	0.28	0.32	0.30	0.27	0.25	0.00	0.00	0.01	0.03	-1%	0%	4%	11%
N_2O direkte Bodenemissionen	chm	1000 t N2O	0.64	0.64	0.64	0.64	0.65	0.65	0.62	0.60	-0.01	-0.01	0.02	0.04	-1%	-2%	2%	6%
N_2O, Weideland und Koppeln	chm	1000 t N2O	0.11	0.17	0.19	0.19	0.11	0.17	0.18	0.17	0.00	0.00	0.01	0.02	-1%	-2%	5%	14%
N_2O, atmosphärische Ablagerungen	chm	1000 t N2O	0.08	0.08	0.08	0.08	0.08	0.08	0.08	0.08	0.00	0.00	0.00	0.00	0%	0%	0%	0%
N_2O, Auswaschung und Oberflächenabfluss	chm	1000 t N2O	0.26	0.26	0.26	0.27	0.26	0.26	0.25	0.24	0.00	-0.01	0.01	0.03	-1%	-2%	5%	13%
N_2O-Emissionen (gesamt)	chm	1000 t N2O	1.41	1.44	1.44	1.46	1.42	1.46	1.40	1.34	-0.02	-0.02	0.05	0.12	-1%	-1%	3%	9%
Treibhauspotential	chm	1000 t CO_2-Äq.	1218.18	1214.35	1220.10	1245.81	1231.73	1238.64	1167.26	1107.41	-13.55	-24.29	52.84	138.39	-1%	-2%	5%	12%

Quelle: Modellsimulation mit dem OECD-Politikevaluierungsmodell.

Tabelle 4.A1.8. Ökologische Evaluierung der AP 14-17 und der weiteren Reformen: Bergregion

			2012	RP 14-17	EU-Marktintegratio	Mit Ausgleich	RP 14-17	EU-Marktintegratio	Mit Ausgleich	RP 14-17	EU-Marktintegratio	Mit Ausgleich
Variable	**Region**	**Einheit**	**Aktuell**	**Reform**	**Reform**	**Reform**	**Änderung**	**Änderung**	**Änderung**	**Proz. Änd.**	**Proz. Änd.**	**Proz. Änd.**
Chemikalienmengen (Hauptfrüchte)	chm	1000 t N	0.00	0.00	0.00	0.00	0.00	0.00	0.00	9%	28%	4%
N-Mineraldüngermengen (Hauptfrüchte)	chm	1000 t N	0.18	0.20	0.23	0.19	-0.02	-0.05	-0.01	9%	28%	4%
N-Mineraldüngermengen (andere Flächen)	chm	1000 t N	1.33	1.36	1.41	1.34	-0.03	-0.08	-0.01	3%	6%	1%
N-Mineraldüngermengen (gesamt)	chm	1000 t N	1.51	1.56	1.64	1.53	-0.05	-0.13	-0.02	3%	9%	1%
Biologische N-Fixierung	chm	1000 t N	6.12	6.09	6.04	6.11	0.03	0.07	0.01	-1%	-1%	0%
Atmosphärische N-Ablagerungen	chm	1000 t N	5.22	5.21	5.19	5.21	0.01	0.03	0.00	0%	-1%	0%
N-Wirtschaftsdünger vom Milchvieh	chm	1000 t N	15.82	14.88	14.58	14.47	0.93	1.23	1.35	-6%	-8%	-9%
N-Wirtschaftsdünger vom Fleischrind	chm	1000 t N	10.83	9.06	10.53	11.13	1.77	0.31	-0.30	-16%	-3%	3%
N-Wirtschaftsdünger von anderen Tieren	chm	1000 t N	5.45	5.45	5.45	5.45	0.00	0.00	0.00	0%	0%	0%
N-Wirtschaftsdünger gesamt	chm	1000 t N	32.10	29.39	30.56	31.05	2.71	1.54	1.05	-8%	-5%	-3%
N-Einträge	chm	1000 t N	44.94	42.24	43.43	43.90	2.70	1.51	1.04	-6%	-3%	-2%
N-Aufnahme (Hauptfrüchte)	chm	1000 t N	0.15	0.16	0.19	0.15	-0.01	-0.04	-0.01	9%	28%	4%
N-Aufnahme (andere Flächen)	chm	1000 t N	25.17	25.08	24.97	25.14	0.09	0.19	0.02	0%	-1%	0%
N-Aufnahme (gesamt)	chm	1000 t N	25.31	25.24	25.16	25.30	0.08	0.15	0.02	0%	-1%	0%
Bruttostickstoffbilanz	chm	1000 t N	19.63	17.01	18.27	18.60	2.62	1.36	1.02	-13%	-7%	-5%
Bruttostickstoffbilanz pro Hektar	chm	kg N/ha	67.74	58.69	63.05	64.21	9.04	4.68	3.52	-13%	-7%	-5%
P-Mineraldüngermengen (Hauptfrüchte)	chm	1000 t P	0.03	0.03	0.04	0.03	0.00	-0.01	0.00	9%	28%	4%
P-Mineraldüngermengen (andere Flächen)	chm	1000 t P	0.10	0.11	0.12	0.10	-0.01	-0.02	0.00	9%	21%	3%
P-Mineraldüngermengen (gesamt)	chm	1000 t P	0.13	0.14	0.16	0.13	-0.01	-0.03	0.00	9%	23%	3%
Atmosphärische P-Ablagerungen	chm	1000 t P	0.08	0.08	0.08	0.08	0.00	0.00	0.00	0%	-1%	0%
P-Wirtschaftsdünger vom Milchvieh	chm	1000 t P	2.49	2.26	2.33	2.32	0.23	0.16	0.17	-9%	-6%	-7%
P-Wirtschaftsdünger vom Fleischrind	chm	1000 t P	1.58	1.33	1.54	1.63	0.26	0.04	-0.04	-16%	-3%	3%
P-Wirtschaftsdünger von anderen Tieren	chm	1000 t P	2.08	2.08	2.08	2.08	0.00	0.00	0.00	0%	0%	0%
P-Wirtschaftsdünger gesamt	chm	1000 t P	6.16	5.67	5.95	6.03	0.49	0.20	0.13	-8%	-3%	-2%
P-Einträge	chm	1000 t P	6.37	5.89	6.19	6.24	0.48	0.17	0.12	-7%	-3%	-2%
P-Aufnahme (Hauptfrüchte)	chm	1000 t P	0.03	0.03	0.04	0.03	0.00	-0.01	0.00	9%	28%	4%
P-Aufnahme (andere Flächen)	chm	1000 t P	4.62	4.60	4.58	4.61	0.02	0.04	0.00	0%	-1%	0%
P-Aufnahme (gesamt)	chm	1000 t P	4.65	4.64	4.62	4.65	0.01	0.03	0.00	0%	-1%	0%
Bruttophosphorbilanz	chm	1000 t P	1.72	1.25	1.57	1.59	0.46	0.14	0.12	-27%	-8%	-7%
Bruttophosphorbilanz pro Hektar	chm	kg P/ha	5.92	4.33	5.42	5.50	1.59	0.50	0.42	-27%	-8%	-7%
CH_4 aus der enterogenen Fermentation (Milchvieh)	chm	1000 t CH4	17.75	16.64	16.40	16.27	1.11	1.36	1.48	-6%	-8%	-8%
CH_4 Dungbewirtschaftung (Milchvieh)	chm	1000 t CH4	3.48	3.26	3.21	3.19	0.22	0.27	0.29	-6%	-8%	-8%
CH_4-Emissionen (Milchvieh)	chm	1000 t CH4	21.23	19.91	19.61	19.46	1.33	1.63	1.77	-6%	-8%	-8%
CH_4 aus der enterogenen Fermentation (Fleischrind)	chm	1000 t CH4	11.15	9.32	10.83	11.46	1.82	0.32	-0.31	-16%	-3%	3%
CH_4 Dungbewirtschaftung (Fleischrind)	chm	1000 t CH4	1.45	1.22	1.41	1.49	0.24	0.04	-0.04	-16%	-3%	3%
CH_4-Emissionen (Fleischrind)	chm	1000 t CH4	12.60	10.54	12.24	12.95	2.06	0.36	-0.35	-16%	-3%	3%
CH_4-Emissionen (Rindvieh)	chm	1000 t CH4	33.83	30.44	31.85	32.41	3.39	1.98	1.42	-10%	-6%	-4%
CH_4, andere Tiere	chm	1000 t CH4	3.83	3.83	3.83	3.83	0.00	0.00	0.00	0%	0%	0%
CH_4-Emissionen (gesamt)	chm	1000 t CH4	37.66	34.27	35.68	36.24	3.39	1.98	1.42	-9%	-5%	-4%
N_2O Dungbewirtschaftung	chm	1000 t N2O	0.27	0.25	0.26	0.27	0.02	0.01	0.00	-8%	-3%	-2%
N_2O direkte Bodenemissionen	chm	1000 t N2O	0.64	0.18	0.18	0.19	0.46	0.45	0.45	-72%	-71%	-71%
N_2O, Weideland und Koppeln	chm	1000 t N2O	0.19	0.18	0.18	0.19	0.02	0.01	0.01	-8%	-5%	-3%
N_2O, atmosphärische Ablagerungen	chm	1000 t N2O	0.08	0.08	0.08	0.08	0.00	0.00	0.00	0%	-1%	0%
N_2O, Auswaschung und Oberflächenabfluss	chm	1000 t N2O	0.26	0.24	0.25	0.26	0.02	0.01	0.01	-8%	-4%	-3%
N_2O-Emissionen (gesamt)	chm	1000 t N2O	1.45	0.93	0.97	0.98	0.52	0.48	0.47	-36%	-33%	-32%
Treibhauspotential	chm	1000 t CO_2-Äq.	1240.71	1142.72	1184.64	1201.64	98.00	56.07	39.07	-8%	-5%	-3%

Quelle: Modellsimulation mit dem OECD-Politikevaluierungsmodell.

Kapitel 5

Wettbewerbsfähigkeit der Nahrungsmittelbranchen in der SCHWEIZ[1]

In diesem Kapitel werden die Stärken und Schwächen der Schweizer Nahrungsmittelbranchen sowie deren Wettbewerbsfähigkeit auf dem Binnenmarkt und im Vergleich mit EU-Märkten evaluiert. Die Wettbewerbsfähigkeit der Branche wird anhand verschiedener Indikatoren (z. B. weltweiter Umsatz), nach Arbeitsproduktivität und nach internationalen Handelsindikatoren beurteilt. Als Referenz für die Evaluierung der Wettbewerbsfähigkeit des gesamten Schweizer Agrar- und Nahrungsmittelsektors sowie ausgewählter Agrar- und Nahrungsmittelbranchen werden ausgewählte EU-Länder herangezogen.

Ziel und Methode

Dieses Kapitel präsentiert eine Ex-Post-Evaluation der Wettbewerbsfähigkeit der Schweizer Nahrungsmittelbranchen im Vergleich mit ihren Hauptkonkurrenten in der EU und liefert Informationen zur Struktur der Schweizer Nahrungsmittelindustrie sowie deren Rohstoffbasis.[2]

Zwar existiert in der Wirtschaftstheorie keine genaue Definition für Wettbewerbsfähigkeit, aber es kann als Fähigkeit interpretiert werden, sich erfolgreich dem Wettbewerb zu stellen. In diesem Sinne ist Wettbewerbsfähigkeit die Fähigkeit, dem Bedarf entsprechende Produkte (Preis, Qualität, Quantität) zu verkaufen und gleichzeitig langfristige Gewinne zu sichern, die zu Unternehmenswachstum führen. Wettbewerbsfähigkeit ist ein relativer Begriff und im Verhältnis zu einem Referenzwert zu messen. Wettbewerb kann auf Binnenmärkten (wobei Unternehmen innerhalb eines Sektors oder komplette Sektoren innerhalb eines Landes miteinander verglichen werden) oder international stattfinden (wobei einzelne Länder miteinander verglichen werden).

Der hier gewählte Ansatz ist die Messung der wirtschaftlichen Leistung anhand von Indikatoren wie Marktleistung, Handelserfolg und Indizes für den offenbarten komparativen Vorteil (*Revealed Comparative Advantage indexes*) (Wijnands et al., 2007; Latruffe, 2010). Bei der Analyse von Wettbewerbsfähigkeit wird die Ex-post-Leistung einer Branche in der Schweiz mit derselben Branche in Referenzländern verglichen. Die ausgewählten Indikatoren zur Quantifizierung der Wettbewerbsfähigkeit sind:[3]

Handelsbezogene Indikatoren:

- Wachstum (als Differenz zwischen zwei Perioden) des Exportanteils auf dem Weltmarkt eines bestimmten Untersektors der Nahrungsmittelindustrie oder der gesamten Nahrungsmittelindustrie. Der Marktanteil eines einzelnen Landes wird mit dem weltweiten Gesamtexport dieses (Unter-)Sektors verglichen. Dieser Leistungsindikator reflektiert das Ergebnis des fortschreitenden Wettbewerbs auf internationalen Märkten.
- Differenz des RTA-Indexes (*Relative Trade Advantage*, relativer Handelsvorteil) zwischen zwei Perioden. Der RTA wird von Scott und Vollrath (1992) definiert als Differenz zwischen dem RXA (*Relative Export Advantage index*, Index für den relativen Exportvorteil) und dem RMA (*Relative Import Advantage index*, Index für den relativen Importvorteil). Ein positiver RTA bedeutet einen Wettbewerbsvorteil: Die Exporte übersteigen die Importe. Negative Werte bedeuten einen Wettbewerbsnachteil.[4]

Wirtschaftliche Leistungsindikatoren:

- Jährliches Wachstum des realen Umsatzes einer bestimmten Branche im Verhältnis zur gesamten Nahrungsmittelindustrie. Dieser Indikator reflektiert den Wettbewerb um Produktionsfaktoren zwischen verschiedenen Branchen innerhalb eines Landes. Im Idealfall wäre das Wachstum der Branchenwertschöpfung im Verhältnis zu jenem der gesamten Nahrungsmittelindustrie für die Konstruktion dieses Indikators genutzt worden, aber diese Informationen standen nicht zur Verfügung;
- jährliches Wachstum des realen Umsatzes je beschäftigter Person als Indikator für die Arbeitsproduktivität. Dies beeinflusst die Lohnstückkosten und damit auch die relativen Preise.
- Das jährliche Umsatzwachstum reflektiert die Leistung des jeweiligen (Unter-)Sektors.

Da die Wettbewerbsfähigkeit ein relativer Begriff ist und die EU für die Schweizer Nahrungsmittelindustrie bei weitem der wichtigste Markt ist, wird die Leistung der Schweizer Nahrungsmittelbranchen mit jenen in EU-Referenzländern verglichen. Als *Referenzländer* dienen alle EU-Länder, die einen Anteil von mindestens 5 % an den Schweizer Exporten oder Importen landwirtschaftlicher Produkte haben: Österreich, Frankreich, Deutschland, Italien, die Niederlande,

Spanien und Großbritannien. Diese Länder repräsentieren 86 % des Schweizer Exportwerts in die EU und 89 % des Schweizer Importwerts aus der EU. Sämtliche Daten für die Evaluierung der Wettbewerbsfähigkeit stammen aus öffentlich zugänglichen Datenquellen.[5 6]

Wettbewerbsfähigkeit der Nahrungsmittel- & Getränkeindustrie

Gesamtergebnisse

Im Leistungsvergleich mit den größten Konkurrenten in der EU zeigt sich, dass die Wettbewerbsfähigkeit der Schweizer Nahrungsmittel- und Getränkeindustrie fast ausschließlich von Untersektoren abhängt, die den Großteil ihrer Rohstoffe aus dem Ausland oder aus nichtlandwirtschaftlichen Quellen (Mineralwasser) beziehen. Insbesondere der starke Untersektor der „sonstigen Nahrungsmittelhersteller" – dominiert von Kakao und Schokolade – erzielt sehr gute Werte. In der Periode 2001-11 stiegen die Umsätze in diesem Untersektor jährlich um 10 %, beinahe zweimal so schnell wie in der gesamten Nahrungsmittel- und Getränkeindustrie (5,8 %). Die zwei stärksten Untersektoren („sonstige Nahrungsmittel" und Getränke) repräsentieren 72 % der Exporte der Schweizer Agrar- und Nahrungsmittelindustrie.

Andererseits bilden die Fleisch- und Milchindustrie, die ihre Rohstoffe in erster Linie von einheimischen landwirtschaftlichen Primärerzeugern beziehen, die schwächsten Sektoren, obgleich einige Hersteller von Milchprodukten hochwertige Nischenmärkte erfolgreich bedienen. Genau wie der schwache Tierfuttersektor müssen diese Branchen relativ hohe Preise für ihre Rohstoffe bezahlen, die weit über dem Preisniveau der EU liegen. Zusätzlich weisen diese weniger konkurrenzfähigen Sektoren eine vergleichsweise schwache Arbeitsproduktivität auf und sind dabei verhältnismäßig arbeitsintensiv.

Angesichts der großen Bedeutung der Schokoladenindustrie (im Untersektor „sonstige Nahrungsmittel") und in geringerem Maße auch der nichtalkoholischen Getränke und Tafelwasser, ist festzustellen, dass die Wettbewerbsfähigkeit der Schweizer Nahrungsmittelindustrie auf *Kakao und Wasser* basiert, d. h. nicht auf inländisch produzierte landwirtschaftliche Rohstoffe.

Gesamtwettbewerbsfähigkeit der Nahrungsmittel- & Getränkeindustrie

Wenn man die gesamte Nahrungsmittel- & Getränkeindustrie zusammenfasst und alle Leistungsindikatoren aggregiert, scheint die Gesamtwettbewerbsfähigkeit (O) der Schweizer Nahrungsmittelindustrie jene der ausgewählten Länder zu übertreffen (Abb. 5.1). Dies liegt nahezu vollständig an der Leistung der Hersteller „sonstiger Nahrungsmittel", die zwei Drittel des Umsatzes erwirtschaften und die Hälfte der Exporte für sich verbuchen. Damit bildet diese Branche den wichtigsten Untersektor in der Nahrungsmittelherstellung (Tabelle 5.1). Allerdings ist dieser Sektor potentiell ungebunden und nur schwach mit der einheimischen landwirtschaftlichen Primärerzeugung verknüpft. Der Untersektor Schokoladenherstellung wuchs sehr schnell und machte 2011 einen Anteil von rund 50 % der Umsätze mit „sonstigen Nahrungsmitteln" aus.

Die Milchindustrie ist der Untersektor mit den meisten Betrieben und liegt umsatzmässig hinter den „sonstigen Nahrungsmitteln" an zweiter Stelle. Die Getränkeherstellung macht ein Viertel der sektorgebundenen Ex- und Importe aus. Die Hersteller von „Sonstigen Nahrungsmitteln", Milch-, Fleisch- und Getränkeprodukten liegen in Umsatz und Handel an erster Stelle.

Die Leistung des Nahrungsmittelsektors ist schwach mit der landwirtschaftlichen Primärerzeugung verknüpft. Die meisten Preise für landwirtschaftliche Primärerzeugnisse liegen über dem Niveau der ausgewählten EU-Länder, wenngleich diese Preise bei mehreren Produkten mit dem EU-Niveau konvergieren (Tabelle 5.2). Die Preise für Schweine- und Rindfleisch jedoch divergieren vom EU-Niveau. Die Selbstversorgung bei den meisten verarbeiteten Erzeugnissen liegt unter 100 %, die Schweiz ist ein Nettoimporteur. Als starker Exporteur tritt sie nur bei den „sonstigen Nahrungsmitteln" auf, bei Milchprodukten dagegen ist sie ein kleiner Exporteur.

Abb. 5.1. Wettbewerbsfähigkeit der Nahrungsmittel- & Getränkeindustrie

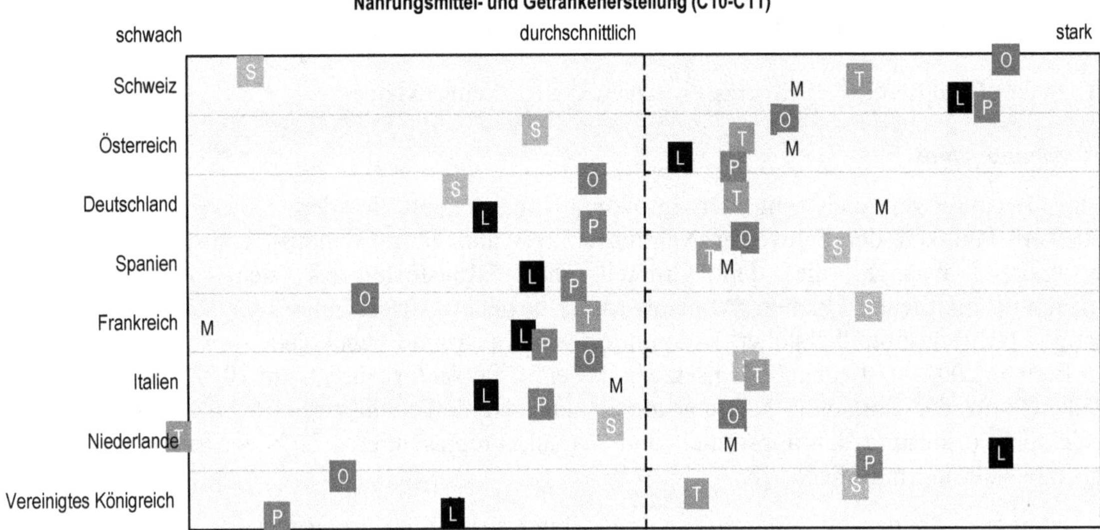

Legende:
- O Gesamtwettbewerbsfähigkeit
- S jährliches Wachstum Umsatzanteil an der Verarbeitenden Industrie Gesamt 2001-2011
- T Differenz RTA-Indikator (2000-2012)
- M Differenz Weltmarktanteil 2011 minus 2000
- L jährliche Wachstumsrate Arbeitsproduktivität (realer Umsatz je Beschäftigtem) (2001-2011); CH (2001-2008)
- P jährliche Wachstumsrate realer Umsatzwert (2001-2011)

Quelle: LEI-Berechnungen nach Eurostat- und BFS-Daten.

Tabelle 5.1. Kennzahlen der Schweizer Nahrungsmittelindustrie[1]

NACE	Verarbeitende Industrie	Betriebe 2011		Umsatz 2011		Beschäftigte 2008		Exporte 2012		Importe 2012	
		Anzahl	%	Mrd. €	%	1000	%	Mio. USD		Mio. USD	
C10&11	Nahrungsmittel gesamt	2 410	100	41.6	100	73.1	100	7 889	100	8 237	100
C101	Fleisch	257	10.7	4.1	9.9	11.9	16.3	113	1	943	11
C103	Obst & Gemüse	67	2.8	0.7	1.7	2.2	3.0	224	3	714	9
C104	Öle & Fette	21	0.9	0.4	1.0	0.4	0.5	83	1	385	5
C105	Milchprodukte	768	31.9	4.9	11.8	8.2	11.2	761	10	516	6
C106	Getreide & Stärke	89	3.7	0.6	1.4	1.3	1.8	11	0	93	1
C107	Backwaren	219	9.1	2.1	5.0	14.6	20.0	728	9	743	9
C108	Sonstige Nahrungsmitte	471	19.5	24.4	58.7	15.1	20.7	3 896	49	1 760	21
C109	Tierfutter	142	5.9	1.3	3.1	1.9	2.6	214	3	575	7
C110	Getränke	367	15.2	3.2	7.7	7.1	9.7	1 851	23	1 901	23

Hinweis: 1. Die Summe der Untersektoren weicht vom Wert „Nahrungsmittel gesamt" ab, weil C102 „Verarbeitung und Konservierung von Fisch, Krebstieren und Weichtieren" hier nicht enthalten ist. Diese Branche weist hohe Einfuhrzahlen auf: 7 % der Importe der gesamten Nahrungsmittelindustrie.

Quelle: LEI-Berechnungen nach BFS- und UNComtrade-Daten.

Tabelle 5.2. Schweiz: Übersicht zu Rohstoffversorgung und Selbstversorgung

Produkt	Produktion Rohstoffe	Preis Rohstoffe	Selbstversorgung
Fleisch	Rückgang bei Rind- & Schweinefleisch	Alle über Referenzländern	Kein Selbstversorger bei Fleisch
	Starker Anstieg bei Geflügelfleisch	Schweinefleischpreise konvergierend	Nettoimporteur von Fleischprodukten
		Rind- & Geflügelfleisch divergierend	
Obst & Gemüse	Wenig Daten, relativ geringe Produktionsmenge Rückgang bei Äpfeln & Kartoffeln	Äpfel über EU- und unter VK-Niveau. Divergierend Kartoffeln über EU-Niveau, konvergierend	Nettoimporteur von verarbeiteten Produkten Nettoimporteur von Kartoffeln 20 % Selbstversorger bei Tomaten
Öle & Fette	Geringe Ölsaatenproduktion	Über EU-Ländern, konvergierend	Nettoimporteur von Ölen & Fetten
	Leichter Anstieg bei Raps		
Milchprodukte	Leichter Anstieg in der Milchproduktion	Über EU-Ländern, konvergierend	Nettoexporteur von Milchprodukten
Getreidemehl & Stärke	Größtes Produkt: Weizen	Über EU-Ländern, konvergierend	Nettoimporteur von Getreidemehl- & Stärke-
	Leichter Rückgang in der Weizenproduktion	Höchstpreis 2008 in der Schweiz gemäßigt	produkten
Backwaren	Siehe Getreidemehl		Sehr kleiner Nettoimporteur
Sonstige Nahrungsmittel	Hauptsächl. ungebunden, beruhend auf importierten		Großer Nettoexporteur
	Produkten wie Kakao		Nettoimporteur von Zucker
Tierfutter	Keine Daten		Nettoimporteur, bsd. Ölkuchen
Getränke	Ansonsten keine konkreten Daten	Traubenpreis liegt weit über	Kleiner Nettoimporteur von Getränken
		EU-Niveau	Selbstversorger mit Rebtrauben

Quelle: LEI-Evaluierung nach Eurostat-Daten (EU-Länder), BFS-Daten (Schweiz) und UNComtrade-Daten

Die Schweizer Nahrungsmittelindustrie gehört hinsichtlich Umsatz und Anzahl der Betriebe zu den kleinsten aller ausgewählten Länder. Ihr Umsatz ist allerdings mehr als doppelt so hoch wie in der österreichischen Nahrungsmittelindustrie, obwohl beide Länder ungefähr die gleiche Einwohnerzahl haben. Die Schweizer Agrar- und Nahrungsmittelbetriebe übertreffen ihre Konkurrenz in der EU in Sachen Umsatzwachstum und Umsatz pro Betrieb (Tabelle 5.3).

Tabelle 5.3. Struktur der Nahrungsmittel- & Getränkeindustrie 2011

	Umsatz		Betriebe		Mittl. Umsatz pro Betrieb		Beschäftigte	
	Mrd. (€)	Wachstum[1] (%)	Anzahl	Wachstum[1] (%)	Mio. (€)	Wachstum[1] (%)	1 000	Wachstum[1] (%)
Schweiz[2]	41.6	5.8	2 410	-1.0	17.3	6.8	73.1	0.0
Österreich	19.3	4.6	3 837	-1.0	5	5.7	77.5	-0.1
Deutschland	180.4	2.4	32 204	-1.0	5.6	3.4	887.5	0.8
Spanien	101.5	3.6	27 722	-1.3	3.7	5.0	365.9	-0.1
Frankreich	168.9	1.9	59 405	-1.2	2.8	3.1	604.4	-0.4
Italien	124.3	2.5	58 074	-1.6	2.1	4.2	433.5	0.0
Niederlande	62.9	3.7	4 477	-1.2	14.1	5.0	125.3	-2.5
Vereinigtes Königreich	105.8	0.0	7 492	-0.3	14.1	0.2	376.3	-3.0

Hinweis: 1. Jährliche Wachstumsrate 2001-2011.

2. Schweizer Arbeitsdaten 2008 und Wachstumsrate 2001-2008.

Quelle: LEI-Berechnung nach Eurostat-Daten (EU-Länder) und BFS-Daten (Schweiz)

Die Betriebsgrößenverteilung ist in allen Ländern schief, und auch die Schweiz bildet hier keine Ausnahme: Die größten 3 % der Betriebe generieren 60 % der Umsätze, und die größten 13 % mehr als 80 %. Eine Marktkonzentration, gemessen an der Schiefe der Betriebsgrößenverteilung, ist in allen Schweizer Nahrungsmittel-Untersektoren zu beobachten.

Obwohl die Schweizer Nahrungsmittelindustrie ein starkes Umsatzwachstum verzeichnen konnte, wuchsen andere verarbeitenden Industrien noch schneller, sodass der Anteil der Nahrungsmittelindustrie an der verarbeitenden Industrie in der Periode 2001-2011 zurückging. In allen anderen ausgewählten

Ländern (außer Deutschland) blieb der Anteil gleich oder wurde grösser. Zweitens stieg die Arbeitsproduktivität in der Schweizer Nahrungsmittelindustrie mit einer beeindruckenden Rate von 6 % pro Jahr. Nur die Niederlande konnten eine leicht höhere Wachstumsrate verzeichnen (Tabelle 5.4).

Tabelle 5.4. Anteil der Nahrungsmittelindustrie an verarbeitenden Industrie und Arbeitsproduktivität (nach Umsatz)

	Anteil am Herstellerumsatz			Arbeitsproduktivität (1000 € Umsatz je beschäftigte Person)		
	2001 (%)	2011 (%)	Wachstum[1] (%)	2001	2011	Wachstum[1] (%)
Schweiz[2]	11.8	9.6	-2.0	319	482	6.1
Österreich	11.0	11.1	0.2	153	191	2.2
Deutschland	9.6	9.2	-0.4	165	167	0.1
Spanien	17.5	21.6	2.1	193	208	0.8
Frankreich	14.8	18.8	2.4	212	226	0.6
Italien	11.7	13.5	1.4	216	219	0.1
Niederlande	18.9	20.3	0.7	255	483	6.6
Vereinigtes Königreich	14.3	17.9	2.3	202	195	-0.3

Hinweis: 1. Jährliche Wachstumsrate 2001-2011.

2. Schweizer Arbeitsdaten 2008 und Wachstumsrate 2001-2008.

Quelle: LEI-Berechnung nach Eurostat-Daten (EU-Länder) und BFS-Daten (Schweiz).

Von 2001 bis 2011 stieg der Export verarbeiteter Nahrungsmittel- und Getränkeprodukte aus der Schweiz steil an (+15 %) und übertraf dabei den weltweiten Durchschnitt (13 %), sodass sich der Anteil am Weltmarkt erhöhte. Andererseits stiegen die Schweizer Importe weniger schnell als der weltweite Durchschnitt, was zu einem geringeren Anteil an Nahrungsmittelimporten aus dem Weltmarkt führte. Wie Österreich ist die Schweiz eine Wirtschaft mit kleinem Handelsvolumen und einem weltweiten Export- und Importmarktanteil von rund 1 %. Deutschland als größter Ex- und Importeur hat 7 % Anteile. Frankreich hat einige Positionen verloren: Der Exportanteil sank von 8,5 % (2000) auf 6,0 % (2012). Vereinigtes Königreich ist der größte Nettoimporteur, und die Niederlande sind der größte Nettoexporteur unter den ausgewählten Ländern. Der Einfuhr-/Ausfuhr-Saldo der Schweiz ist leicht negativ; langfristig gesehen ist die Schweiz ein Nettoimporteur. Der relative Handelsvorteil (RTA) für die Schweiz liegt knapp unter -0,2; damit gilt die Schweiz als nicht spezialisierter Importeur (Tabelle 5.5 und Abb. 5.2).

Tabelle 5.5. Handels- und Marktanteile bei Nahrungsmittel- und Getränkeprodukten

	Export				Import			
	Exporte 2012 (Mio. USD)	Wachstum 2000-2011 (%)	Marktanteil 2000 (%)	Marktanteil 2011 (%)	Importe 2012 (Mio. USD)	Wachstum 2000-2011 (%)	Marktanteil 2000 (%)	Marktanteil 2011 (%)
Schweiz	7 889	15.2	0.6	0.9	8 237	9.2	1.1	1.0
Österreich	10 069	13.9	0.9	1.1	9 248	12.1	0.9	1.1
Deutschland	64 446	12.5	6.4	7.1	59 075	10.2	7.4	7.1
Spanien	29 024	11.1	3.1	3.0	23 520	9.7	3.2	2.9
Frankreich	53 620	7.8	8.5	6.0	43 276	9.1	5.9	5.0
Italien	32 574	10.2	4.0	3.6	32 122	9	4.7	3.9
Niederlande	59 633	11.3	6.8	6.7	41 461	12.9	3.7	4.6
Vereinigtes Königreich	26 212	7.7	4.2	2.9	47 147	8.2	6.9	5.3

Quelle: LEI-Berechnung nach UNComtrade-Daten

Abb. 5.2. Handelsindikatoren für die Herstellung verarbeiteter Nahrungsmittel- und Getränkeprodukte

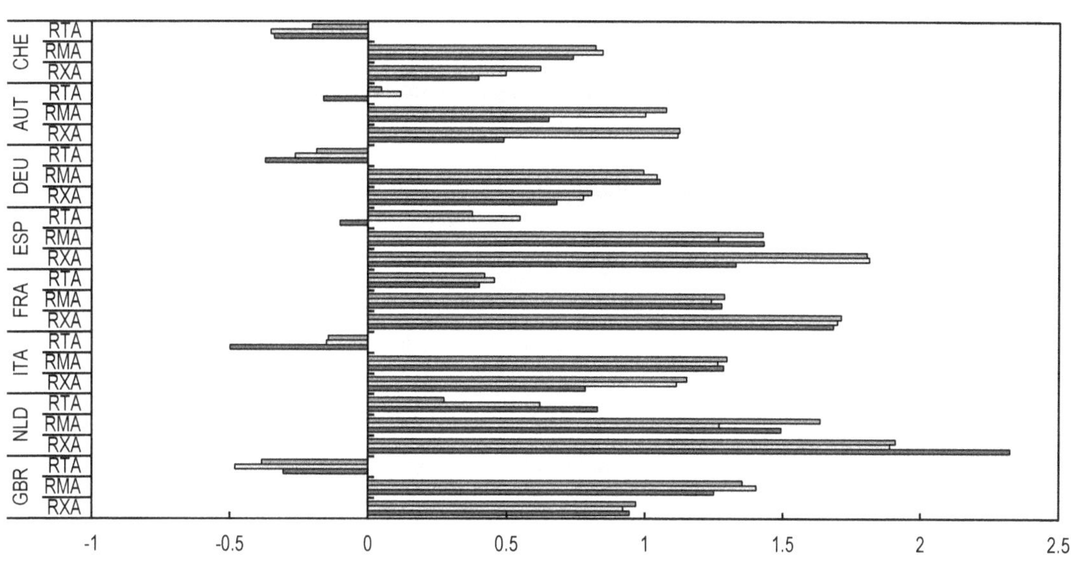

Hinweis: RTA, RMA, RXA: Indizes für den relativen Handels-/Import-/Exportvorteil, siehe Definition in Anhang 5.1.

Quelle: LEI-Berechnungen nach UNComtrade-Daten.

Wichtigste Ergebnisse für ausgewählte Nahrungsmittelsektoren

Die Entwicklungen in den einzelnen Untersektoren der Schweizer Nahrungsmittel- und Getränkeindustrie weisen nicht alle denselben Verlauf auf. In diesem Abschnitt werden die wichtigsten Branchen des Schweizer Nahrungsmittelsektors näher beschrieben: (i) fleischverarbeitende Industrie; (ii) Milchprodukte; (iii) Getränke; und (iv) sonstige Nahrungsmittelprodukte (die Hälfte der sonstigen Nahrungsmittel bilden die Kakao- und Schokoladenherstellung). Diese vier Untersektoren generieren knapp 90 % der Umsätze im gesamten Schweizer Agrar- und Nahrungsmittelsektor.

Fleischverarbeitende Industrie

Die Gesamtwettbewerbsfähigkeit (O) der Schweizer fleischverarbeitenden Industrie (C101) ist am geringsten verglichen mit allen ausgewählten Ländern (Abb. 5.3). Die wesentlichen Entwicklungen weisen darauf hin, dass:

- der Umsatzanteil der Schweizer Fleischindustrie an der gesamten verarbeitenden Industrie (S) erheblich zurückgegangen ist und die Schweiz von allen Ländern die schwächste Leistung erzielt;
- das reale Umsatzwachstum (P) der Fleischindustrie über dem Durchschnitt und auf dem Niveau von Österreich, Spanien und den Niederlanden liegt;
- das Wachstum der Arbeitsproduktivität (realer Umsatz je beschäftigte Person, L) im Vergleich zwischen allen Referenzländern ebenfalls das schwächste ist;
- der relative Handelsvorteil (RTA, T) der Schweiz stabil war und über dem Durchschnitt liegt. Die Schweiz blieb Nettoimporteur von Fleischprodukten;

- der Exportanteil der Schweiz auf dem Weltmarkt (M) knapp unter dem Durchschnitt liegt: die Schweiz konnte einen unerheblich geringen Marktanteil gewinnen (0,1 % Punkte). Deutschland steigerte seinen Anteil erheblich von 5 auf 9 % (4 Prozentpunkte).

Die Versorgung der Schweizer Fleischindustrie mit einheimisch produziertem Rind- und Schweinefleisch ist zurückgegangen, während die Versorgung mit Geflügelfleisch in der Periode 1991-2011 stark gewachsen ist. In der Periode 1991-2012 ging die Schweizer Produktion von Rindfleisch (jährlich -0,9 %) und Schweinefleisch (-0,4 %) zurück. Die Geflügelfleischproduktion wuchs jährlich um 4,2 % und erreichte damit die höchste Wachstumsrate hinter Deutschland (5 %). Trotzdem blieb die Schweizer Selbstversorgung bei allen Fleischprodukten unter 100 %. Insgesamt ging die Versorgung der fleischverarbeitenden Industrie mit Rind- und Schweinefleisch in der Periode 1991-2011 zurück. Außer den Niederlanden sind die meisten ausgewählten Länder in allen Fleischkategorien keine Selbstversorger (Abb. 5.4).

Die Ab-Hof-Preise in der Schweiz liegen über denen der EU-Länder, wodurch die fleischverarbeitende Industrie hinsichtlich der Beschaffung einheimischer Rohstoffe einen Wettbewerbsnachteil erfährt. Dies trifft besonders auf Rind- und Geflügelfleisch zu, wo sich die Preisdifferenz vergrößert hat. Die Schweinefleischpreise zeigen eine Konvergenz zum EU-Niveau (Abb. 5.A1.1 bis 5.A1.3 im Anhang).

Abb. 5.3. Wettbewerbsfähigkeit der Fleischindustrie

Verarbeitung und Konservierung von Fleisch und Produktion von Fleischprodukten (C101)

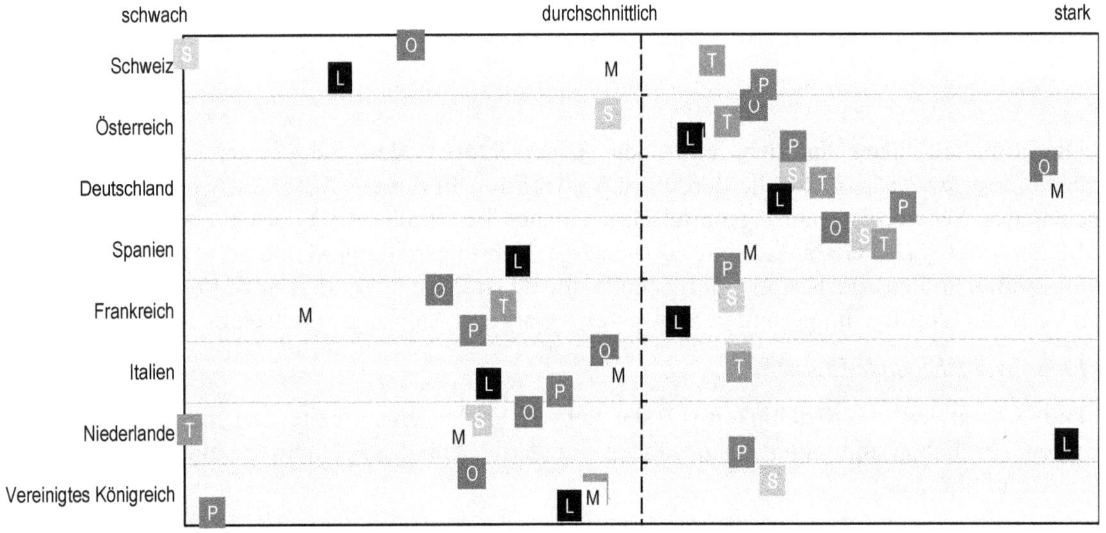

Legende: O Gesamtwettbewerbsfähigkeit
S jährliches Wachstum Umsatzanteil an der verarbeitenden Industrie Gesamt 2001-2011
T Differenz RTA-Indikator (2000-2012)
M Differenz Weltmarktanteil 2011 minus 2000
L jährliche Wachstumsrate Arbeitsproduktivität (realer Umsatz je besch. Pers.) (2001-2011); CH (2001-2008)
P jährliche Wachstumsrate realer Umsatzwert (2001-2011)

Quelle: LEI-Berechnungen nach Eurostat- und BFS-Daten.

Abb. 5.4. Fleischproduktion und Selbstversorgung

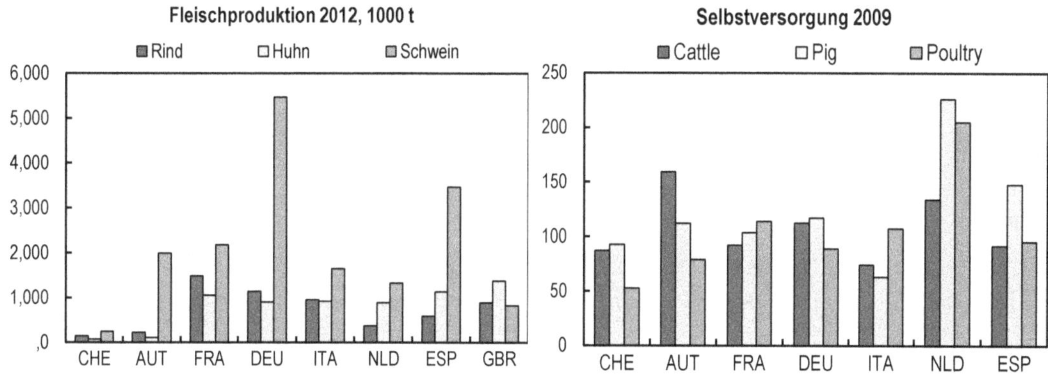

Quelle: LEI-Berechnung nach FAOSTAT-Daten.

Die Fleischindustrie in der Schweiz ist die Kleinste unter allen ausgewählten Ländern mit einem unbedeutenden Anteil am Weltmarkt. Gleichwohl liegt der mittlere Umsatz pro Betrieb weit über dem Wert der meisten anderen Länder, auch wenn es in jüngerer Zeit einen Rückgang gab (Tabelle 5.6). Die Schweizer Fleischindustrie verlor zwischen 2001 und 2011 einen erheblichen Anteil an der verarbeitenden Industrie und verzeichnete eine sinkende Arbeitsproduktivität, was auf eine schwache Position im Wettbewerb um die Produktionsmittel hinweist (Tabelle 5.7).

Tabelle 5.6. Struktur der Fleischindustrie 2011

	Umsatz		Betriebe		Mittl. Umsatz pro Betrieb		Beschäftigte	
	Mrd. (€)	Wachstum[1] (%)	Anzahl	Wachstum[1] (%)	Mio. (€)	Wachstum[1] (%)	1 000	Wachstum[1] (%)
Schweiz[2]	4.1	1.3	257	1.5	16.0	-0.1	11.9	-0.1
Österreich	3.7	3.9	986	-1.6	3.8	5.6	16.9	-0.2
Deutschland	44.1	4.2	11 295	-2.6	3.9	7.0	202.1	-0.4
Spanien	20.9	3.7	4 062	-0.7	5.1	4.4	83.3	1.4
Frankreich	34.9	0.0	6 540	-5.9	5.3	6.2	127.9	-3.0
Italien	19.8	1.6	3 601	-0.3	5.5	2.0	59.3	0.5
Niederlande	9.2	0.6	519	-4.5	17.8	5.4	13.9	-6.6
Vereinigtes Königreich	16.9	-1.3	1 024	-1.2	16.5	0.0	74.5	-4.7

Hinweis: 1. Jährliche Wachstumsrate 2001-2011; 2. Schweizer Arbeitsdaten 2008 und Wachstumsrate 2001-2008.

Quelle: LEI-Berechnung nach Eurostat-Daten (EU-Länder) und BFS-Daten (Schweiz)

Tabelle 5.7. Anteil Fleisch an Verarbeitender Industrie und Arbeitsproduktivität (nach realem Umsatz)

	Anteil am Herstellerumsatz			Arbeitsproduktivität (1000 € Umsatz je beschäftigte Person)		
	2001 (%)	2011 (%)	Wachstum[1] (%)	2001	2011	Wachstum[1] (%)
Schweiz[2]	1.8	1.0	-6.1	294	227	-3.6
Österreich	2.3	2.1	-0.6	144	169	1.6
Deutschland	2.0	2.3	1.3	132	179	3.1
Spanien	3.6	4.4	2.2	200	188	-0.7
Frankreich	3.7	3.9	0.5	192	221	1.4
Italien	2.0	2.2	0.6	286	255	-1.1
Niederlande	3.8	3.0	-2.3	297	637	7.9
Vereinigtes Königreich	2.6	2.9	1.0	154	157	0.2

Hinweis: 1. Jährliche Wachstumsrate 2001-2011.

2. Schweizer Arbeitsdaten 2008 und Wachstumsrate 2001-2008.

Quelle: LEI-Berechnung nach Eurostat-Daten (EU-Länder) und BFS-Daten (Schweiz).

Herstellung von Milchprodukten

Die Gesamtwettbewerbsfähigkeit (O) der Schweizer milchverarbeitenden Industrie (C105) ist verglichen mit allen ausgewählten Ländern eher schwach (Abb. 5.5). Die wesentlichen Entwicklungen weisen darauf hin, dass:

- der Umsatzanteil der Milchindustrie an der verarbeitenden Industrie (S) erheblich zurückgegangen ist und die Schweiz von allen Ländern die schwächste Leistung erzielt;
- das Wachstum des realen Umsatzes (P) in der Milchindustrie über dem Durchschnitt liegt;
- das Wachstum der Arbeitsproduktivität (realer Umsatz je beschäftigte Person, L) besonders im Vergleich mit den Niederlanden schwach ist, aber etwas höher liegt als in Österreich;
- der Index für den relativen Handelsvorteil (RTA, T) der Schweiz zurückgegangen ist. Die Schweiz liegt unter dem Durchschnitt und ist damit als relativ schwach einzustufen. Dennoch blieb die Schweiz Nettoexporteur von Milchprodukten;
- das Wachstum des Schweizer Exportanteils am Weltmarkt (M) über dem Durchschnitt liegt: Der Rückgang war geringer als bei den führenden EU-Exporteuren Frankreich, Deutschland und den Niederlanden.

Abb. 5.5. Wettbewerbsfähigkeit der Milchindustrie

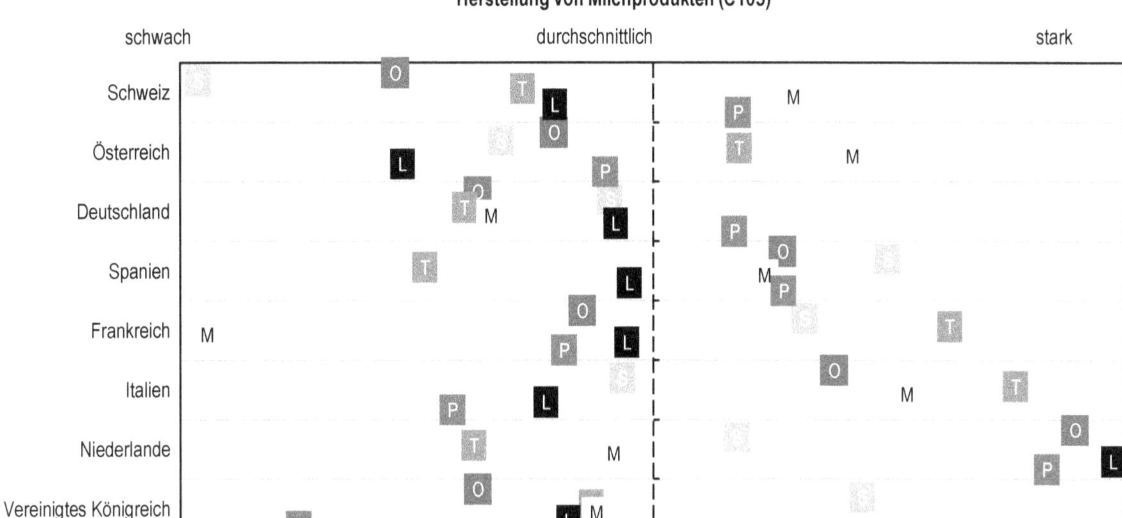

Legende:

O Gesamtwettbewerbsfähigkeit
S jährliches Wachstum Umsatzanteil an der verarbeitenden Industrie 2001-2011
T Differenz RTA-Indikator (2000-2012)
M Differenz Weltmarktanteil 2011 minus 2000
L jährliche Wachstumsrate Arbeitsproduktivität (realer Umsatz je besch. Pers.) (2001-2011); CH (2001-2008)
P jährliche Wachstumsrate realer Umsatzwert (2001-2011)

Quelle: LEI-Berechnungen nach Eurostat- und BFS-Daten.

Die Milchproduktion in der Schweiz und in den Referenzländern war in der Periode 1991-2009 relativ stabil. Gleichwohl ist bei einigen Ländern, einschließlich der Schweiz, ein geringes Wachstum und bei anderen ein Rückgang in der Milchproduktion zu beobachten. Die Selbstversorgung in der Schweiz stieg an, wenn auch langsam. Länder wie Österreich und die Niederlande zeigten stärkeres Wachstum, wohingegen Spanien und Vereinigtes Königreich einen Rückgang verzeichneten. Diese Entwicklungen lassen darauf schließen, dass sich die einheimische Rohstoffbasis für die Schweizer Milchindustrie nicht signifikant verändert hat (Tabelle 5.8).

Die Milchpreise in der Schweiz liegen weiterhin über denen der ausgewählten EU-Länder, sind derzeit jedoch allmählich konvergierend. In den frühen Neunzigerjahren war der Schweizer Erzeugerpreis rund 1,9 Mal so hoch wie der deutsche, im Jahr 2011 etwa 1,5 Mal. Innerhalb der EU lassen sich erhebliche Unterschiede bei den Milchpreisen beobachten: Zwischen dem höchsten (Italien) und niedrigsten (GB) Preis 2009-11 liegt eine Differenz von 40 % (Abb. 5.A1.4 im Anhang).

Tabelle 5.8. Produktion und Selbstversorgung bei Milch

	Produktion (Mio. t)				Selbstversorgung[1] (%)			
	2009	1991-2009			2009	1991-2009		
		Mittel	St.-Abw.	Wachstum		Mittel	St.-Abw.	Wachstum
Schweiz	4.1	3.9	0.1	0.2	117.3	113.3	2.8	0.2
Österreich	3.3	3.2	0.1	-0.1	136.5	118.9	10.1	1.2
Frankreich	24.2	25.7	0.6	-0.6	127.6	124	3.8	0.4
Deutschland	29.2	28.4	0.4	0.0	121.3	122	5.5	-0.1
Italien	11.4	12.2	0.6	-0.3	68.8	69.4	1.9	0.1
Niederlande	11.5	11.1	0.3	0.2	163.3	135.1	12.7	0.9
Spanien	7.4	7.1	0.3	0.1	70.2	80.3	6.0	-1.2
Vereinigtes Königreich	13.2	14.6	0.5	-0.6	77.8	91.1	5.9	-1.1

Hinweis: 1. Selbstversorgung ist das Inlandsangebot (= Angebot für die inländische Verwendung (FAO: http://faostat.fao.org/site/379/DesktopDefault.aspx?PageID=379) als Prozentwert der Produktion.

Quelle: LEI-Berechnung nach FAOSTAT-Erzeugnisbilanzen FAO-Objektcode 2848 „Milch (außer Butter)“

Die Wirtschaftsleistung der Schweizer Milchindustrie ist im Vergleich mit den Referenzländern schwach. Die Wachstumsrate beim Umsatz gehört zu den niedrigsten Werten unter den ausgewählten Ländern. Die Anzahl milchverarbeitender Betriebe in der Schweiz ist stark zurückgegangen (stärker als in Italien, Spanien oder Großbritannien).

Dieser Rückgang der Betriebsanzahl führte zu einem vergleichsweise starken Wachstum der Betriebsgröße: +5 % beim mittleren Umsatz pro Betrieb. Dennoch gehört der mittlere Umsatz pro Betrieb in der Schweiz gemeinsam mit Italien und Spanien zu den niedrigsten. Der mittlere Umsatz der niederländischen und deutschen Betriebe liegt 5 bis 9 Mal höher. Zusätzlich sind, wie in den meisten anderen Ländern auch, die Beschäftigtenzahlen in der Schweizer Milchindustrie zurückgegangen (Tabelle 5.9).

Tabelle 5.9. Struktur der Milchindustrie 2011

	Umsatz		Betriebe		Mittl. Umsatz pro Betrieb		Beschäftigte	
	Mrd. (€)	Wachstum[1] (%)	Anzahl	Wachstum[1] (%)	Mio. (€)	Wachstum[1] (%)	1 000	Wachstum[1] (%)
Schweiz[2]	4.9	0.8	768	-4.0	6.4	5.0	8.2	-2.2
Österreich	2.4	2.1	157	3.3	15.5	-1.2	4.9	0.8
Deutschland	27.5	2.1	472	3.9	58.2	-1.7	40.1	0.1
Spanien	10.6	4	1 445	-0.3	7.3	4.3	26.8	0.5
Frankreich	27.2	0.9	1 958	2.7	13.9	-1.7	57.2	-1.2
Italien	18.1	0.5	3 382	-1.2	5.4	1.7	44.1	-1.8
Niederlande	10.5	3.4	304	2.6	34.7	0.8	12.4	-0.5
Vereinigtes Königreich	9.9	-0.1	573	-0.5	17.3	0.4	26.4	-3.5

Hinweis: 1. Jährliche Wachstumsrate 2001-2011. 2. Schweizer Arbeitsdaten 2008 und Wachstumsrate 2001-2008.

Quelle: LEI-Berechnung nach Eurostat-Daten (EU-Länder) und BFS-Daten (Schweiz)

Tabelle 5.10. Anteil der Milchindustrie an Herstellung und Arbeitsproduktivität (nach Umsatz)

	Anteil am Herstellerumsatz			Arbeitsproduktivität (1000 € Umsatz je beschäftigte Person)		
	2001 (%)	2011 (%)	Wachstum[1] (%) 2001-2011	2001	2008	Wachstum[1] (%) 2001-2008
Schweiz[2]	2.2	1.1	-6.6	460	460	0.0
Österreich	1.8	1.4	-2.3	423	378	-1.1
Deutschland	1.5	1.4	-0.8	538	562	0.5
Spanien	1.7	2.3	2.6	280	296	0.6
Frankreich[a]	2.6	3.0	1.4	365	385	0.5
Italien	2.1	2.0	-0.6	315	313	-0.1
Niederlande	3.3	3.4	0.4	545	820	4.2
Vereinigtes Königreich	1.4	1.7	2.2	259	262	0.1

Hinweis: 1. Jährliche Wachstumsrate 2001-2011.

2. Schweizer Arbeitsdaten: 2008. Wachstumsrate: 2001-2008.

Quelle: LEI-Berechnung nach Eurostat-Daten (EU-Länder) und BFS-Daten (Schweiz)

Trotz des moderaten Umsatzwachstums hat die Schweizer Milchindustrie einen rasch sinkenden Anteil an der verarbeitenden Industrie Gesamt. Die Arbeitsproduktivität (realer Umsatz je beschäftigte Person) blieb in der Schweiz unverändert, während die Niederlande ein sehr starkes Wachstum verzeichneten (Tabelle 5.10).

Verglichen mit den Referenzländern spielen Schweizer Milchprodukte auf dem Weltmarkt nur eine untergeordnete Rolle. Die Marktanteile am Export und Import nehmen ab, trotz des Wachstums in einigen Nischenmärkten für Spezialkäse. Der Welthandel (Export und Import) mit Milchprodukten wuchs in der Periode 2000-2011 jährlich um rund 12 %. Die Wachstumsraten im Handel mit Milchprodukten liegen in der Schweiz und in allen ausgewählten europäischen Ländern unter dem Weltmarktniveau. Das Ergebnis sind geringere Marktanteile im Jahr 2012 gegenüber 2000 bei Im- und Exporten. Deutschland, Frankreich und die Niederlande sind relativ große Ex- und Importeure; bei allen dreien handelt es sich um Nettoexporteure. Die Schweiz ist in allen Jahren ein Nettoexporteur von Milchprodukten. Italien erhöhte seine Exporte schneller als der weltweite Durchschnitt und gewann Marktanteile am Weltmarkt, blieb aber ein großer Importeur (Tabelle 5.11).

Tabelle 5.11. Handels- und Marktanteile bei verarbeiteten Milchprodukten

	Export				Import			
	Exporte 2012 (Mio. USD)	Wachstum 2000-2011 (%)	Marktanteil 2000 (%)	Marktanteil 2011 (%)	Importe 2012 (Mio. USD)	Wachstum 2000-2011 (%)	Marktanteil 2000 (%)	Marktanteil 2011 (%)
Schweiz	761	8.1	1.3	1.0	516	9.2	0.8	0.7
Österreich	1 301	10.9	1.6	1.7	889	10.1	1.3	1.2
Deutschland	9 928	9.2	15.4	13.7	6 694	10.2	10.1	10.2
Spanien	1 158	7.9	1.9	1.5	2 336	9.5	3.7	3.5
Frankreich	7 915	7.6	14.0	10.5	3 725	7.0	7.8	5.7
Italien	3 128	11.5	3.7	4.1	4 577	7.5	9.5	7.3
Niederlande	7 633	9.5	11.8	10.7	3 930	7.5	7.3	5.5
Vereinigtes Königreich	1 735	6.6	3.6	2.4	3 838	7.7	6.8	5.4

Quelle: LEI-Berechnung nach UNComtrade-Daten

Herstellung sonstiger Nahrungsmittelprodukte

Die Gesamtwettbewerbsfähigkeit (O) der Schweizer Industrie für „sonstige Nahrungsmittel" (C108) ist verglichen mit den Referenzländern sehr stark (Abb. 5.6). Die wesentlichen Entwicklungen weisen darauf hin, dass:

- der Umsatzanteil der „sonstigen Nahrungsmittel" an der verarbeitenden Industrie Gesamt (S) in der Schweiz anstieg, das Wachstum in mehreren Referenzländern jedoch höher war. Daher liegt die Leistung der Schweiz bei diesem Indikator unter dem Durchschnitt;
- das Wachstum des realen Umsatzes (P) der „sonstigen Nahrungsmittel" vergleichsweise stark und unter allen ausgewählten Ländern am höchsten ist;
- das Wachstum der Arbeitsproduktivität (realer Umsatz je beschäftigte Person, L) stark ist und über dem Durchschnitt liegt. In der Periode 2001-2008 betrug das Wachstum jährlich 14 % und liegt damit weit über den Niederlanden (3 % Wachstum jährlich).
- der Index für den relativen Handelsvorteil (T) der Schweiz alle anderen Länder überbietet. Die Schweiz ist ein Nettoexporteur von „sonstigen Nahrungsmitteln";
- zusätzlich der Exportanteil der Schweiz am Weltmarkt (M) am größten ist.

Abb. 5.6. Wettbewerbsfähigkeit der Hersteller „sonstigen" Nahrungsmittel

Herstellung sonstiger Nahrungsmittelprodukte (C108)

schwach | durchschnittlich | stark

Schweiz, Österreich, Deutschland, Spanien, Frankreich, Italien, Niederlande, Vereinigtes Königreich

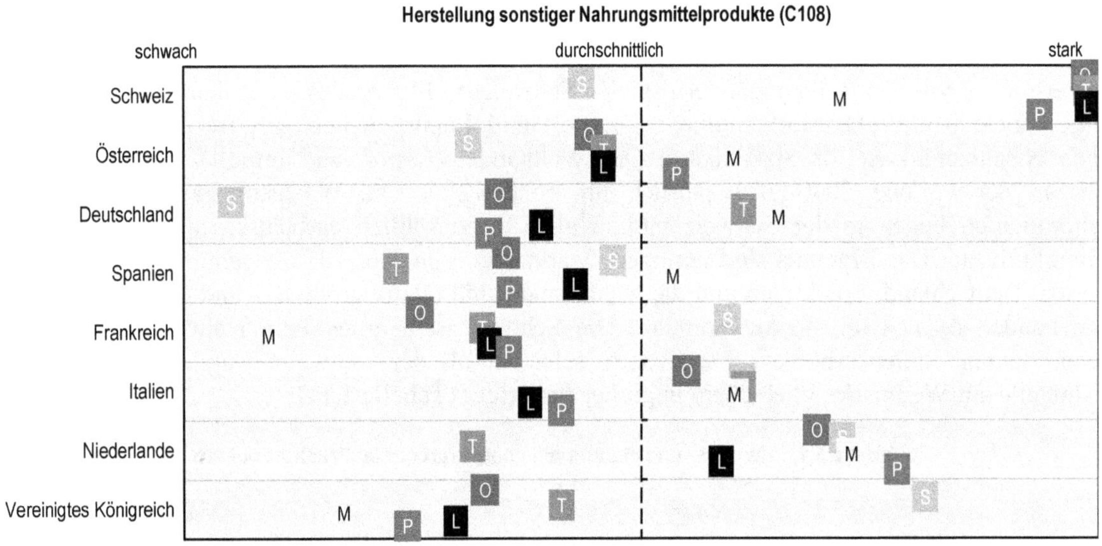

Legende: O Gesamtwettbewerbsfähigkeit
S jährliches Wachstum Umsatzanteil an der verarbeitenden Industrie 2001-2011
T Differenz RTA-Indikator (2000-2012)
M Differenz Weltmarktanteil 2011 minus 2000
L jährliche Wachstumsrate Arbeitsproduktivität (realer Umsatz je besch. Pers.) (2001-2011); CH (2001-2008)
P jährliche Wachstumsrate realer Umsatzwert (2001-2011)

Quelle: LEI-Berechnungen nach Eurostat- und BFS-Daten.

Tabelle 5.12. Struktur der Industrie „sonstigen“ Nahrungsmittel 2011

	Umsatz		Betriebe		Mittl. Umsatz pro Betrieb		Beschäftigte	
	Mrd. (€)	Wachstum[1] (%)	Anzahl	Wachstum[1] (%)	Mio. (€)	Wachstum[1] (%)	1 000	Wachstum[1] (%)
Schweiz[2]	24.4	10.0	471	3.1	51.9	6.7	15.1	-0.6
Österreich	2.1	5.5	175	5.2	11.8	0.2	7.3	2.3
Deutschland	30.9	1.8	1 455	7.2	21.2	-5.0	101.5	1.3
Spanien	10.8	3.6	2 480	-2.4	4.3	6.1	45.6	0.7
Frankreich	25.7	2.3	3 737	5.9	6.9	-3.4	79.5	3.2
Italien	19.9	4.0	5 443	1.7	3.7	2.3	57.6	3.0
Niederlande	11.3	6.8	521	5.5	21.7	1.2	22.4	4.1
Vereinigtes Königreich	19.6	2.1	1 242	-0.2	15.8	2.3	92.3	2.2

Hinweis: 1. Jährliche Wachstumsrate 2001-2011.

2. Schweizer Arbeitsdaten: 2008. Wachstumsrate: 2001-2008.

Quelle: LEI-Berechnung nach Eurostat-Daten (EU-Länder) und BFS-Daten (Schweiz).

Der Umsatz der Hersteller „sonstiger Nahrungsmittel“ in der Schweiz wuchs mit jährlich 10 % deutlich schneller als in den anderen Ländern, die ebenfalls erhebliche Wachstumszahlen verzeichnen können. Die Anzahl Betriebe wuchs langsamer, was gemessen am mittleren Umsatz zu einem starken Wachstum der Betriebsgrösse führte. Der Schweizer Umsatzdurchschnitt ist 2,5 Mal höher als in den Niederlanden und Deutschland (zweit- bzw. dritthöchster Wert) sowie 15 Mal so hoch wie in Italien (niedrigster Wert). Diese hohe Umsatzwachstumsrate wurde von einem Rückgang der Beschäftigtenzahl in der Schweiz begleitet (Tabelle 5.12).

Der Sektor „Herstellung sonstiger Nahrungsmittelprodukte“ (NACE C108) ist recht vielfältig und gliedert sich in 7 Untersektoren (Tabelle 5.13). In der Schweiz wurde knapp die Hälfte des Umsatzes 2011 mit der Kakao- und Schokoladenherstellung erzielt. Der Anteil dieses Untersektors erfuhr ein starkes Wachstum von 20 % (2001) auf 47 % (2011) (Tabelle 5.13). Der Umsatz der Kakao- und Schokoladenherstellung stieg mit jährlich 18 % extrem schnell an und gilt daher als treibende Kraft hinter der steigenden Produktivität und Wettbewerbsfähigkeit im gesamten Sektor.

Tabelle 5.13. Verteilung der Untersektoren innerhalb der „sonstigen“ Nahrungsmittel

NOGA/NACE	Beschreibung	2001		2011	
		Zahl (%)	Umsatz (%)	Zahl (%)	Umsatz (%)
108	Herstellung sonstiger Nahrungsmittelprodukte	100.0	100.0	100.0	100.0
1082	Herstellung von Kakao, Schokolade und Zuckerwaren	24.8	22.4	21.4	48.1
108201	Herstellung von Kakao und Schokolade	11.8	19.6	13.6	46.8
108202	Herstellung von Zuckerwaren	13.0	2.8	7.8	1.4
1083	Verarbeitung von Tee und Kaffee	18.4	2.3	16.7	2.0
1084	Herstellung von Würzmitteln	8.1	4.0	5.7	0.7
1085	Herstellung von Fertiggerichten	17.0	0.9	7.2	2.5
1086	Herstellung homogenisierter Lebensmittelzubereitungen und diätetischer Lebensmittel	8.1	2.1	9.3	0.7
1089; 1081	Herstellung von Zucker und Herstellung anderweitig nicht erfasster Nahrungsmittelprodukte	23.6	68.3	39.6	45.9

Quelle: LEI-Berechnungen nach BFS Mehrwertsteuer Schweiz

Die Branche greift größtenteils auf importierte Rohstoffe zurück (z. B. Kakao, Tee und Kaffee), nicht aber auf einheimische. Daher gestaltet sich auch die Rohstoffbasis eher vielfältig und stützt sich hauptsächlich auf Importe oder Zwischenprodukte anderer Länder. Zuckerrüben werden in der Schweiz angebaut, aber das Land ist ein Nettoimporteur von raffiniertem Zucker. Die Selbstversorgung mit Raffinadezucker-Äquivalenten liegt zwischen 50 und 60 %.

Der Anteil der Schweizer Industrie für „sonstige Nahrungsmittel" an der verarbeitenden Industrie Gesamt war 2001 bereits der höchste unter allen ausgewählten Ländern und ist seither weiter gestiegen. Die Schweizer Arbeitsproduktivität (Umsatz je beschäftigte Person) in diesem Sektor ist bei weitem die höchste aller Länder, und das Wachstum dieses Indikators übertrifft alle anderen Länder (Tabelle 5.14).

Tabelle 5.14. Anteil der Industrie für „sonstige Nahrungsmittel" an verarbeitenden Industrie und Arbeitsproduktivität (nach Umsatz)

	Anteil am Herstellerumsatz			Arbeitsproduktivität (1000 € Umsatz je beschäftigte Person)		
	2001 (%)	2011 (%)	Wachstum[1] (%)	2001	2011	Wachstum[1] (%)
Schweiz[2]	4.7	5.6	1.9	587	1 497	14.3
Österreich	1.1	1.2	1.0	200	215	0.7
Deutschland	1.7	1.6	-1.0	275	250	-1.0
Spanien	1.8	2.3	2.2	177	177	0.0
Frankreich	2.2	2.9	2.8	333	261	-2.4
Italien	1.6	2.2	2.9	300	264	-1.3
Niederlande	2.5	3.6	3.8	363	485	2.9
Vereinigtes Königreich	2.1	3.3	4.5	207	147	-3.3

Hinweis: 1. Jährliche Wachstumsrate 2001-2011.

2. Schweizer Arbeitsdaten 2008 und Wachstumsrate 2001-2008.

Quelle: LEI-Berechnung nach Eurostat-Daten (EU-Länder) und BFS-Daten (Schweiz)

Die Schweizer Exporteure haben ihre Position auf dem Weltmarkt in den jüngeren Jahren gestärkt. Während der Weltmarkt in der Periode 2000-2011 um 13,9 % gewachsen ist, stiegen die Schweizer Exporte mit 16,4 % sogar noch schneller (Tabelle 5.15).

Tabelle 5.15. Handels- und Marktanteile an „sonstigen Nahrungsmitteln"

	Export				Import			
	Exporte 2012 (Mio. USD)	Wachstum 2000-2011 (%)	Marktanteil 2000 (%)	Marktanteil 2011 (%)	Importe 2012 (Mio. USD)	Wachstum 2000-2011 (%)	Marktanteil 2000 (%)	Marktanteil 2011 (%)
Schweiz	3 896	16.4	1.7	2.5	1 760	11.3	1.3	1.2
Österreich	1 672	13.2	1.0	1.1	2 138	12.5	1.3	1.3
Deutschland	14 093	13.0	8.4	8.8	10 308	11.1	7.4	6.5
Spanien	3 072	10.9	2.2	1.9	4 030	12.9	2.7	2.8
Frankreich	7 519	7.9	7.4	4.7	8 078	10.8	6.0	5.1
Italien	5 323	12.8	3.1	3.1	4 270	12.3	2.6	2.6
Niederlande	10 896	13.8	6.2	7.0	7 030	14.6	3.8	4.7
Vereinigtes Königreich	3 883	6.0	4.6	2.4	8 370	8.8	7.3	5.1

Quelle: LEI-Berechnung nach UNComtrade-Daten.

Die oben beschriebenen Entwicklungen spiegeln sich in den Handelsindikatoren in Abb. A4.8 im Anhang wider. Der Schweizer Index für den relativen Exportvorteil (RXA) liegt über 1, weshalb das Land als spezialisierter Exporteur einzustufen ist. Der Index für den relativen Handelsvorteil (RTA) verdreifachte sich fast von 0,3 (1995) auf 0,8 (2012). Frankreich und die Niederlande haben ebenfalls einen RXA über 1 und sind spezialisierte Importeure „sonstiger" Nahrungsmittel, da auch der Index für den relativen Importvorteil (RMA) über 1 liegt. Dementsprechend sind diese Länder relativ spezialisiert auf den Handel mit „sonstigen" Nahrungsmitteln. Bei Österreich, Spanien, Frankreich und Vereinigtes

Königreich handelt es sich um Nettoimporteure. Einige weisen beim RTA Negativwerte vor. Die Daten zeigen, dass die Wettbewerbsfähigkeit der Schweizer „sonstigen“ Nahrungsmittel auf dem Weltmarkt gestiegen ist.

Getränkeherstellung

Die Gesamtwettbewerbsfähigkeit (O) der Schweizer Getränkeindustrie (C11) liegt verglichen mit den Referenzländern über dem Durchschnitt (Abb. 5.7). In Österreich und den Niederlanden sind die Branchen etwas stärker. Die wesentlichen Entwicklungen weisen darauf hin, dass:

- der Umsatzanteil der Getränkeindustrie an der verarbeitenden Industrie Gesamt (S) in der Schweiz gering ist und zurückgeht;
- das Wachstum des realen Umsatzes (P) in der Getränkeherstellung über dem Durchschnitt liegt, die Niederlande und Österreich jedoch stärker sind;
- das Wachstum der Arbeitsproduktivität (realer Umsatz je beschäftigte Person, L) unter dem Durchschnitt liegt;
- der Index für den relativen Handelsvorteil (T) der Schweiz alle anderen Länder überbietet. Trotzdem ist die Schweiz ein kleiner Nettoimporteur von Getränken;
- der Exportanteil der Schweiz auf dem Weltmarkt (M) der zweitgrößte nach Deutschland ist. Der Export aus diesen Ländern wuchs zweimal so schnell wie der weltweite Durchschnitt.

- Der Umsatz der Schweizer Getränkeherstellung zeigte zwischen 2001 und 2011 ein moderates Wachstum (4,5 %), das über dem Niveau von Deutschland und GB lag (beide -0,4 %), aber geringer war als in Österreich und den Niederlanden (10 bis 12 %). Der mittlere Umsatz pro Betrieb liegt im Bereich der südeuropäischen Länder, aber unter den nicht-weinerzeugenden EU-Referenzländern (Niederlande, GB) (Tabelle 5.16).

Die Getränkeherstellung (NACE C110) ist ein vielfältiger Sektor und in 5 Untersektoren zu unterteilen. Knapp die Hälfte des Umsatzes stammt aus der Herstellung nichtalkoholischer Getränke und Tafelwasser. An zweiter Stelle liegt die Bierproduktion (34 % des Umsatzes) und an dritter die Weinherstellung aus Trauben (15 %). Letztgenannter Untersektor stellt knapp die Hälfte aller Betriebe, die – höchstwahrscheinlich – ihre Trauben für die Weinherstellung selber anbauen (Tabelle 5.17).

Abb. 5.7. Wettbewerbsfähigkeit der Getränkeherstellung

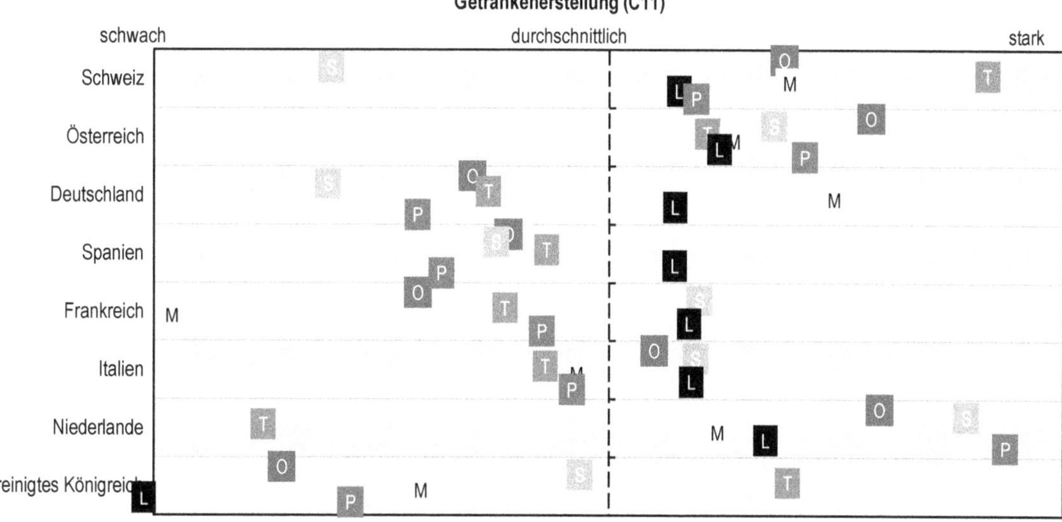

Legende:

O Gesamtwettbewerbsfähigkeit
S jährliches Wachstum Umsatzanteil an der verarbeitenden Industrie 2001-2011
T Differenz RTA-Indikator (2000-2012)
M Differenz Weltmarktanteil 2011 minus 2000
L jährliche Wachstumsrate Arbeitsproduktivität (realer Umsatz je besch. Pers.) (2001-2011); CH (2001-2008)
P jährliche Wachstumsrate realer Umsatzwert (2001-2011)

Quelle: LEI-Berechnungen nach Eurostat- und BFS-Daten.

Tabelle 5.16. Struktur der Getränkeherstellung 2011 (Schweiz 2008)

	Umsatz		Betriebe		Mittl. Umsatz pro Betrieb		Beschäftigte	
	Mrd. (€)	Wachstum[1] (%)	Anzahl	Wachstum[1] (%)	Mio. (€)	Wachstum[1] (%)	1 000	Wachstum[1] (%)
Schweiz[2]	3.2	4.5	367	1.6	8.6	2.8	7.1	2.1
Österreich	4.9	9.7	365	3.2	13.4	6.3	9.0	-0.2
Deutschland	20.1	-0.4	2 019	0.1	10.0	-0.6	70.5	-1.2
Spanien	15.8	1.6	4 557	0.2	3.5	1.4	47.8	-0.5
Frankreich	25.1	3.0	2 959	-1.7	8.5	4.7	44.1	-0.5
Italien	19.0	4.5	2 871	-0.4	6.6	4.9	35.9	-0.2
Niederlande	4.7	12.1	189	6.6	25.1	5.2	7.0	-3.0
Vereinigtes Königreich	21.3	-0.4	1 033	3.3	20.6	-3.6		

Hinweis: 1. Jährliche Wachstumsrate 2001-2011.

2. Schweizer Arbeitsdaten: 2008. Wachstumsrate: 2001-2008.

Quelle: LEI-Berechnung nach Eurostat-Daten (EU-Länder) und BFS-Daten (Schweiz)

Die FAO-Statistik deutet darauf hin, dass die Rohstoffbasis für Wein vorrangig im Inland produziert wird. Importierte Trauben sind hauptsächlich für den frischen Verbrauch oder für verzehrfertige Fruchtsalate gedacht. Die Produktion war in der Periode 1991-2011 ziemlich stabil und ist mit 130.000 Tonnen vernachlässigbar gering gegenüber 6 Millionen Tonnen in Frankreich, Italien oder Spanien. Österreich produziert doppelt so viel wie die Schweiz. Verglichen mit den EU-Referenzländern ist der Preis der Schweizer Trauben hoch (Abb. 5.A1.5 im Anhang). Für Bier wird als Rohstoff u. a. Gerstenmalz benötigt, das zollfrei importiert wird.

Tabelle 5.17. Verteilung der Untersektoren innerhalb der Getränkeherstellung (%)

NACE	Beschreibung	2001		2011	
		Betriebe	Umsatz	Betriebe	Umsatz
C110	Getränkeherstellung	100.0	100.0	100.0	100.0
C1101	Destillation, Rektifikation und Verschnitt von Spirituosen	29.4	9.5	20.1	8.0
C1102	Weinherstellung aus Trauben	41.9	12.3	45.9	15.1
C1103 & C1104	Herstellung von Apfelwein, anderen Fruchtweinen und sonstigen nichtdestillierten gegorenen Getränken	3.8	1.2	4.4	1.2
C1105 & C1106	Bier- und Malzherstellung	12.8	31.7	18.0	33.7
C1107	Herstellung alkoholfreier Getränke; Produktion von Mineralwasser und sonstigem Tafelwasser	12.1	45.3	11.5	42.1

Quelle: LEI-Berechnungen nach BFS Mehrwertsteuer Schweiz

Der Umsatzanteil der Getränkeherstellung an der verarbeitenden Industrie Gesamt ist wie in Deutschland rückläufig (-3,2 %). In allen anderen Referenzländern ist der Anteil steigend, in den Niederlanden und in Österreich sogar relativ hoch (Tabelle 5.18).

Tabelle 5.18. Anteil der Getränkeherstellung an Verarbeitenden Industrie Gesamt und Arbeitsproduktivität

	Anteil am Herstellerumsatz			Arbeitsproduktivität (1000 € Umsatz je beschäftigte Person)		
	2001 (%)	2011 (%)	Wachstum[1] (%)	2001	2011	Wachstum[1] (%)
Schweiz[2]	1.0	0.7	-3.2	324	322	-0.1
Österreich	1.7	2.8	5.0	205	415	7.3
Deutschland	1.4	1.0	-3.2	253	234	-0.8
Spanien	3.3	3.4	0.2	269	247	-0.8
Frankreich	2.0	2.8	3.5	384	460	1.8
Italien	1.5	2.1	3.4	324	405	2.3
Niederlande	0.7	1.5	8.9	148	649	15.9
Vereinigtes Königreich	3.0	3.6	1.9	382		

Hinweis: 1. Jährliche Wachstumsrate 2001-2011.

2. Schweizer Arbeitsdaten 2008 und Wachstumsrate 2001-2008.

Quelle: LEI-Berechnung nach Eurostat-Daten (EU-Länder) und BFS-Daten (Schweiz)

Die Schweizer Getränkeherstellung ist als recht wettbewerbsfähig einzustufen: ihr Exportanteil auf dem Weltmarkt stieg jährlich um 28 %, was weit über dem globalen Durchschnitt von 11 % liegt. Der Export von nichtalkoholischen Getränken und Tafelwasser macht den größten Exportanteil aus. Gleichzeitig wuchsen die Importe langsamer, was zu einem niedrigeren Importmarktanteil führte. Die Schweiz blieb, wie Deutschland, ein (sehr kleiner) Nettoimporteur von Getränken. Alle anderen ausgewählten Länder sind Nettoexporteure. Die zwei führenden Exporteure Frankreich und Vereinigtes

Königreich haben Anteile am Exportmarkt verloren: in Frankreich fiel der Marktanteil von 23 % (2000) auf 17 % (2011), in Vereinigtes Königreich von 14 auf 11 % (Tabelle 5.19).

Tabelle 5.19. Handels- und Marktanteile bei Getränkeprodukten

	Export				Import			
	Exporte 2012 (Mio. USD)	Wachstum 2000-2011 (%)	Marktanteil 2000 (%)	Marktanteil 2011 (%)	Importe 2012 (Mio. USD)	Wachstum 2000-2011 (%)	Marktanteil 2000 (%)	Marktanteil 2011 (%)
Schweiz	1 851	27.9	0.3	1.7	1 901	7.6	2.5	2.0
Österreich	2 394	13.4	1.8	2.4	734	10.9	0.7	0.8
Deutschland	6 098	14.0	4.3	6.2	7 822	9.5	8.7	8.5
Spanien	4 665	10.0	4.4	4.3	2 280	8.0	3.1	2.6
Frankreich	17 856	7.4	23.1	17.3	3 915	9.7	4.3	4.3
Italien	8 053	9.3	8.8	8.0	1 940	8.2	2.5	2.1
Niederlande	5 194	11.1	4.8	5.2	3 993	12.8	3.1	4.2
Vereinigtes Königreich	10 897	8.0	13.6	10.8	8 397	6.4	11.9	8.5

Quelle: LEI-Berechnung nach UNComtrade-Daten.

Die Schweiz wurde von 1995 bis 2012 zum spezialisierten Exporteur von Getränken. Der Index für den relativen Exportvorteil (RXA) lag 2012 über 1, und das Land blieb ein spezialisierter Getränkeimporteur. Der Index für den relativen Importvorteil (RMA) liegt über 1. Gemeinsam ergaben beide Entwicklungen eine Verbesserung des Index für den relativen Handelsvorteil (RTA) von -1,5 (1995) auf -0,4 (2012) (Abb. 5.A1.9 im Anhang).

Schlussfolgerung

Die Evaluierung der dargestellten Wettbewerbsfähigkeit der Schweizer Nahrungsmittel- und Getränkeindustrie ergibt ein gemischtes Bild. Einerseits gibt es sehr starke Untersektoren, andererseits erreicht der Großteil der Nahrungsmittelindustrie gegenüber der Konkurrenz in den EU-Referenzländern nur schwache Leistungen. Der starke Untersektor „sonstige Nahrungsmittel" erzielt rund 60 % der Branchenumsätze und ist für die Hälfte der Exporte verantwortlich. Knapp die Hälfte der Umsätze dieses Untersektors stammen aus der Herstellung von Kakao und Schokolade (2011). In der Periode 2001-2011 stiegen die Umsätze im Untersektor „sonstige Nahrungsmittel" jährlich um 10 %, beinahe zweimal so schnell wie in der gesamten Nahrungsmittel- und Getränkeindustrie (5,8 %). Auch die Getränkeherstellung ist ein starker Untersektor, der 12 % der Branchenexporte stellt. Die Branche Öle und Fette weist ebenfalls gute Werte auf und ist als Lieferant von Zwischenprodukten für die Produktion von Würzmitteln oder Fertiggerichten eng mit der Industrie „sonstige Nahrungsmittel" verknüpft. In diesen starken Untersektoren wird der Großteil der Rohstoffe importiert oder stammt aus nichtlandwirtschaftlichen Quellen (Mineralwasser).

Andererseits stützen sich ausgerechnet die schwächsten Sektoren (Fleisch, Milch und Tierfutter) größtenteils auf einheimische Rohstoffe. Diese Branchen müssen relativ hohe, weit über dem EU-Niveau liegende Preise für ihre landwirtschaftlichen Rohstoffe bezahlen. Zusätzlich verzeichnen diese weniger konkurrenzfähigen Sektoren ein vergleichsweise schwaches Arbeitsproduktivitätswachstum und sind dabei verhältnismäßig arbeitsintensiv. Dies steht im Kontrast zu wettbewerbsfähigeren Schweizer Sektoren (siehe oben), die einen viel höheren Anstieg der Arbeitsproduktivität verzeichneten.

Die aktuellen Einfuhrschutzregelungen und die momentane Agrarpolitik verhindern eine dynamischere Teilnahme an den globalen und regionalen Wertschöpfungsketten für Agrar- und Nahrungsmittel. Die OECD (2013) zeigt, dass die erfolgreiche Teilnahme an solchen Wertschöpfungsketten, in denen spezialisierte Betriebe das Produkt auf jeder Produktionsstufe aufwerten, bevor es den Endverbrauchermarkt erreicht, den ungehinderten Zugang zu besten Rohstoffen zu günstigsten Preisen voraussetzt und dabei Regelwerke und technische Normen erfordert, die den

Austausch von Halb- und Fertigerzeugnissen mit Partnerländern ermöglichen. Die Wettbewerbsfähigkeit der Agrar- und Nahrungsmittelindustrie lässt sich steigern durch transparentere und weniger stark regulierte vor- und nachgelagerte Märkte (BAK Basel 2014).

Die strukturellen Veränderungen in der Schweizer Nahrungsmittelbranche werden weiter voranschreiten und erfordern die Nutzung von Größenvorteilen und die Identifizierung von Marktnischen. Durch zukunftsorientierte Agrarpolitikreformen muss die Entwicklung eines stärker marktorientierten kommerziellen Landwirtschaftssektors gefördert werden, damit die Wettbewerbsfähigkeit der vorrangig auf einheimische Rohstoffe gestützten Schweizer Nahrungsmittelbranchen gesteigert werden kann (EAER 2014). Auch Landwirte und Nahrungsmittelverbraucher würden von mehr Transparenz und Wettbewerb im nachgelagerten Sektor (inkl. Einzelhandel) profitieren (Hediger, W., El Benni, N., 2014).

Endnoten

1. Dieses Kapitel ist ein Auszug aus einer beratenden Studie, die für den vorliegenden Bericht vom LEI Wageningen UR erstellt wurde.

2. Die Studie beleuchtet die Agrar- und Nahrungsmittelsektoren in vollem Umfang, berücksichtigt bei der Analyse aber nicht den Einzelhandel.

3. Die angewandten Verfahren und Indikatoren werden im Anhang zu diesem Kapitel eingehender beschrieben.

4. Ein potentielles Problem beim RXA ist die Tatsache, dass durch Re-Exporte eine hohe Wettbewerbsfähigkeit der betreffenden Industrie suggeriert werden könnte. Solche Transittätigkeiten könnten durch die gute Leistung eines anderen Sektors (z. B. Logistik) oder durch vorteilhafte natürliche und infrastrukturelle Bedingungen wie Schiffs- und Flughäfen beeinflusst werden. Diese Merkmale sind im Schweizer Kontext allerdings weniger relevant.

5. Die UNComtrade-Datenbank liefert sämtliche Handelsdaten; die Eurostat-SUS liefert alle Wirtschaftsdaten zu den EU-Ländern; die BFS „Mehrwertsteuer“ und die Arbeitsmarktstatistik dienen als Wirtschaftsdatenquellen für die Schweiz; die FAOstat liefert Daten zu Produktion, Preisen und Selbstversorgung mit Rohstoffen. Ein grosses Hindernis bei der Beurteilung der Wettbewerbsfähigkeit der Schweizer Nahrungsmittelindustrie ist die fehlende Verfügbarkeit von Wertschöpfungsdaten. Stellvertretend dafür wurden die Umsätze herangezogen. Einzig die Daten aus den jüngeren Jahren 2009-2011 sind zwischen der Schweiz und den EU-Ländern vergleichbar.

6. Die zahlreichen Grafiken in diesem Kapitel stellen die Indikatorwerte als „Z-Werte“ dar, sodass alle Variablen mit einem Mittelwert von 0 und einer Standardabweichung von 1 skaliert werden. Ein Z-Wert von 0 steht für durchschnittliche Leistung, ein negativer Z-Wert ist eine schwache und ein positiver Z-Wert eine starke Leistung.

Quellen

BAK Basel (2014), Landwirtschaft – Beschaffungsseite. Vorleistungsstrukturen und Kosten der Vorleistungen, BAK Basel.

BFS (2013), Die Mehrwertsteuer in der Schweiz 2010–2011. Resultate und Kommentare, Bundesamt für Statistik (BFS), Neuchâtel.

EAER (Federal Department of the Economic affairs, Education and Research) (2014), Une politique industrielle pour la Suisse, Rapport du 16 avril 2014 faisant suite au postulat Bischof (11.3461), www.news.admin.ch/NSBSubscriber/message/attachments/34529.pdf.

EC (2008), NACE Rev. 2 – Statistical classification of economic activites in the European Community, European Commission: Office for Official Publications of the European Communities, Luxembourg. S. 363.

Fertö, I., L.J. Hubbard (2003), „Revealed Comparative Advantage and Competitiveness in Hungarian Agri–Food Sectors“, *The World Economy*, Vol. 26, pp. 247–259.

Frohberg K., M. Hartmann (1997), *Comparing measures of competitveness, Institute of Agricultural Development in Central and Eastern Europe*, Halle.

FSO (2008), NOGA 2008 General Classification of Economic Activities, Federal Statistical Office, Neuchâtel.

Gellynck, X. (2002), „Changing Environment and Competitiveness in the Food Industry“, Faculteit Economie en Bedrijfskunde, Universität Gent, Gent.

Hediger W., N. El Benni (2014), Schlussbericht zum Forschungsprojekt „Wettbewerbsfähigkeit Landwirtschaft –Nachgelagerte Industrien“, Hochschule für Technik und Wirtschaft (HTW) Chur.

Jarrett, P. und C. Moeser (2013), „The Agri-food Situation and Policies in Switzerland“, *OECD Economics Department Working Paper*, Nr. 1086, September, OECD Publishing, Paris, http://dx.doi.org/10.1787/5k40d6ccd1jg-en.

Krugman, P.R., M. Obstfeld (2006), *International Economics: Theory and Policy,* Pearson/Addison-Wesley, Boston.

Krugman, P.R., M. Obstfield (1988), *International economics: theory and implications*. 6. Ausg. Addison-Wesley, Boston.

Latruffe, L. (2010), „Competitiveness, Productivity and Efficiency in the Agricultural and Agri-food Sectors“, OECD Food, Agriculture and Fisheries Papers, Nr. 30, OECD Publishing, Paris, http://dx.doi.org/10.1787/5km91nkdt6d6-en.

OECD (2013), *Interconnected Economies: Benefiting from Global Value Chains*, OECD Publishing, Paris, http://dx.doi.org/10.1787/9789264189560-en.

O'Mahoney, M., B. van Ark (2003), „EU-productivity and competitiveness: an industry perspective“, Office for Official Publication of the European Community, Luxembourg. S. 273.

Porter, M.E. (1990), *The Competitive Advantage of Nations,* The MacMillam Press Ltd, London.

Porter, M.E. (1980), *Competitive strategy: Techniques for Analyzing Industries and Competitiors*, The Free Press, New York.

Sagheer S., S.S. Yadav, S.G. Deshmukh (2009), „Developing a conceptual framework for assessing competitiveness of India's agrifood chain", *International Journal of Emerging Markets* 4:137-159.

Scott L., T. Vollrath (1992), *Global Competitive Advantages and Overall Bilateral Complementarity in Agriculture: A Statistical Review*, Economic Research Service, U.S. Department of Agriculture, Washington.

Siggel, E. (2006), „International competitiveness and comparative advantage: a survey and a proposal for measurement", *Journal of Industry, Competition and Trade* 6:137-159.

Spence, A.M., H.A. Hazard (1998), *International Competitiveness*, Ballinger Publishing Company, Cambridge, MA.

Thompson, A.A. und A.J. Strickland (2003), *Strategic management. Concepts and Cases*, McGraw Hill, New York.

Wijnands, J.H.M., H.J. Bremmers, B.M.J. van der Meulen und K.J. Poppe (2008), „An economic and legal assessment of the EU food industry's competitiveness", *Agribusiness* 24:417 – 439, DOI:10.1002/agr.20167.

Wijnands, J.H.M., B.M.J. van der Meulen und K.J. Poppe (2007), *Competitiveness of the European Food Industry : an economic and legal assessment*, Office for Official Publications of the European Communities, Luxembourg. S. 328.

Wright, P., M. Kroll und J. Parnell (1998), *Strategic Management: Concepts and Cases*, Prentice Hall (4. Ausg.).

Anhang 5.A1

Preisvergleiche und Handelsindikatoren

Abb. 5.A1.1. Erzeugerpreis für Schweinefleisch, 1991-2011

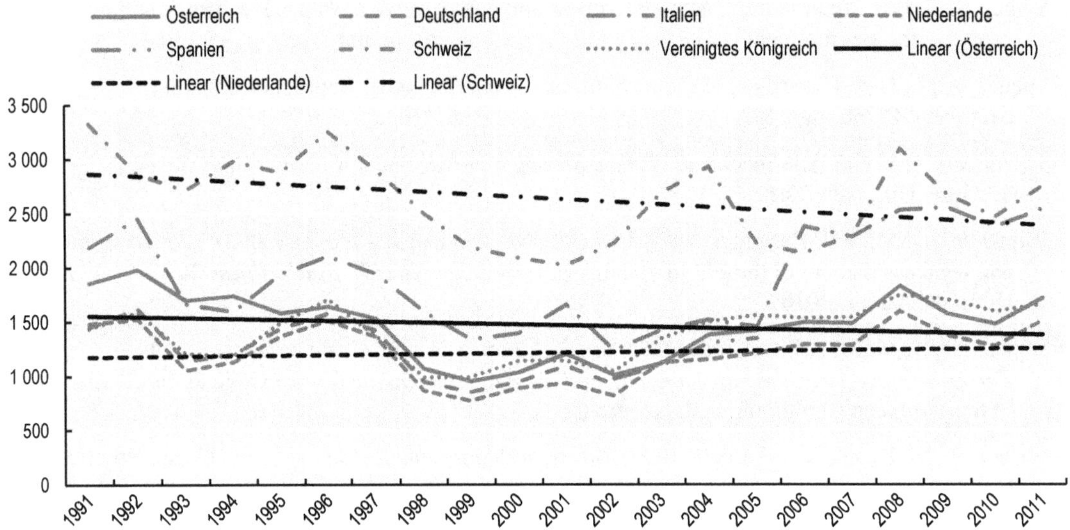

Quelle: LEI-Berechnungen nach FAOSTAT-Daten

Abb. 5.A1.2. Erzeugerpreis für Rindfleisch, 1991-2011

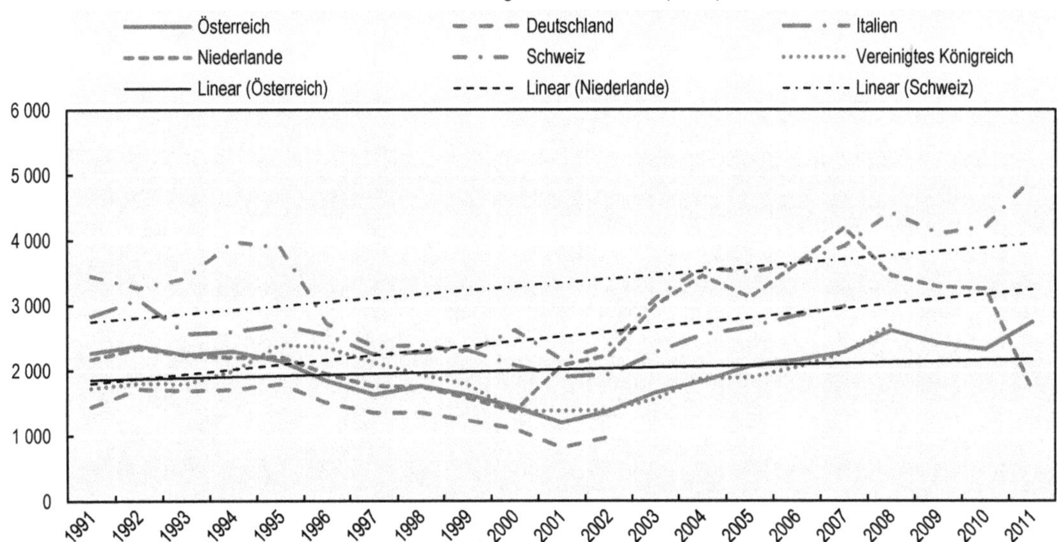

Quelle: LEI-Berechnungen nach FAOSTAT-Daten

Abb. 5.A1.3. Erzeugerpreis für Geflügelfleisch, 1991-2011

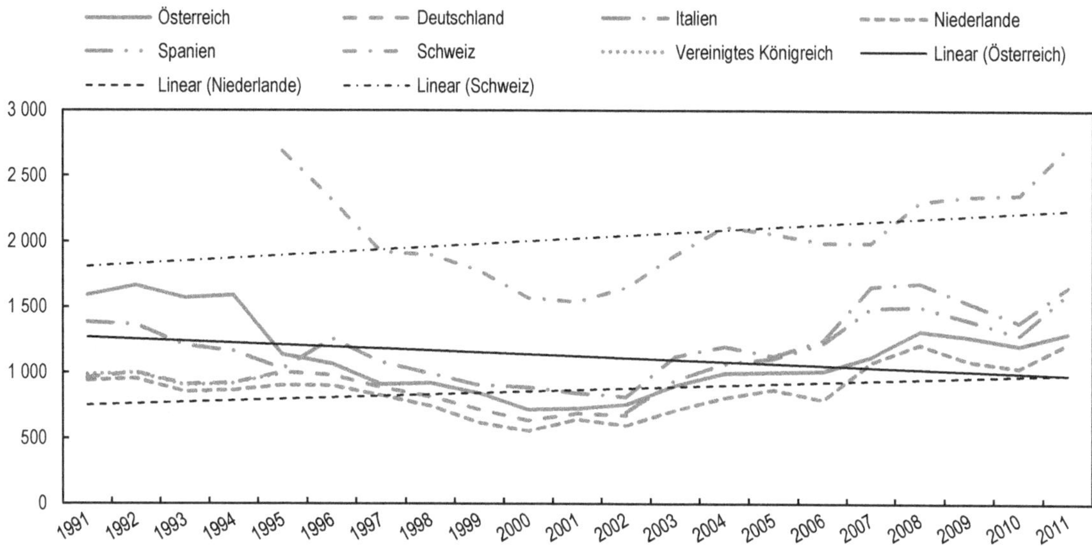

Quelle: LEI-Berechnungen nach FAOSTAT-Daten

Abb. 5.A1.4. Erzeugerpreis für Milch, 1991-2011

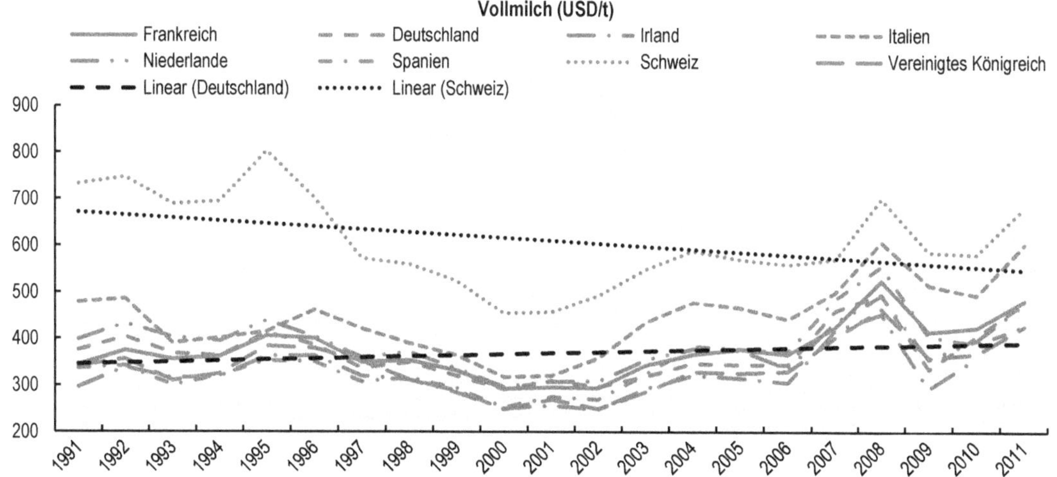

Quelle: LEI-Berechnung nach FAOSTAT-Daten

Abb. 5.A1.5. Preis für Trauben in USD/t

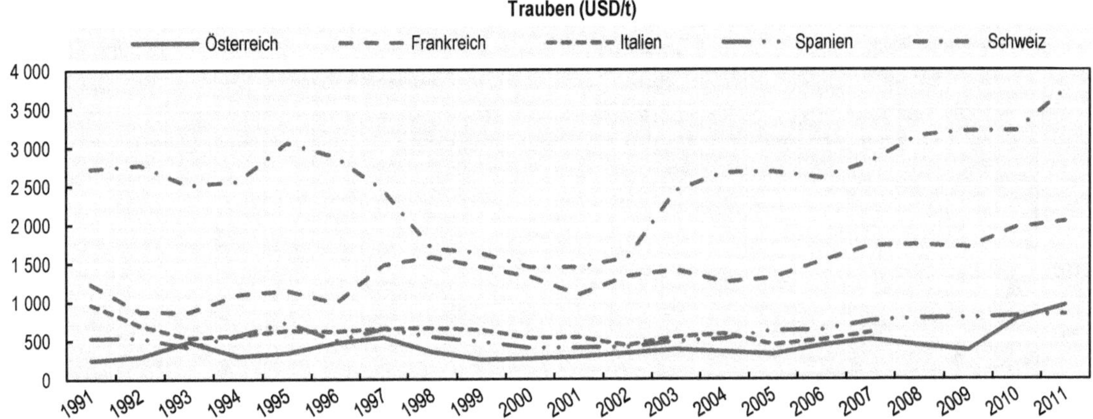

Quelle: LEI-Berechnungen nach FAOSTAT-Daten

Abb. 5.A1.6. Handelsindikatoren der Fleischverarbeitung

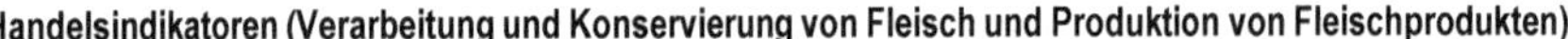

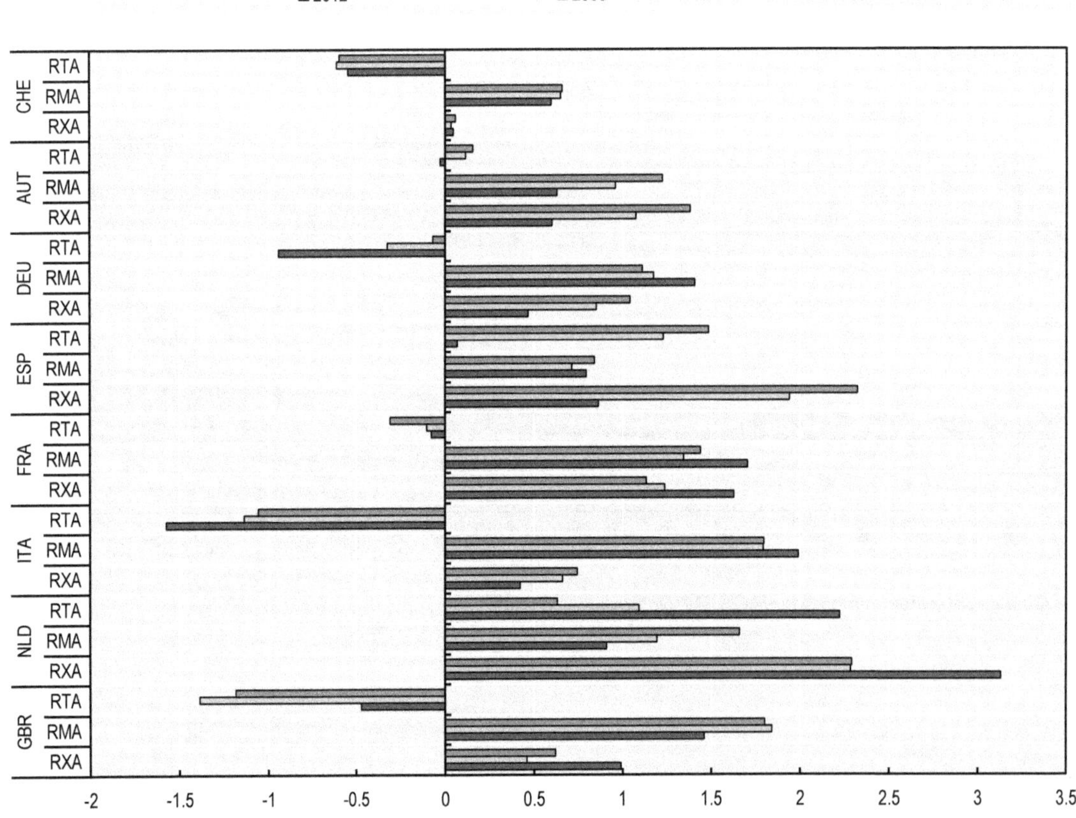

Hinweis: RTA, RMA, RXA: Indizes für den relativen Handels-/Import-/Exportvorteil, siehe Definition in Anhang 5.1.

Quelle: LEI-Berechnungen nach UNComtrade-Daten.

Abb. 5.A1.7. Handelsindikatoren für die Milchindustrie

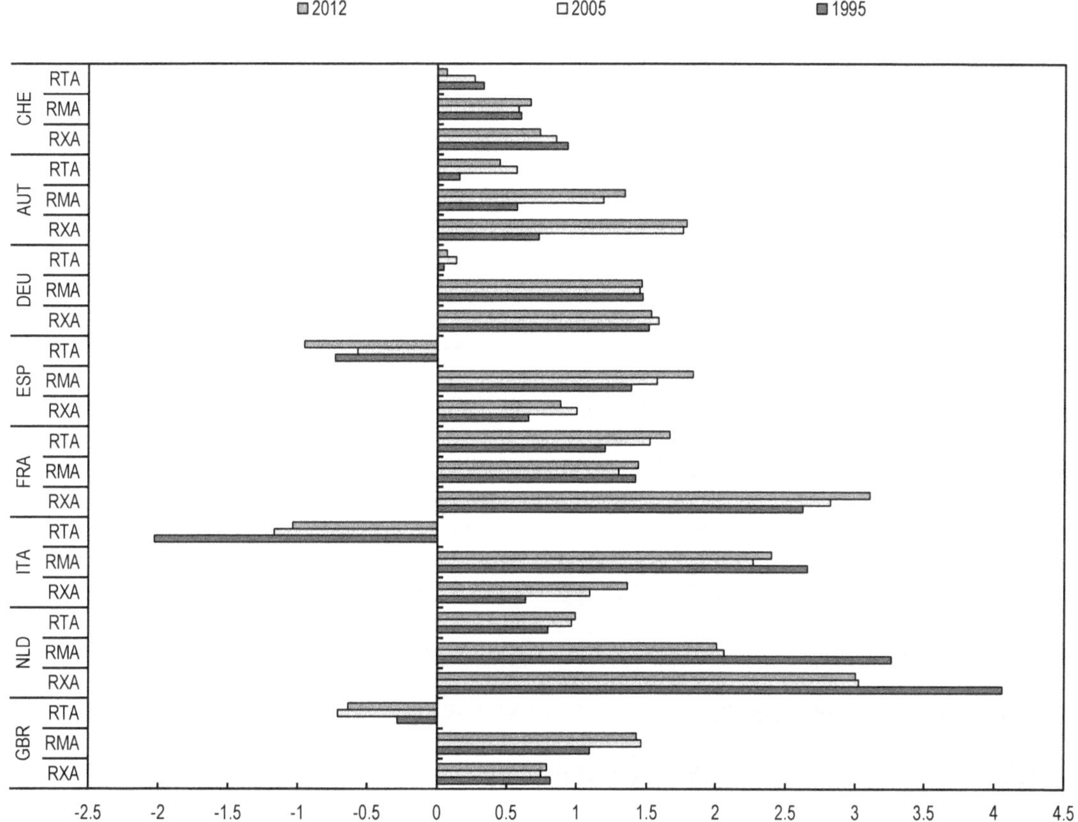

Hinweis: RTA, RMA, RXA: Indizes für den relativen Handels-/Import-/Exportvorteil, siehe Definition in Anhang 5.1.

Quelle: LEI-Berechnungen nach UNComtrade-Daten

Abb. 5.A1.8. Handelsindikatoren der Industrie „sonstige Nahrungsmittel"

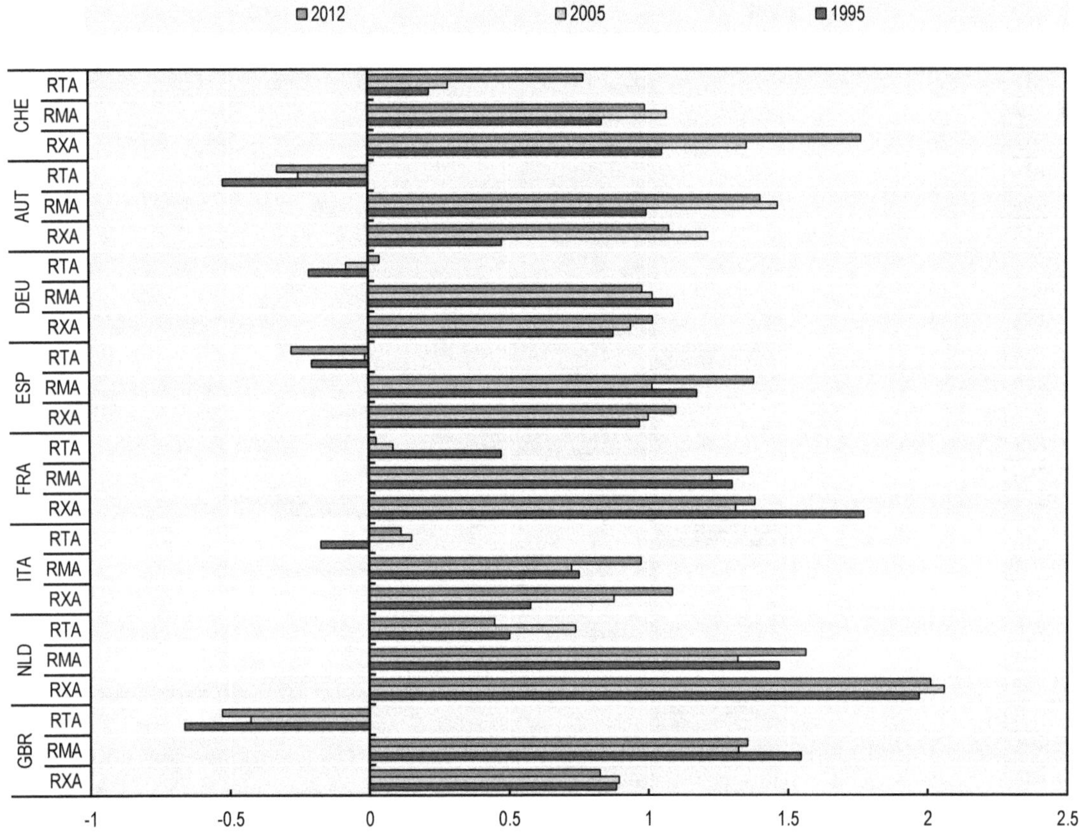

Hinweis: RTA, RMA, RXA: Indizes für den relativen Handels-/Import-/Exportvorteil, siehe Definition in Anhang 5.1.

Quelle: LEI-Berechnungen nach UNComtrade-Daten.

Abb. 5.A1.9. Handelsindikatoren der Getränkeherstellung

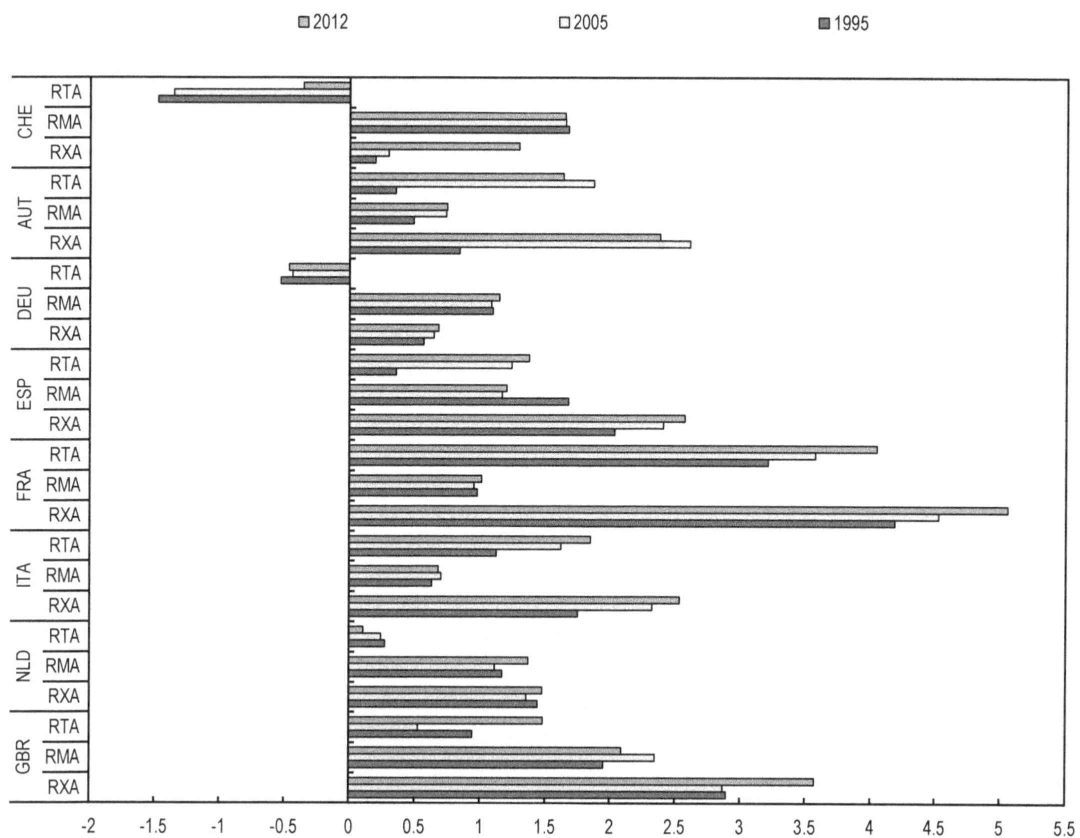

Hinweis: RTA, RMA, RXA: Indizes für den relativen Handels-/Import-/Exportvorteil, siehe Definition in Anhang 5.1.

Quelle: LEI-Berechnungen nach UNComtrade-Daten

Anhang 5.B1

Indikatoren für Wettbewerbsfähigkeit

Ausgangspunkt für die Evaluierung der Wettbewerbsfähigkeit der Nahrungsmittelindustrie ist der Ansatz von Wijnands et al. aus deren Studie zur Wettbewerbsfähigkeit der europäischen Nahrungsmittelindustrie (Wijnands, 2008; Wijnands, 2007). In diesem Anhang werden zusätzliche Indikatoren erörtert, die bei der Evaluierung der Wettbewerbsfähigkeit anwendbar sind. Die nachstehende Übersicht ist bei weitem nicht erschöpfend. Des Weiteren wird unterschieden zwischen Maßen der Wettbewerbsfähigkeit bezüglich des Handels und der betrieblichen Wirtschaftsleistung.

Handelsbezogene Indikatoren

Wechselkurs und Inflation

Latruffe (2010) nennt den realen Wechselkurs als Maß für die Wettbewerbsfähigkeit. Bei der vorliegenden Untersuchung wird dieser Indikator nicht berücksichtigt, da die Nahrungsmittelindustrie in den Volkswirtschaften nur einen geringen BIP-Anteil hat. Zur Bestimmung der realen Wertschöpfung dient die Entwicklung der Verbraucherpreise, die auch als Inflation dargestellt wird. Die Inflation misst die Veränderung der Kosten, die der durchschnittliche Verbraucher für einen Korb an Waren und Dienstleistungen bezahlen muss. Für unsere Zwecke wird der Verbraucherpreisindex (2005=100) der „World Development Indicators"-Datenbank herangezogen.

CP_{ct} ist der Verbraucherpreisindex für das Land **c** in der Periode **t**

Marktanteile am Weltmarkt

Der Exportanteil am Weltmarkt ist ein direkter Leistungsindikator und reflektiert das Ergebnis des internationalen Wettbewerbs. Hier wird zwischen den Weltmarkt-Exportanteilen eines Landes in zwei Perioden unterschieden. Das gemessene Wachstum stellt die Veränderung dar, nicht aber eine jährliche Wachstumsrate zwischen zwei Perioden, wie es bei anderen Indikatoren der Fall ist. Wachstumsraten zwischen zwei Perioden haben nämlich ein entscheidendes Problem: Sehr kleine Exporteure können hohe Wachstumsraten erreichen, bleiben dabei aber kleine Exporteure. Große Exporteure hingegen haben selbst bei geringen Wachstumsraten einen größeren Einfluss auf den Markt. Die Definition dieses Indikators zeigt die hohe gegenseitige Abhängigkeit zwischen den Exporten der einzelnen Länder. Mit der absoluten Abweichung werden die wahren Auswirkungen auf den Weltmarkt berücksichtigt. Außerdem ist die Summe aller Veränderungen gleich null. Tabelle 5.B1.1 ist ein Beispiel für die o. g. Erörterung (Wijnands, 2007).

Tabelle 5.B1.1. Beispiel für die Auswirkungen von Indikatoren und Marktanteilsentwicklung

	Marktanteil (%)			
	1996-1998	2002-2004	Abweichung	Wachstum
Land A	1	2	1	100 %
Land B	50	51	1	2 %
Land C	20	20	0	0 %
Land D	29	27	-2	-7 %

$$(1)\; GES_{ict} = MS_{ict_1} - MS_{ict_2}$$

GES_{ict} Wachstum des Weltmarktexportanteils der Branche **i** für das Land **c** in der Periode $\mathbf{t_1}$ und $\mathbf{t_2}$

MS_{ict} Weltmarktexportanteil der Branche **i** für das Land **c** in der Periode **t**

c ausgewähltes Land

i ausgewählte Branche gemäß NACE-Klassifizierung

t ausgewähltes Jahr

$$(2)\; MS_{ict} = X_{ict} / X_{iwt}$$

X_{ict} Exportwert einer Branche **i** des Landes **c** in der Periode **t**

X_{iwt} Exportwert einer Branche **i** weltweit (insgesamt) in der Periode **t**

Indizes für den offenbarten komparativen Vorteil

Die relative Bedeutung einer Branche für den Gesamthandel wird gewöhnlich mit dem RCA-Index (*Revealed Comparative Advantage index*, Index für den offenbarten komparativen Vorteil, auch Balassa- oder Spezialisierungsindex genannt) gemessen (Fertö und Hubbard, 2003; Latruffe, 2010; Wijnands, 2008). Bezieht sich dieser auf den Export, so misst er den Exportanteil eines Produkts aus einem Land an den weltweiten Gesamtexporten im Verhältnis zum weltweiten Exportanteil des Landes unter allen Produkten. Der Index für den relativen Exportvorteil (RXA) lautet:

$$(3)\; RXA_{ict} = \frac{X_{ict} / X_{iwt}}{XT_{ct} / XT_{wt}}$$ Exportwert einer bestimmten Branche **i** des Landes **c** in der Periode **t**

RXA_{ict} Index für den relativen Exportvorteil für die Branche **i** des Landes **c** in der Periode **t**

X_{ict} Exportwert einer Branche **i** des Landes **c** in der Periode **t**

XT_{ct} Gesamtexportwert aller Branchen des Landes **c** in der Periode **t**

XT_{wt} Gesamtexportwert aller Branchen weltweit in der Periode **t**

Der Gesamtexportwert aller Branchen eines Landes bildet die Gesamtheit des Exports: unverarbeitete und verarbeitete landwirtschaftliche Rohstoffe oder industrielle Produkte und Dienstleistungen.

Das Problem dieses Indexes ist die Tatsache, dass durch Re-Exporte eine hohe Wettbewerbsfähigkeit der betreffenden Industrie suggeriert werden könnte. Solche Transittätigkeiten könnten durch die gute Leistung eines anderen Sektors (z. B. Logistik) oder durch vorteilhafte natürliche und infrastrukturelle Bedingungen wie Schiffs- und Flughäfen beeinflusst werden.

Ein RXA von 1 bedeutet, dass das entsprechende Land genauso spezialisiert ist wie die Gesamtweltexporte. Ein Wert unter 1 bedeutet eine relativ unspezialisierte Wirtschaft, ein Wert über 1 eine relativ spezialisierte Wirtschaft. Letztgenanntes weist auf einen Exportvorteil hin, da relativ mehr exportiert wird als der weltweite Durchschnitt. Tatsächlich zeigt dies den Exportschwerpunkt einer Branche und ist daher außenwirtschaftlich orientiert. Auch hier wird das jährliche Wachstum zwischen der ersten und letzten Periode verwendet. Der Index ist nur für exportierende Branchen relevant.

Das Gegenteil des Indexes für den relativen Exportvorteil ist der Index für den relativen Importvorteil:

(4) $RMA_{ict} = \frac{M_{ict} / M_{iwt}}{MT_{ct} / MT_{wt}}$ Importwert einer bestimmten Branche **i** des Landes **c** in der Periode **t**

RMA_{ict} Index für den relativen Importvorteil für die Branche **t** des Landes **c** in der Periode **t**

M_{ict} gesamter Importwert einer Branche **i** des Landes **c** bzw. der Welt **w** in der Periode **t**

MT_{ct} gesamter Importwert aller Branchen **i** des Landes **c** bzw. der Welt **w** in der Periode **t**

Dieser Index wird gegenteilig zum RXA-Index interpretiert: Ein Wert unter 1 zeigt, dass das Land relativ weniger importiert als der weltweite Durchschnitt, was als Wettbewerbsvorteil auszulegen ist; ein Wert über 1 bedeutet ein relativ höheres Importniveau.

Ein hoher Wert erklärt sich durch ein hohes Niveau oder durch den Re-Export von Produkten aufgrund des komparativen Vorteils anderer Sektoren oder die geografische Lage des Landes.

Der Index für den relativen Handelsvorteil (RTA) wird von Scott und Vollrath als Differenz von RXA und RMA definiert (Scott und Vollrath, 1992).

(5) $RTA_{ict} = RXA_{ict} - RMA_{ict}$

Ein positiver RTA bedeutet einen Wettbewerbsvorteil: Die Exporte übersteigen die Importe. Negative Werte bedeuten einen Wettbewerbsnachteil (Scott und Vollrath, 1992).

Der Vorteil dieser Indizes ist ihre einfache Berechnung anhand einer verfügbaren, gut zugänglichen Datenbank. Im vorliegenden Bericht werden die Werte zu allen drei Indikatoren präsentiert. Als Metrik für die Evaluierung der Wettbewerbsfähigkeit wird das absolute Wachstum zwischen zwei Perioden des relativen Handelsvorteils herangezogen, da dieser Index die Entwicklungen in Export und Import zusammenfasst. Dieser Index hat Vorteile gegenüber den export- bzw. importgestützten Indizes (Frohberg und Hartmann, 1997). Es stellt eine Modifikation des Ansatzes von Wijnands et al., 2008, dar. Positives Wachstum bedeutet einen Anstieg des Inlandsangebots des betreffenden Produkts, sodass die Branche gegenüber anderen Ländern an Wettbewerbsfähigkeit gewinnt.

Weitere handelsbezogene Indizes

Es gibt weitere Indikatoren mit Bezug auf den internationalen Handel, beispielsweise die Außenhandelsquote als Ausdruck des Verhältnisses zwischen den Im- und Exporten eines Landes, den Grubel-Lloyd-Index (Ausmaß des intrasektoralen Handels), den von Porter adaptierten RXA-Index oder den von Dunning adaptierten RXA-Index. Darüber hinaus werden in der Literatur verschiedene Modifikationen dieser Indizes erörtert (Frohberg und Hartmann, 1997; Gellynck, 2002; Latruffe, 2010). Diese Indizes werden hier nicht berücksichtigt, da weiter oben bereits die Indizes für den Export- und Importvorteil genannt wurden, deren Auslegung sich hinsichtlich der Wettbewerbsfähigkeit weniger kompliziert gestaltet. Die Indizes von Porter und Dunning beinhalten auch die in- und ausländische Produktion. Wie weiter unten beschrieben, werden diese Indizes nicht berücksichtigt, da die vorliegende Analyse auf Daten der volkswirtschaftlichen Gesamtrechnung beruht, die sich ausschließlich auf die Inlandsproduktion bezieht.

Wirtschaftsindikatoren

Die ausgewählten Indikatoren für die Quantifizierung der Branchenwettbewerbsfähigkeit stammen von Wijnands et al., 2008. Aufgrund unzureichender Daten wird hier, sofern nicht anders angegeben, vom Umsatz ausgegangen, da die Wertschöpfungsdaten nicht verfügbar waren. Für die Periode 2009-2011 wird ein auf der Wertschöpfung basierender Vergleich vorgestellt. Daher wird in diesem Abschnitt für beide Indikatoren dieselbe Abkürzung verwendet.

Umsatz und reale Wertschöpfung

Die Schaffung von Wertschöpfung ist ein wichtiger Wirtschaftsindikator, der sich auf die industrielle Dynamik bezieht. Die Gesamtwertschöpfung beruht nicht nur auf dem Produktionsfaktor „Arbeit", sondern auch auf den Produktionsfaktoren „Kapital" und „Boden". Der Umsatz dient in der Studie als Stellvertreter. Das Wachstum als Indikator wird berücksichtigt, sodass die Länder leicht zu vergleichen sind. Das jährliche Wachstum der realen Wertschöpfung der Nahrungsmittelindustrie (oder Untersektor) wird berücksichtigt. Deren Wachstum dient als Indikator, sodass sich die Länder trotz unterschiedlicher KKP miteinander vergleichen lassen.

Um die reale Wertschöpfung zu Faktorkosten/Umsatz herzuleiten, wird die nominale Wertschöpfung/Umsatz durch den Verbraucherpreisindex deflatiert.

$$(6)\ RVA_{ict} = \frac{VA_{ict}}{CP_{ct}}$$

RVA_{ict} reale Wertschöpfung/Umsatz für die Branche **i** des Landes **c** in der Periode **t**

VA_{ict} nominale Wertschöpfung/Umsatz für die Branche **i** des Landes **c** in der Periode **t**

CP_{ct} Verbraucherpreisindikator des Landes **c** in der Periode **t**

Reale Wertschöpfung und Umsatzanteile

Die Bedeutung eines bestimmten Untersektors wird von dessen Anteil an der Nahrungsmittelindustrie abgeleitet. Wachstum des Anteils bedeutet einen Wettbewerbsvorteil. Daraufhin kann die Branche Ressourcen für ihre Produktion gewinnen. Dies reflektiert die Konkurrenz um Produktionsfaktoren (Arbeitskraft und/oder Kapital) zwischen verschiedenen Branchen innerhalb eines Landes.

Die Nahrungsmittelindustrie dient als Vergleich, sobald ein Untersektor der Nahrungsmittelindustrie, z. B. Milchverarbeitung, evaluiert wird. Wenn die Nahrungsmittelindustrie als Gesamtes evaluiert wird, dient die Verarbeitenden Industrie als Vergleich. Die Metrik ist das Wachstum des Anteils der bestimmten Branche an der Nahrungsmittelindustrie. Positives Wachstum bedeutet eine überdurchschnittlichere Leistung als die Nahrungsmittelindustrie insgesamt.

$$(7)\ SRVA_{ict} = \frac{RVA_{ict}}{RVA_{mct}}$$

$SRVA_{it}$ Anteil der realen Wertschöpfung/Umsatz für die Branche **i** an der gesamten Verarbeitenden Industrie **m** des Landes **c** in der Periode **t**

m gesamte Verarbeitenden Industrie

Arbeitsproduktivität nach realer Wertschöpfung (Umsatz)

Die Arbeitsproduktivität beeinflusst die Preise am Markt. Ein Wachstum der Arbeitsproduktivität steigert die Branchenwettbewerbsfähigkeit auf internationalen Märkten. Arbeitsproduktivität gilt oft als ausschlaggebend für die Wettbewerbsfähigkeit, denn sie ist die reale Wertschöpfung (Umsatz) geteilt durch die Beschäftigtenzahl. Dieser Indikator lässt sich aufgrund des unterschiedlichen Niveaus der Kaufkraftparität nicht zwischen verschiedenen Ländern vergleichen. Da das Arbeitsproduktivitätswachstum berücksichtigt wird, lassen sich die Indizes der einzelnen Länder vergleichen. Dieser Indikator kann als Maß für die potentielle Wettbewerbsfähigkeit betrachtet werden.

(8) $RLP_{ict} = \frac{RVA_{ict}}{E_{ict}}$

RLP_{ict} reale Arbeitsproduktivität einer Branche **i** des Landes **c** in der Periode **t**

E_{ict} Beschäftigtenzahl einer Branche **i** des Landes **c** in der Periode **t**

Wechselkurse

Bei allen Indikatoren handelt es sich um Prozentangaben zum Wachstum. Prozentuales Wachstum wird nicht durch Wechselkurse beeinflusst, sodass ersteres in der ursprünglichen Währung berechnet werden kann. Sämtliche Nominalwerte in den beschreibenden Abschnitten werden in Euro umgerechnet, wobei der Wechselkurs nach Eurostat gilt.

Evaluierung der Wettbewerbsfähigkeit

Jährliche Wachstumsrate der Indizes

Laut Porter ist ein nachhaltiger Wettbewerbsvorteil die Grundlage für langfristig überdurchschnittliche Leistung (Porter, 1980; Porter, 1990). Entsprechend den Ansichten von Porter wird die Wettbewerbsfähigkeit der Nahrungsmittelindustrie als anhaltende Fähigkeit zum Erwirtschaften von Gewinnen und Marktanteilen auf den bedienten Binnen- und Exportmärkten der jeweiligen Branche definiert. Als Indikatoren dienen die jährlichen Wachstumsraten (außer den Marktanteilen auf dem Weltmarkt und dem Index für den relativen Handelsvorteil) zwischen zwei Perioden. Hohe Wachstumsraten bedeuten eine hohe Ex-post-Leistung verglichen mit anderen Branchen eines bestimmten Landes.

Vergleich von Indikatoren und Gesamtwettbewerb

Die Nahrungsmittelbranchen werden mit verschiedenen ausgewählten Ländern verglichen. Der Referenzwert wird für die einzelnen Untersektoren sowie für die Nahrungsmittelindustrie als Ganzes vorgestellt.

Die oben erwähnten Indikatoren haben unterschiedliche Skalen. Zum Vergleich der einzelnen Skalen werden die Werte normiert. Die Formeln lauten:

X_i ist die Beobachtung i=1,n (**i**: Anzahl Länder)

$\overline{X} = \sum X_i / n$

$$s = \sqrt{\frac{\sum (X_i - \overline{X})^2}{n}}$$

$$z_i = \frac{X_i - \overline{X}}{s}$$

Alle Variablen erhalten dieselbe Dimension (Durchschnitt und Standardabweichung) und lassen sich dann problemlos in einer Abbildung darstellen. Zusätzlich lässt sich das Mittel dieser Werte als Angabe der Gesamtwettbewerbsfähigkeit berechnen. In diesem Fall wurde implizit vorausgesetzt, dass jeder Indikator dieselbe Gewichtung hat. Jedem Indikator kann eine eigene Gewichtung gegeben werden. Allerdings stehen für eine unterschiedliche Gewichtung derzeit keine empirischen Belege zur Verfügung.

Diese Methode hat jedoch auch einen Nachteil. Die Standardwerte sind abhängig von der Anzahl Länder und dem Niveau der Indikatoren in der Stichprobe, sie sind also nicht unveränderlich. Tatsächlich handelt es sich um einen Referenzwert, und wenn sich die Referenzländer oder das Niveau eines Indikators in einem Land ändern, verändert sich auch die Position der Länder. Die Position ist also relativ.

ORGANISATION FÜR WIRTSCHAFTLICHE ZUSAMMENARBEIT UND ENTWICKLUNG

Die OECD ist ein einzigartiges Forum, in dem Regierungen gemeinsam an der Bewältigung von wirtschaftlichen, sozialen und umweltbezogenen Herausforderungen der Globalisierung arbeiten. Die OECD steht auch ganz vorne bei den Bemühungen um ein besseres Verständnis neuer Entwicklungen und unterstützt Regierungen, Antworten auf diese Entwicklungen und die Anliegen der Regierungen zu finden, beispielsweise in den Bereichen Corporate Governance, Informationswirtschaft oder Bevölkerungsalterung. Die Organisation bietet den Regierungen einen Rahmen, der es ihnen ermöglicht, ihre Erfahrungen mit Politiken auszutauschen, nach Lösungsansätzen für gemeinsame Probleme zu suchen, gute Praktiken aufzuzeigen und auf eine Koordinierung nationaler und internationaler Politiken hinzuarbeiten.

Die OECD-Mitgliedsländer sind: Australien, Belgien, Chile, Dänemark, Deutschland, Estland, Finnland, Frankreich, Griechenland, Irland, Island, Israel, Italien, Japan, Kanada, Korea, Luxemburg, Mexiko, Neuseeland, die Niederlande, Norwegen, Österreich, Polen, Portugal, Schweden, Schweiz, die Slowakische Republik, Slowenien, Spanien, die Tschechische Republik, Türkei, Ungarn, das Vereinigte Königreich und die Vereinigten Staaten. Die Europäische Union beteiligt sich an der Arbeit der OECD.

OECD Publishing sorgt für eine weite Verbreitung der Ergebnisse der statistischen Datenerfassungen und Untersuchungen der Organisation zu wirtschaftlichen, sozialen und umweltpolitischen Themen sowie der von den Mitgliedstaaten vereinbarten Übereinkommen, Leitlinien und Standards.

OECD PUBLISHING, 2, rue André-Pascal, 75775 PARIS CEDEX 16
(51 2014 09 5 P) ISBN 978-92-64-24483-2 – 2015

www.ingramcontent.com/pod-product-compliance
Lightning Source LLC
LaVergne TN
LVHW081404110826
845149LV00010B/1660
9789264244832